AF390416

DES VOITURIERS

PAR TERRE, PAR EAU ET PAR CHEMIN DE FER

OU

TRAITÉ THÉORIQUE ET PRATIQUE

DES TRANSPORTS

PAR

AUGUSTE GALOPIN

AVOCAT AU CONSEIL D'ÉTAT ET A LA COUR DE CASSATION,
MEMBRE DE LA SOCIÉTÉ DE L'HISTOIRE DE FRANCE.

PARIS

HENRI PLON, IMPRIMEUR-ÉDITEUR,

RUE GARANCIÈRE, 10.

—

1866

Tous droits de reproduction et de traduction réservés.

DES VOITURIERS

PAR TERRE, PAR EAU ET PAR CHEMIN DE FER

ou

TRAITÉ THÉORIQUE ET PRATIQUE

DES TRANSPORTS.

L'auteur et l'éditeur déclarent réserver leurs droits de reproduction et de traduction à l'étranger.

Ce volume a été déposé au ministère de l'intérieur (direction de la librairie) en avril 1866.

Paris. — Typographie de Henri Plon, imprimeur de l'Empereur,
rue Garancière, 8.

DES VOITURIERS

PAR TERRE, PAR EAU ET PAR CHEMIN DE FER

OU

TRAITÉ THÉORIQUE ET PRATIQUE

DES TRANSPORTS

PAR

AUGUSTE GALOPIN

AVOCAT AU CONSEIL D'ÉTAT ET A LA COUR DE CASSATION,
MEMBRE DE LA SOCIÉTÉ DE L'HISTOIRE DE FRANCE.

PARIS

HENRI PLON, IMPRIMEUR-ÉDITEUR,

RUE GARANCIÈRE, 10.

1866

Tous droits de reproduction et de traduction réservés.

A

MONSIEUR PAUL FABRE

AVOCAT GÉNÉRAL A LA COUR DE CASSATION,

ANCIEN PRÉSIDENT DE L'ORDRE DES AVOCATS AU CONSEIL D'ÉTAT

ET A LA COUR DE CASSATION,

HOMMAGE RESPECTUEUX

D'UN DE SES ANCIENS SECRÉTAIRES.

AUGUSTE GALOPIN.

Paris, le 20 janvier 1866.

INTRODUCTION.

---

1. Cinq articles noyés dans l'un des chapitres du titre du *Contrat de louage* au Code Napoléon, treize articles relatifs soit au voiturier, soit au commissionnaire de transports, compris au titre des *Commissionnaires* dans le Code de commerce, voilà tout ce que le législateur de 1803 et de 1807 a cru devoir consacrer à l'industrie des transports. Même à ces dates, un pareil laconisme était regrettable et constituait une sorte de lacune dans nos codes. Dès cette époque, le contrat qui se forme pour le transport des personnes ou des choses avait, par son importance, par ses caractères distinctifs, le droit d'être reconnu et dénommé par le législateur, au lieu d'être confondu avec le louage, et au lieu de former dans le Code Napoléon, sous la rubrique des *Voituriers par terre et par eau,* la deuxième section d'un chapitre, dont la première est consacrée aux domestiques et aux ouvriers. Dès cette époque, l'industrie des transports constituait une branche du commerce général, digne d'un intérêt sérieux, appelée à rendre de grands services et destinée à

croître et à se développer avec les bienfaits de la paix et avec les merveilles de l'invention.

Si nos codes étaient déjà insuffisants, à cet égard, il y a soixante ans, si leur mutisme, sur tant de points essentiels se rattachant aux transports, a été la cause, pendant un demi-siècle, de tant de procès et de tant d'incertitudes, que dire aujourd'hui de cette insuffisance, alors que de toutes parts les routes, les canaux et les chemins de fer sillonnent la France, et que chaque jour des milliers de véhicules circulent dans toutes les directions, apportant sur tous les points les hommes et les choses?

Sans doute, depuis quelques années surtout, la jurisprudence des cours impériales et de la cour suprême a éclairé bien des points, comblé bien des lacunes. Mais que de questions encore sur lesquelles la jurisprudence n'est pas fixée! Que de peines, que d'embarras pour retrouver et pour coordonner tant d'arrêts!

C'est surtout ce dernier travail que nous avons entrepris de mener à fin, après plusieurs années de recherches et d'études judiciaires.

La jurisprudence de la cour suprême tiendra, comme de raison, le premier rang dans ce livre, pour la solution des diverses questions que nous avons traitées (1); mais nous avons compté aussi

---

(1) Nous nous sommes particulièrement attaché à recueillir et à présenter sous leur vrai jour les nombreuses décisions concernant les TRANSPORTS PAR CHEMIN DE FER. Nous avons de plus reproduit, soit

avec la doctrine, avec les principes et avec l'équité, car nous ne sommes pas de ceux qui pensent que tout est dit en droit lorsqu'on a pu citer un arrêt.

2. Ce volume présente successivement dans leur ensemble, puis dans leurs détails, les nombreuses règles applicables à la fois aux transports par terre, par eau et par voie de fer. Nous y signalons avec soin les nuances qui peuvent exister dans l'application de ces règles, aux diverses classes de voituriers et aux diverses branches de l'industrie des transports.

Après avoir exposé la nature, la formation, la preuve du contrat de transport ou de voiturage, nous en établissons les conséquences et les effets; puis, passant au contentieux de l'industrie des transports, nous examinons, dans cet ouvrage, les diverses questions de compétence et de procédure.

Le volume actuel forme donc, à lui seul, un traité complet sur cette matière.

Toutefois, nous consacrerons une deuxième partie (nous ne voulons pas dire un deuxième traité)

---

en note, soit dans le corps même de cet ouvrage, les arrêts de principes rendus, en cette matière, par la cour de cassation.

Une table spéciale présente, à la fin du volume, la nomenclature de tous les arrêts cités, avec l'indication de ceux qui sont intervenus dans des procès engagés contre les diverses compagnies des chemins de fer.

A la fin du volume sont placées quatre tables distinctes qui permettent de trouver, sans hésitation et sans perte de temps, la question ou la décision cherchée.

aux règles relatives à l'exploitation des chemins de fer et des messageries, aux postes, au roulage, à la batellerie et aux bateaux à vapeur. Cette deuxième partie, complétement distincte du livre du contrat de transport et qui peut s'en isoler parfaitement, présentera, avec un commentaire, la législation et la réglementation spéciales à chaque classe de voituriers. Elle contiendra, entre autres, des détails sur le transport des voyageurs, sur les tarifs, sur les contraventions, et formera une sorte de manuel en dehors de l'ensemble des principes et des questions fondamentales précédemment exposés.

Enfin, nous espérons un jour compléter ce travail par l'examen des transports maritimes. Mais ce dernier traité n'est encore pour nous qu'à l'état de projet et d'élaboration première.

TRAITÉ

THÉORIQUE ET PRATIQUE

DES TRANSPORTS.

CHAPITRE PREMIER.

NATURE.—FORMATION.—PREUVE DU CONTRAT DE TRANSPORT.

SOMMAIRE.

Nᵒˢ 3. Ce qu'on entend par transports et par voituriers. — Diverses espèces de transports. — Diverses classes de voituriers.
4. Nature du contrat de transport, ses principaux caractères.
5. Comment se forme ce contrat. — Remise de la chose à transporter.
6. Caractère et effets de la convention qui précède la remise de la chose.
7. Quand et comment la remise de la chose à transporter doit être réputée effectuée.
8. Ce qu'il faut entendre par préposé au point de vue de la remise de la chose et de la formation du contrat.
9. Comment se prouve l'existence du contrat. — A qui incombe la preuve de la remise de la chose à transporter.
10. Divers modes de preuves. — Contrat commercial. — Contrat civil.
11. Suite. — Hypothèses diverses.
12. La preuve testimoniale est-elle admissible contre les énonciations de l'écrit qui constate la remise de la chose?

3. Se charger, en un lieu, d'une personne ou

d'une chose et la déposer ou la remettre en un autre lieu, c'est ce qui constitue un transport.

Suivant qu'on s'attache à l'objet du transport, ou bien à la voie par laquelle celui-ci s'effectue, on peut distinguer :

Au premier point de vue, — le transport des *voyageurs* et celui des *marchandises* (cette première division n'offre pas une grande utilité pratique; le transport des personnes ne pouvant guère se présenter sans être accompagné du transport des choses);

Au deuxième point de vue, — le transport *par terre* et le transport *par eau;* c'est la division indiquée par le Code. En subdivisant, on peut distinguer encore : d'une part, le transport par *terre proprement dit* et le transport par *chemin de fer;* d'autre part, le transport par *mer* et le transport par *fleuve, rivière* ou *canal.*

Le mot *voituriers,* dans son acception juridique, s'applique à tous ceux qui s'obligent, moyennant un prix, à transporter, d'un lieu à un autre, des personnes ou des choses.

Quel que soit le procédé de locomotion, quelle que soit la voie par laquelle s'effectue le transport, quelle que soit enfin la nature de ce qui est transporté — ceux-là qui se chargent, par eux-mêmes ou par des agents, de faire parvenir, d'un point à un autre, des voyageurs ou des marchandises, doivent être tenus pour voituriers.

« Le Code, dit M. Clamageran, comprend sous
le nom de voituriers toute espèce d'entrepreneurs
de transports sur les routes de terre, sur mer, sur
les fleuves; la généralité même de ses termes doit
s'étendre aux moyens de locomotion inconnus à
cette époque et à tous ceux que le génie de l'homme
pourrait découvrir encore (1). »

Sans doute, il peut être utile d'établir des distinctions et de reconnaître diverses classes de voituriers; mais ce sera l'objet de la deuxième partie
de ce traité, et c'est alors que nous examinerons les
règles spéciales à chaque espèce de transports.

Toutefois, à cet égard, il faut dès à présent faire
une restriction. Nous croyons devoir laisser de côté
tout ce qui concerne les *transports sur mer*. L'ensemble des lois concernant le commerce maritime
forme, en effet, un Code tout exceptionnel, dont
l'étude reste en dehors des limites que nous nous
sommes actuellement tracées. Nous nous abstien-
drons donc ici de cet examen, sauf à consacrer
plus tard un traité spécial à cette branche importante de la grande industrie des transports.

Cette réserve faite, nous avons à rechercher
d'abord quels sont les principes généraux applicables à tous les transports; et, à cet effet, nous étu-

---

(1) MM. Clamageran, *Du louage d'industrie, du mandat et de la
commission*, n° 216; Van Huffel, *Traité du contrat de louage et de
dépôt appliqué aux voituriers*, p. 6; Savary, *Dictionnaire universel
de commerce*, verbo *Voiturier*.

dierons, dans cette première partie, — la nature, la formation et la preuve du contrat de transport ou (si nous pouvons employer une telle dénomination) du contrat de *voiturage*, — les effets de ce contrat, les obligations et les droits qui en découlent, — les modes d'exécution de la convention et les conséquences de l'inexécution.

4. Le législateur a rattaché le contrat de *transport* ou de *voiturage* à la vaste classe des louages d'ouvrage et d'industrie. (Code Napoléon, livre III, titre VIII, chapitre iii, section ii.) Mais tout le monde s'accorde à reconnaître que ce contrat est d'une nature mixte.

Il participe à la fois du louage d'industrie ou de services, du mandat et aussi du dépôt. Car, même en matière de transports de voyageurs, s'il n'y a pas dépôt proprement dit en ce qui concerne les personnes, les éléments de ce contrat se retrouvent en ce qui concerne les objets accompagnant presque toujours les voyageurs. Il participe encore du louage des choses, tout au moins dans la plupart des cas (1).

De là, nécessité de concilier les différentes dispositions de nos lois concernant ces divers contrats et d'appliquer, selon les espèces, telle ou telle de ces

---

(1) Nous aurons à revenir sur ces idées lorsque nous examinerons spécialement chaque espèce de transport.

dispositions, suivant que tel ou tel caractère prédominera.

En général, le caractère prédominant est celui de louage d'industrie, et l'on ne doit pas hésiter à considérer les voituriers comme des *locateurs*.

Il est vrai que, d'après le système de Pothier, en matière de louage d'ouvrage, les voituriers seraient, au contraire, des *locataires* (1). Mais ce système est répudié par le Code Napoléon; et il faut reconnaître aujourd'hui que c'est toujours la partie payante qui doit être considérée comme *locataire* (2).

Le contrat est d'ailleurs à *titre onéreux*, quoique la non-gratuité ne soit pas une condition essentielle ou indispensable.

Il est *synallagmatique*, car il se traduit pour l'une des parties, le voiturier, en une obligation de faire; — pour l'autre, le voyageur ou l'expéditeur, en une obligation de donner.

Enfin il est *commutatif*, car, dans la pensée des contractants, le prix à payer au voiturier doit être l'équivalent du service rendu.

Mais est ce un contrat *réel* ou un contrat purement *consensuel?*

Cette question nous conduit à examiner comment se forme le contrat de transport.

---

(1) Pothier, *Du louage*, n° 392.

(2) MM. Troplong, *Du louage*, t. Ier, n° 54; Duvergier, *Du louage*, n° 6; Marcadé, sous l'article 1711, n° 3, t. VI, p. 568.

5. Pothier (n° 393) déclare que le louage d'ouvrage est un contrat *consensuel*.

Nous avons reconnu un peu plus haut que le caractère dominant du contrat de transport est celui de louage d'industrie.

Faut-il en conclure que le contrat de transport soit purement consensuel, et qu'il se trouve parfait par le seul accord des parties?

Nous éviterons d'engager, sur ce caractère réel ou consensuel, une longue discussion qui n'offrirait aucune utilité pratique.

Nous sommes aujourd'hui bien loin du rigorisme du droit romain, ainsi que de certaines subtilités de notre ancien droit français; et, sous l'empire de nos lois actuelles, la discussion dégénérerait en une stérile querelle de mots.

Ce qu'il y a de certain, c'est que le voiturier est dans l'impossibilité d'effectuer le transport, tant que la personne ou la chose n'a pas été mise à sa disposition.

Ce qu'il y a de certain, c'est qu'avant cette remise, l'exécution de l'obligation du voiturier ne peut pas être réclamée.

Pour que l'obligation de faire existe définitivement à la charge du voiturier, pour que celui-ci puisse être mis en demeure de s'exécuter, il faut donc quelque chose de plus que l'accord intervenu entre les parties contractantes.

Il faut dès lors reconnaître (et c'est effectivement

ce qu'enseigne la doctrine) que le contrat de transport ou de voiturage n'est parfait que par la remise de la chose à transporter (1).

Comment dire, après cela, que ce contrat soit purement consensuel? Ne serait-ce pas une contradiction manifeste?

6. Sans doute, le consentement réciproque des parties n'aura pas été sans effet; sans doute, la double promesse aura été génératrice d'obligations. Loin de nous l'idée de le nier. Chacune des parties se trouvera, dès ce moment, liée par une promesse dont l'inexécution devra entraîner une condamnation à des dommages-intérêts.

C'est là un principe général de notre droit moderne, qui, se dégageant des vieilles subtilités, a voulu, avant tout, assurer, en matière de conventions, le règne de l'équité et de la bonne foi.

Si donc une personne a promis à un voiturier de le charger de tel transport à effectuer tel jour; si ce voiturier, en vue du transport promis, a pris des dispositions pour être en mesure au jour fixé, et

---

(1) **MM.** Van Huffel, n° 4; Alauzet, *Commentaire du Code de commerce*, n° 459, *in fine*.

Quant à M. Duverdy (*Traité du contrat de transport*, n° 6), il déclare que le contrat se forme par le simple consentement des parties; mais c'est pour en conclure que « pour que le contrat existe il n'est » donc pas nécessaire qu'il y ait un écrit passé entre le voiturier et » l'expéditeur! »

Voir encore M. Pouget, *Des droits et obligations des divers commissionnaires*, t. IV. n° 647.

que l'expéditeur ne remette pas l'objet à transporter, le voiturier devra être indemnisé et du chômage et des frais (1).

Il est d'usage, pour certains transports, de remettre au voiturier, au moment où intervient la promesse, un à-compte sur le prix à payer pour le voiturage, à-compte désigné sous le nom d'*arrhes*. En cas d'inexécution de la promesse de la part du voyageur ou de l'expéditeur, les dommages-intérêts, sauf des circonstances exceptionnelles, consistent simplement dans la perte de ces arrhes. (Voir M. Van Huffel, page 184 et suivantes.)

Cet auteur enseigne que le locataire, en matière de transport, peut se dédire en perdant ses arrhes. Mais que le bailleur (le voiturier) ne le peut pas, même en restituant le double de ces mêmes arrhes.

De même si le voiturier, après promesse d'effectuer tel jour le transport d'un objet, refuse de recevoir la marchandise ou déclare, même avant le jour fixé, qu'il ne veut plus entreprendre le transport, il pourra y avoir lieu à des dommages-intérêts au profit de l'expéditeur.

Mais les obligations spéciales *sui generis*, que met à la charge des parties le contrat de voiturage, n'ont pas encore pris naissance.

Avant la remise et la réception de l'objet à transporter, le voiturier n'est tenu ni de conserver ni de

---

(1) MM. Pardessus, *Droit commercial*, n 552; Gouget et Merger, *Dictionnaire de droit commercial*, verbo *Voiturier*, n 60.

rendre la chose, et l'expéditeur n'est pas tenu de payer le prix du transport.

Or, ce sont là des obligations principales et directes, résultant de tout contrat de voiturage, ainsi que nous le verrons tout à l'heure (chapitre II).

Il est donc vrai de dire que le contrat ne se trouve parfait que par la remise de la chose.

Jusque-là, il n'y a qu'une convention résultant de la double promesse de former le contrat particulier dont nous nous occupons, et il ne peut être question que de dommages-intérêts pour préjudice causé par le refus de former le contrat promis.

Ces dommages-intérêts, d'ailleurs, seront dus et arbitrés en vertu des règles générales posées par les articles 1146 et suivants, 1382 et 1383 du Code Napoléon, sans qu'il soit besoin de recourir, pour motiver la condamnation, aux règles spéciales du dépôt, du mandat ou même du louage.

7. La remise de l'objet du transport étant le signe caractéristique de la formation du contrat, reste à savoir comment cette remise doit être faite, et quand elle doit être réputée effectuée.

En ce qui concerne le transport des voyageurs, aucune difficulté en principe : que ceux-ci viennent se présenter au lieu, au jour et à l'heure indiqués, il y aura dès ce moment remise dans le sens légal du mot. Pour les détails nous renvoyons à la deuxième partie.

Quant aux objets, il y aura remise effectuée dès l'instant où ceux-ci se trouveront à la disposition du voiturier chargé de les transporter.

Il ne sera donc pas nécessaire que ces objets aient été déposés dans le véhicule même destiné au transport.

Il suffira qu'ils soient déposés dans les bureaux du voiturier, dans ses magasins ou même sur le port, du consentement exprès ou tacite de ce voiturier ou de son préposé.

L'article 1783 du Code Napoléon porte en effet : « Ils (les voituriers) répondent non-seulement de ce qu'ils ont déjà reçu dans leur bâtiment ou voiture, mais encore de ce qui leur a été remis sur le port ou dans l'entrepôt pour être placé dans leur bâtiment ou voiture. »

Nous disons que le dépôt des objets devra avoir lieu du *consentement exprès ou tacite du voiturier ou de son préposé;* car il est évident que les effets légaux de la remise ne sauraient résulter de ce fait que les objets auraient été clandestinement glissés parmi des bagages et des marchandises destinés à être transportés. En principe, le voiturier ne peut pas être engagé à son insu.

On verrait, d'ailleurs, à tort une exception à cette règle, en ce qui concerne les effets dont les voyageurs ne se séparent pas, et qu'ils introduisent avec eux dans le véhicule sans appeler spécialement sur ces objets l'attention du voiturier. Si la responsabilité du voiturier se trouve engagée à l'égard de ces effets, c'est qu'en se chargeant du voyageur, il a consenti *tacitement* à se charger en même temps des objets qui peuvent accompagner la personne, et que la remise de ceux-ci doit être censée réalisée lorsque le voyageur s'est mis à la disposition du voiturier.

8. Il va sans dire que la *remise* pourrait être également effectuée en dehors des bureaux de l'entreprise, ou du lieu du chargement, par le dépôt des objets à transporter entre les mains du voiturier ou de son préposé.

Mais que doit-on entendre ici par *préposé?*

Au point de vue auquel nous nous plaçons, le *préposé*, c'est toute personne ayant mandat du voiturier à l'effet de recevoir les objets à transporter. Ce mandat peut être d'ailleurs général ou spécial.

La réception des objets constitue dans certaines grandes entreprises une fonction distincte.

Dans ce cas, il y a un mandat général donné une fois pour toutes aux individus désignés pour cette fonction.

Il en est de même dans le cas où ces fonctions sont cumulées avec d'autres, comme cela a lieu en ce qui concerne les facteurs et camionneurs des entreprises de transports et des maisons de roulage (1).

---

(1) MM. Van Huffel, n° 6 ; Bédarrides, n° 347.

Le contrat se forme, et le voiturier se trouve engagé dès l'instant où les objets sont remis entre les mains de semblables agents.

D'autres personnes, étrangères en principe à de telles fonctions, peuvent d'ailleurs être momentanément transformées en préposés à la réception des objets, soit à raison d'un mandat général de recevoir ce qui leur sera présenté pendant le trajet et en l'absence de tout autre agent, soit en vertu d'un mandat spécial de recevoir tel objet de telle personne.

Ainsi, bien qu'un conducteur de diligence soit, par la nature propre de ses fonctions, étranger à la réception des objets, et que la remise ne puisse être valablement effectuée entre ses mains, partout où se trouve un bureau de l'entreprise ou un préposé spécial (Cour de cassation, civ., 29 mars 1814, Huot; Sirey, 14, 1, 102 [1] ; — Toulouse, 9 juillet 1829, Desplats; Sirey, 30, 2, 47 , dans le cours

---

[1] Voici le texte de l'arrêt du 29 mars 1814 :

« Vu l'article 1384 du Code civil ainsi conçu : « Les maîtres et les commettants sont responsables du dommage causé par leurs domestiques et préposés, dans les fonctions auxquelles ils les ont employés. »

» L'article 1785 du même Code portant : « Les entrepreneurs de voitures publiques par terre et par eau, et ceux des roulages publics, doivent tenir registre de l'argent, des effets et des paquets dont ils se chargent; »

» Attendu que le tribunal de Montargis n'a pas reconnu que Pierre Fraillat fût préposé par Denis-Louis Huot, pour recevoir les marchandises confiées à son roulage :

» Qu'il résulte du dispositif du jugement que le paquet ou ballot dont il s'agit n'a pas été remis par le fils Suard dans le lieu de l'endu voyage, il en serait autrement, et la remise faite au conducteur, en l'absence d'autres préposés, produirait tout l'effet d'une remise faite au voiturier lui-même (1).

Ainsi encore, bien qu'un domestique du voiturier n'ait pas, en général, qualité pour recevoir les objets destinés à être transportés, et pour engager ainsi la responsabilité de son maître (Cour de cassation, req., 5 mars 1811, Muggia; Sirey, 11, 1, 178 (2). — M. Bédarrides sous l'article 96, Code de commerce, n° 239), il en serait autrement si le voi-

---

» trepôt des marchandises de roulage, et n'a pas été inscrit sur le re- » gistre de la messagerie;

D'où il suit que Denis-Louis Huot n'a pas été légalement chargé » de ce ballot, et que ce n'est que par une fausse application des ar- » ticles 1384 et 1785 du Code civil que ledit Huot a été déclaré res- » ponsable de la valeur de ce même ballot; casse. »

1 MM. Troplong, *Du louage*, n°ˢ 932 et 934; Van Huffel, n° 5; Alauzet, n° 463; Marcadé, sous l'article 1786; Bédarrides, n°ˢ 345 et 346.

2 Il ne faudrait pas, en effet, exagérer la portée de cet arrêt de 1811 qui est très-laconique et ne contient que ces seuls considérants; lesquels ne doivent pas être isolés des circonstances de l'espèce. Sir., *loco citato* :

« Attendu que les maîtres voituriers ne doivent répondre que des paquets qui leur sont confiés, et non de ceux remis à leur domestique à gages;

» Et qu'aucun des faits et articles sur lesquels Muggia voulait faire répondre catégoriquement Battetta et Rai, maîtres voituriers, ne portant sur le fait que le paquet avait été confié et remis à eux-mêmes, le tribunal civil de Casal, en décidant que ces faits et articles n'étaient ni pertinents, ni admissibles, n'a contrevenu ni aux articles 1384 et 1782 du Code civil, ni à aucune loi; rejette.....

Cet arrêt est, comme on le voit, bien loin de la portée doctrinale et absolue que lui ont prêtée certains auteurs.

turier avait spécialement chargé ce domestique d'aller prendre des colis chez tel expéditeur. Pour cette opération isolée, ce domestique deviendrait un véritable *préposé*, et le contrat de voiturage prendrait naissance à l'instant même où les colis lui seraient remis par l'expéditeur.

Ces idées sont trop simples pour que nous ayons à insister. Au surplus, nous aurons à nous occuper de nouveau des préposés et des divers agents des voituriers en traitant de la responsabilité des divers entrepreneurs de transports.

9. Passons maintenant à la question de preuve.

Nous avons vu quel rôle essentiel joue, dans la formation du contrat de voiturage, la remise des objets à transporter. Il suit de ce qui précède que, pour savoir comment se prouve l'existence du contrat, tout revient à déterminer comment se prouve cette remise même.

Quant au fardeau de la preuve, il incombe à celui qui allègue l'existence du contrat, à celui qui invoque la remise des objets à transporter.

Le plus souvent ce sera l'expéditeur qui argumentera de la remise pour actionner le voiturier ; mais il n'est pas impossible que l'hypothèse inverse se présente.

Si, au fait matériel de la remise, on oppose une exception tirée, par exemple, du défaut de qualité de l'agent qui a remis ou reçu l'objet à transporter,

il va sans dire que la preuve de l'exception incombe
à celui qui la soulève : *reus excipiendo fit actor*.

' Ainsi, pour prendre l'hypothèse qui se présente
le plus fréquemment, un expéditeur actionne un
voiturier à raison de la perte d'un objet : il doit
prouver qu'il y a eu remise de cet objet destiné à
être transporté.

Mais si le voiturier oppose que l'objet a été remis
à un individu qui n'était pas son préposé, c'est au
voiturier de prouver ce qu'il avance, et, faute par
lui de justifier son allégation, il devra être condamné, si le fait de la remise est constant.

C'est seulement de la preuve de la remise que
nous avons ici à nous occuper.

10. A cet égard, il faut avant tout rappeler cette
règle générale, à savoir : que, dans notre législation, le mode de preuve diffère suivant que la matière est civile ou commerciale.

En matière civile, la preuve testimoniale n'est
admise que si l'intérêt du débat ne dépasse pas une
somme de 150 francs. Lorsqu'il s'agit d'une valeur
supérieure à ce chiffre, il faut rapporter une preuve
écrite. (Code Napoléon, article 1341.)

En matière commerciale, au contraire, la preuve
testimoniale est toujours admissible, quel que soit
le montant de la somme réclamée ou la valeur de
l'objet litigieux. (Code de commerce, article 109.)

La preuve différera donc suivant que le contrat

de voiturage devra être ou non considéré comme un contrat commercial.

Or, il est impossible de se prononcer *a priori* sur ce point d'une manière absolue.

Le plus souvent le voiturier devra être considéré comme un commerçant, et, de sa part, le transport constituera un acte de commerce. Il en sera ainsi, notamment aux termes de l'article 632 du Code de commerce, toutes les fois qu'il s'agira d'une entreprise de transport par terre ou par eau, et il faut ajouter : ou par voie de fer (1).

Mais tout voiturier n'est pas nécessairement un commerçant; tout transport n'est pas nécessairement un acte commercial.

Et si le Code de commerce consacre une section spéciale *au voiturier* (livre Ier, titre VI, section III), de son côté, le Code Napoléon a consacré une section de son chapitre du louage, d'ouvrage et d'industrie *aux voituriers par terre et par eau.*

Ainsi, l'individu qui, possédant un cheval et une voiture, utilise ceux-ci de temps à autre, et lorsqu'il n'en a pas besoin pour son propre usage, à exécuter des transports pour autrui, ne doit pas être, par cela seul, réputé commerçant. Ainsi encore, le fermier qui effectue des charrois pour le propriétaire ne fait pas, à coup sûr, acte de commerce.

____

1. MM. Troplong, n° 903; Louis Nouguier, *Tribunaux de commerce*, t. II, p. 360.

Mais souvent la nuance sera difficile à saisir.

Ce n'est pas ici le lieu de rechercher à quels signes on pourra reconnaître si le voiturier doit être réputé commerçant, si le transport doit être réputé commercial. Cette question trouvera plus naturellement sa place dans le chapitre xi de cet ouvrage, lorsque nous traiterons de la compétence (1).

11. Pour le moment, bornons-nous à parler de la preuve, en passant successivement en revue les diverses hypothèses qui peuvent se présenter :

1° Supposons d'abord que des deux parties aucune ne soit commerçante ; le fait même du transport n'étant pas essentiellement commercial de sa nature, il est clair que le contrat sera purement civil.

Dans ce cas, pas de difficulté.

Si la chose dont on demande à prouver la remise n'est pas d'une valeur supérieure à 150 francs, toute espèce de preuve pourra être admise.

Au-dessus de ce chiffre, nécessité d'une preuve écrite, tout au moins nécessité d'un commencement

---

(1) On peut consulter notamment sur cette question les arrêts suivants :

Bourges, 19 avril 1835. (Sir., 37, 2, 466), rendu en matière de voitures publiques ; — C. cass., 9 janvier 1810 (Sir., 10, 1, 125), en matière d'entreprises de pompes funèbres ; — C. cass., 28 juin 1843 (Sir., 43, 1, 574), en matière de chemins de fer ; — C. cass., 24 février 1841 (Sir., 41, 1, 427), en matière de transports par eau ; — Lyon, 30 juin 1827 (Sir., 28, 2, 123), en matière d'entreprise de transports militaires, etc.

de preuve par écrit, avant qu'on puisse recourir à la preuve testimoniale. (Code Napoléon, articles 1341, 1347 (1).)

On ne saurait d'ailleurs admettre, avec M. Van Huffel (n° 9), que le cas dont il s'agit rentre dans l'exception posée par le § 2 de l'article 1348, et par l'article 1950 Code Napoléon, en ce qui concerne les dépôts nécessaires.

Et ce serait à tort qu'on voudrait, en faveur de la preuve testimoniale, argumenter ici de l'assimilation du voiturier au dépositaire nécessaire, par suite de la combinaison des articles 1782 et 1952 Code Napoléon (2).

C'est seulement pour les soins à donner à la chose que le voiturier est assimilé à l'aubergiste (article 1782), et par suite au dépositaire nécessaire, mais il est évident que quant à la remise même de la chose, remise avant laquelle le contrat n'est pas encore formé, il n'y a ici aucun rapprochement à établir avec le dépôt nécessaire. Rien, d'une part, ne force à faire cette remise; et, d'autre part, il est toujours facile de se procurer une preuve écrite.

« Lorsque l'article 1782, » dit à ce sujet M. Troplong (n° 907), « assimile le voiturier à l'aubergiste,

---

(1) M. Marcadé, sous l'article 1786.

(2) Il est vrai que M. Van Huffel paraît, ainsi que M. Pardessus n° 540, se placer exclusivement dans l'hypothèse d'un contrat commercial. S'il est juste d'admettre alors la preuve testimoniale, même au-dessus de 150 fr., c'est seulement à raison de la commercialité; mais la thèse que nous combattons n'en reste pas moins erronée.

» ce n'est pas pour mettre ces deux classes d'indi-
» vidus sur le pied d'une absolue égalité. Il ne les
» compare que pour la *garde* et pour la *conservation*
» de la chose, et rien de plus. Il suit de là que ce
» n'est qu'alors que le contrat a été formé entre le
» voiturier et l'expéditeur, et s'est même réalisé
» par la *tradition* de la chose, que l'assimilation
» commence. Donc, tout ce qui s'est passé aupara-
» vant reste en dehors des règles du dépôt; donc,
» la question de savoir s'il y a eu remise de la chose
» est soumise aux règles ordinaires (1). »

2° Les deux parties contractantes sont des commerçants.

Dans ce cas encore, point de difficulté. On appliquera la règle commerciale. La preuve testimonial
sera admissible, quelle que soit la valeur de l'objet (2).

3° L'un des deux contractants est seul commerçant. Comment la remise de l'objet pourra-t-elle
être prouvée par l'expéditeur?

Il faut distinguer :

Si c'est l'expéditeur qui est commerçant, et s'il
n'y a pas acte de commerce de la part du voiturier,
le contrat de transport doit être considéré comme
un contrat civil. La preuve de la remise ne pourra

---

(1) M. Marcadé, *loco citato.*
(2) MM. Troplong, n° 908 ; Marcadé, sous l'article 1786 ; comparez
M. Pouget, t. IV, n° 643.

être faite par témoins, contre le voiturier, au-dessus d'une valeur de 150 francs.

Si, au contraire, le voiturier seul est commerçant, dans ce cas il y a commercialité du transport en ce qui concerne le voiturier, et la preuve testimoniale pourra toujours être faite contre lui.

L'opinion contraire est toutefois professée par M. Troplong (n° 908) dans les termes suivants :

« La cour de cassation a jugé (1) qu'un entrepre-
» neur de diligences, poursuivi devant un tribunal
» civil pour perte d'un sac de nuit, n'avait pu décli-
» ner la juridiction civile ; par réciprocité, le parti-
» culier ne pourrait invoquer contre l'entrepreneur
» les règles spéciales des matières commerciales. »

L'éminent jurisconsulte ajoute, n°s 955 et 956, que les entrepreneurs de transports sont obligés de tenir des registres sur lesquels ils inscrivent les objets qui leur sont remis pour être transportés, et que cette inscription fait preuve contre ces entre-

---

1) Arrêt du 20 mars 1811 Sir., 11, 1, 193 .

Cet arrêt, émané de la chambre des requêtes de la cour de cassation, se borne à dire : « Attendu qu'on ne peut raisonnablement soutenir que le dépôt d'un sac de nuit à une diligence soit un acte de commerce, d'où il résulte que l'arrêt attaqué n'a pu contrevenir, en le décidant ainsi, à l'article 631 du Code de commerce.

C'étaient les administrateurs des diligences qui demandaient, sur l'action intentée devant un tribunal civil par un voyageur dont on avait perdu le sac de nuit, à être renvoyés devant le tribunal de commerce.

Une pareille prétention ne pouvait être accueillie.

Mais l'argument que M. Troplong veut tirer de cet arrêt, pour faire rejeter la preuve commerciale, ne nous paraît, à aucun point de vue, découler de cette décision.

preneurs. De là résulterait encore l'exclusion de la preuve testimoniale.

Nous ne saurions nous ranger à cet avis.

En ce qui concerne l'arrêt de 1811, cette décision est complétement étrangère à la question qui nous occupe. De la nature de la juridiction au genre de la preuve, la conséquence n'est nullement forcée, et la réciprocité invoquée n'existe pas nécessairement. Et, en effet, d'après la jurisprudence qui prédomine aujourd'hui, celui des deux adversaires qui n'a pas fait acte de commerce peut assigner le défendeur, à son choix, devant le tribunal civil ou devant le juge commercial. Mais n'est-il pas évident que cette faculté d'option ne change en rien la nature de l'action, ne fait pas disparaître la commercialité de l'acte en ce qui concerne le défendeur, et que dès lors c'est la règle commerciale qui doit être appliquée à ce dernier, même par le tribunal civil ?

Quant à l'obligation d'inscrire sur un registre les objets remis pour être transportés, nous ne comprenons pas que l'exclusion de la preuve testimoniale puisse être considérée (en l'absence de tout texte) comme une conséquence de cette prescription et de la preuve qui peut résulter de ladite inscription.

En définitive, la matière est commerciale, et aucune exception n'est écrite, en matière de transports, à la règle générale relative à la preuve.

Qu'importe qu'une preuve écrite doive résulter des registres ?

Tous les commerçants ne doivent-ils pas tenir des livres réguliers, et ces livres ne font-ils pas foi contre eux? (Code de commerce, articles 8, 12.)

S'ensuit-il que la preuve testimoniale ne soit pas de droit à l'encontre de ces commerçants?

Quant à nous, et à raison même de l'inscription spécialement prescrite aux entrepreneurs de transports, nous voyons ici un motif de plus d'admettre contre ceux-ci, et dans tous les cas, la preuve testimoniale. On trouvera précisément dans l'admission de cette preuve la sanction de l'obligation imposée aux entrepreneurs de transports.

Il ne faut pas que le défaut d'inscription dont ils se rendent coupables puisse tourner à leur avantage; cela ne serait ni équitable, ni logique.

Au surplus, presque tous les auteurs qui ont écrit sur la question se prononcent dans le sens de l'admission de la preuve testimoniale, à l'encontre du voiturier, toutes les fois qu'il y a de la part de celui-ci acte de commerce, et quelle que soit d'ailleurs la situation quant à l'expéditeur (1); et la jurisprudence paraît fixée dans le même sens (2).

12. Dans la pratique, le plus souvent la remise des objets à transporter sera constatée par écrit.

_____

(1) MM. Marcadé, sous l'article 1786; Alauzet, n° 478, t. Ier; Duverdy, n° 8; Van Huffel, n° 9.

(2) Paris, 15 juillet 1834; Paris, 1er mars 1840; Grenoble, 29 août 1833; C. cass., req., 16 avril 1828; C. cass., 4 décembre 1837. *Journal du palais*, à la date.

(Code Napoléon , article 1785 ; Code de commerce, article 101.) Et la preuve de l'existence du contrat résultera dès lors de l'énonciation de la remise, contenue soit dans une lettre de voiture, soit dans un reçu délivré à l'expéditeur, soit enfin dans les registres dont il a été question au numéro précédent, et dont la tenue est imposée aux entrepreneurs de transports.

Mais nous venons de le voir, en l'absence de semblables écrits, la preuve testimoniale de la remise pourra toujours être faite à l'encontre du voiturier commerçant.

La preuve testimoniale devra-t-elle être également admise contre les énonciations contenues dans ces écrits ?

Nous n'hésitons pas à dire non , pour le cas où il s'agit d'une lettre de voiture. La combinaison des articles 1341 Code Napoléon, 101 et 102 du Code de commerce, rend, suivant nous, inadmissible une semblable preuve. C'est ce qu'enseigne notamment M. Duverdy (*Traité du contrat de transport*), avec cette restriction toutefois « qu'on peut prouver » contre les termes d'une lettre de voiture s'ils sont » argüés de *dol* ou de *fraude* ».

Mais il n'en est plus de même dans le cas où il s'agit d'une simple inscription sur le registre du voiturier. Cette inscription fera preuve contre le voiturier (Code Napoléon, articles 1329, 1330 et suivants); mais comme, en principe, nul ne peut se créer un titre à soi-même, l'expéditeur pourra toujours être admis à faire preuve contre ces énonciations, alors même que les deux parties seraient des commerçants. (Article 12 Code de commerce.)

C'est ce qu'enseigne M. Marcadé (*loco citato*) en se fondant sur ce qui a été entendu au sujet de l'article 1786 Code Napoléon, lors de la discussion au conseil d'État (1). C'est, au surplus, l'application pure et simple à cette matière spéciale de la règle générale consacrée par le Code de commerce.

Telles sont les principales questions que peuvent soulever la formation et la preuve du contrat de transport. Après avoir essayé de les résoudre, recherchons quels sont les effets de ce contrat.

______

(1) MM. Malleville, article 1786; Zachariæ, édition Aubry et Rau, t. III, p. 72; Taulier, t. VI, p. 307.

CHAPITRE DEUXIÈME.

EFFETS DU CONTRAT DE TRANSPORT. — OBLIGATIONS QUI EN DÉ-
RIVENT. — OBLIGATIONS ET RESPONSABILITÉ DU VOITURIER.

SOMMAIRE.

N° 13. Obligations qui dérivent du contrat de transport.
14. Obligation du voiturier de veiller à la conservation de la chose.
15. Responsabilité du voiturier. — Vol.
16. Ce qu'on entend par cas fortuit et par force majeure.
17. A qui incombe la preuve de la force majeure.
18. Cas où la force majeure ne dégage pas la responsabilité du voiturier.
19. Le voiturier peut-il valablement stipuler qu'il ne répondra pas de la perte ou de la détérioration?
20. Peut-on à l'inverse stipuler que le voiturier répondra même de la force majeure?
21. Quand et comment la force majeure doit-elle être prouvée?
22. Du vice propre de la chose.
23. A qui incombe la preuve.
24. Exemples de marchandises perdues ou détériorées par leur vice propre.
25. Résumé. — Transition.

13. Le contrat de transport ou de voiturage, dès qu'il est formé, engendre, pour les parties contractantes, des droits et des obligations réciproques.

Il a pour effet, en ce qui concerne le voiturier, d'obliger celui-ci à veiller à la conservation des personnes ou des choses qui lui sont confiées, et à les rendre au lieu de destination par le mode et dans le délai convenus.

Il oblige le voyageur ou le propriétaire des marchandises à payer au voiturier le prix fixé pour le transport, et à rembourser à ce dernier les dépenses qu'a rendues nécessaires la conservation des choses transportées.

Nous examinerons successivement ces diverses obligations; voyons d'abord ce qui concerne le voiturier.

14. Le voiturier, disons-nous, doit avant tout veiller à la conservation de la chose qui lui est confiée. Par le fait de la remise de cette chose, il devient, en effet, un dépositaire. Et comme il y a, en général, salaire, d'une part (tandis que le dépôt proprement dit est essentiellement gratuit, Code Napoléon, article 1917), comme, d'autre part, le transport ne saurait être effectué sans la remise de l'objet à transporter, le législateur a considéré ce contrat comme un dépôt *nécessaire* et a assujetti les voituriers, pour la garde et la conservation des choses qui leur sont confiées, aux mêmes obligations que les aubergistes (article 1782), lesquels sont eux-mêmes assimilés aux dépositaires nécessaires par l'article 1952 Code Napoléon.

M. Van Huffel (p. 188, n° 19) enseigne que « les obligations du voiturier par terre et par eau sont les mêmes que celles du capitaine de navire, indiquées par l'article 221 Code de commerce; article ainsi conçu : « Tout capitaine, maître ou patron » chargé de la conduite d'un navire ou autre bâti-

» ment, est garant de ses fautes, *même légères,*
» dans l'exercice de ses fonctions. »

Mais ce texte, emprunté au droit maritime, n'a
rien à faire dans la matière qui nous occupe; et si
les voituriers répondent même de leurs fautes *lé-*
gères, c'est en vertu d'une autre disposition de la
loi. On n'a pas d'ailleurs à établir à leur charge la
preuve d'une faute lourde ou légère; ils sont responsables, en principe, en vertu de l'article 1952,
et c'est, au contraire, aux voituriers d'établir qu'ils
se trouvent dans une situation exceptionnelle, dégageant leur responsabilité.

Si l'on se reporte à cet article 1952 et à ceux des
articles suivants que le législateur a déclarés applicables aux voituriers, on voit que l'obligation
pour ceux-ci de garder et conserver la chose qui
leur a été confiée est des plus rigoureuses.

L'article 1953 porte, en effet : « Ils (les auber-
» gistes ou hôteliers) sont responsables du vol ou
» du dommage des effets du voyageur, soit que le
» vol ait été fait ou que le dommage ait été causé
» par les domestiques et préposés de l'hôtellerie,
» ou par des étrangers allant et venant dans l'hô-
» tellerie. »

15. L'application aux voituriers de cette disposition conduit à ce résultat que ces derniers seront
responsables de tous les vols commis, même par
des étrangers, non-seulement dans leurs voitures et

bateaux, non-seulement dans leurs bureaux, magasins et entrepôts, mais encore sur le port, une fois que la marchandise leur aura été remise, conformément à l'article 1783 (1).

En un mot, une fois la chose à transporter reçue par le voiturier, celui-ci est responsable de sa conservation jusqu'au moment où elle est remise au destinataire, pendant tous les instants qui s'écoulent entre cette réception et cette remise de la chose, soit pendant la marche du véhicule, soit pendant les heures d'arrêt, soit que la marchandise se trouve placée dans ce véhicule, soit qu'elle n'y ait pas encore été placée, ou qu'elle en ait été momentanément ou définitivement sortie. Une surveillance active et incessante est donc indispensable; et la force majeure seule pourrait permettre aux voituriers d'échapper à la responsabilité du vol de la chose qui leur a été confiée.

16. Quant à déterminer les cas de force majeure ou les *cas fortuits* qui y sont assimilés par la loi (articles 1148, 1784, etc.), ce serait une tâche impossible; en dehors de l'hypothèse de vol à main armée, expressément prévue par l'article 1954, les espèces peuvent varier à l'infini, et cela d'autant plus que ce qui vient d'être dit du vol des objets confiés au voiturier s'applique également à la perte

____

(1) M. Clamageran, n° 222.

ou à la détérioration de ces objets survenue pour toute autre cause, le voiturier étant tenu de conserver et de rendre identiquement la chose qui lui a été remise pour être transportée.

L'article 1784 Code Napoléon porte, en effet :
« Ils (les voituriers) sont responsables de la perte
» et des avaries des choses qui leur sont confiées,
» à moins qu'ils ne prouvent qu'elles ont été per-
» dues ou avariées *par cas fortuit* ou *force ma-*
» *jeure.* » (Voir aussi les articles 98 et 103 Code de commerce.)

Tout ce que l'on pourrait faire, ce serait de placer ici une définition du *cas fortuit* et de la *force majeure.*

On pourra toutefois consulter utilement les arrêts suivants, qui, dans des circonstances assez délicates, ont refusé d'admettre l'existence de la force majeure :

Cour de cassation, 2 thermidor an viii. (Sirey, 1, 1, 315.)

Paris, 20 ventôse an xiii. (Sirey, collection nouvelle, 2, 2, 33.)

Paris, 1er frimaire an xiv. (Sirey, 7, 2, 184.)

Metz, 18 janvier 1815. (Sirey, 19, 2, 78.)

Paris, 29 avril 1820. (Sirey, 20, 2, 249.)

Grenoble, 31 juillet 1863. (Sirey, 64, 2, 148.)

Cette jurisprudence démontre, tout au moins, combien on se montre difficile pour accueillir l'exception dont nous nous occupons en ce moment.

Il faut entendre par ces mots, *cas fortuit* ou *force majeure*, tout événement auquel nulle prudence humaine, nulle précaution, ne pouvait soustraire celui qui l'a subi, avec cette distinction que la force majeure impliquerait le fait de l'homme, tandis que le cas fortuit serait un pur accident auquel le fait de l'homme serait étranger (1).

Mais cette distinction entre le cas fortuit et la force majeure n'a aucune utilité pratique; et nous désignerons, dans cet ouvrage, l'une et l'autre hypothèse sous la dénomination générale d'exception de force majeure.

En cette matière, pour admettre ou pour repousser l'exception de force majeure, invoquée par le voiturier à l'effet de décliner sa responsabilité, tout dépendra de l'appréciation des circonstances particulières à chaque espèce, appréciation qui rentre dans le domaine souverain des juges du fait. Le refus d'admettre l'existence de la force majeure alléguée par le voiturier ou l'admission de l'existence de cette force majeure malgré les dénégations de l'expéditeur ou du destinataire, ne saurait donc donner ouverture à cassation. Telle est la règle générale en matière de force majeure. (Voir notamment un arrêt de la cour suprême du 1er mars 1855 (Sirey, 55, 1, 318), qui pose formellement le prin-

____

(1) Nouveau Denizart, v° *Force majeure*, n° 2; M. Duverdy, n° 40; voir aussi MM. Pouget *Obligations des commissionnaires*, t. IV, n° 682; Émérigon, chap. II, p. 357.

cipe, et un arrêt de la même cour, qui en fait l'application en matière de transport : 4 mars 1863. (Sirey, 63, 1, 389, *affaire Cohin.*)

17. Rappelons encore ici que ce sera toujours au voiturier qu'incombera le fardeau de la preuve de la force majeure, dont l'existence ne se présume jamais et ne doit être que difficilement admise.

C'est ce qu'enseignent tous les auteurs (1). C'est aussi ce qui a été formellement jugé par la cour de cassation le 23 août 1858. (Sirey, 60, 1, 984.)

La cour impériale de Montpellier avait dispensé le voiturier d'établir qu'il n'était point en faute et avait rejeté sur le propriétaire des marchandises le fardeau de prouver l'existence de cette faute : « Attendu en droit, porte cet arrêt du 20 mai 1856, » que le commissionnaire et le voiturier sont tenus » de rendre les objets qui leur sont confiés en » l'état où ils les ont reçus, sauf cas fortuit ou » force majeure; que la preuve du cas fortuit in- » combe à celui qui l'allègue; mais attendu, en » fait, qu'il était établi devant le premier juge et » tenu pour constant qu'en cours de transport et » sans cause connue, la voiture et le chargement » de l'intimé avaient été incendiés sur la route; » qu'un incendie, dont nul ne peut déterminer la

____

(1) MM. Pardessus, t, II, n° 515; Troplong, *Louage*, n° 910; Delamarre et Lepoitvin, t. II, n° 39 et 40; Alauzet, t. Ier, n° 467; Duverdy, n° 42.

» cause est un cas fortuit; qu'en ce qui concerne le
» cas fortuit, l'intimé avait donc rempli ses obliga-
» tions; qu'en cet état, le premier juge a pu et dû,
» ainsi qu'il l'a fait, soumettre l'appelant à l'obli-
» gation de donner à l'incendie une cause impu-
» table à la faute et à la négligence ou à l'impru-
» dence du voiturier. »

Cette décision, qui renversait les rôles et mécon-
naissait les véritables principes en matière de
preuve, a été cassée par la cour suprême le
23 août 1858, dans les termes suivants :

« La cour, vu les articles 1302 et 1315 Code
» Napoléon, les articles 97 et 98 Code de com-
» merce; attendu qu'il résulte de la combinaison
» de ces articles qu'il ne suffit pas au voiturier, pour
» dégager sa responsabilité, d'établir que la mar-
» chandise à lui confiée a péri; *qu'il doit prouver*
» *encore qu'elle a péri par un cas purement fortuit,*
» *impossible à prévenir, et qu'il n'a à se reprocher*
» *aucun fait d'imprudence ou de négligence;* attendu
» qu'au lieu de mettre cette preuve de libération à
» la charge du voiturier, l'arrêt attaqué l'a imposée
» au propriétaire des marchandises expédiées; en
» quoi ledit arrêt *a interverti les rôles des parties,*
» *méconnu leurs droits et leurs obligations,* et, par
» suite, violé les articles ci-dessus visés; par ces
» motifs casse. »

Au surplus, le texte même de l'article 1784 met
formellement la preuve de la force majeure à la

charge des voituriers, qu'il déclare « responsables
» de la perte et des avaries des choses qui leur
» sont confiées, *à moins qu'ils ne prouvent* qu'elles
» ont été perdues ou avariées par cas fortuit ou
» force majeure ».

18. La preuve même de l'existence du cas fortuit
ou de la force majeure resterait inefficace, si l'événement avait été précédé ou accompagné d'une
faute ou d'une négligence du voiturier, de nature à
faire douter que l'événement eût été le même si le
voiturier se fût conformé scrupuleusement à tous
ses devoirs (1).

La force majeure cesserait également de pouvoir
être invoquée dans le cas où le voiturier aurait
pris sur lui de changer le mode de transport qui
avait été convenu (2). C'est ce qui a été jugé notamment par la cour impériale de Rennes, le 19 mars
1850 (Sirey, 51, 2, 164), et par la cour impériale
de Rouen, le 8 décembre 1856 (Sirey, 57, 2, 307).

Dans la première espèce, la marchandise avait
été transportée par eau, tandis qu'elle devait voyager par terre d'après la convention. Il y avait eu
submersion, avarie; non-seulement l'arrêt du
19 mars 1850 a écarté l'exception de force majeure

---

(1) M. Van Huffel, n° 15; arrêts de Metz, 18 janvier 1815 (Sir., 19,
2, 78); Aix, 6 août 1823 (Sir., Collection nouvelle, 7, 2, 253).
(2) MM. Troplong, n° 937; Delamarre et Lepoitvin, t. II, n° 38;
Pardessus, t. II, n° 510.

et proclamé la responsabilité de l'entrepreneur de transports, en vertu de la maxime : *Quando culpa præcessit casum, tunc casus fortuitus non excusat,* mais il a condamné cet entrepreneur ou commissionnaire de transport à garder pour son compte la marchandise avariée et à en payer le prix au propriétaire. (*Affaire Russeil.*)

Dans la deuxième espèce, il y avait eu simplement, pour effectuer le transport, substitution d'un navire à vapeur à un navire à voiles. Il y avait eu naufrage et perte de marchandises : le propriétaire, M. Dulioust, réclamait contre le commissionnaire de transport, M. Deloys, d'une part, le prix des marchandises perdues, d'autre part, des dommages-intérêts, pour le préjudice qui lui était causé à raison du temps nécessaire à la reconstruction des objets perdus. L'arrêt du 8 décembre 1856 n'a pas cru devoir allouer les dommages-intérêts formant le deuxième objet de la demande. Mais il a condamné le commissionnaire de transport à payer le prix des marchandises perdues par les motifs suivants :

« ..... Attendu qu'aux termes de l'article 1989 » du Code Napoléon le mandataire ne peut rien faire » au delà de ce qui est porté dans son mandat; que le » sieur Deloys, mandataire salarié, devait se confor- » mer aux instructions de Dulioust, son mandant, » et ne pas substituer un navire à vapeur à un na- » vire à voiles, malgré la défense formelle contenue » dans la lettre de Flayol, en date du 10 juillet, et

» celle du 12 du même mois de Dulioust lui-même ;
» qu'en transgressant les ordres du mandant, le
» mandataire assumait par ce seul fait la responsa-
» bilité des conséquences de cette infraction aux
» instructions qu'il avait reçues à diverses reprises ;
» — Attendu que la jurisprudence et la doctrine,
» d'accord avec la loi, décident que le mandataire
» qui va contre la forme de son mandat est en faute,
» *lors même qu'il substitue à la chose demandée une*
» *chose meilleure.* Vainement le mandataire prétex-
» terait-il de bonnes intentions ; on n'y a pas égard
» parce qu'elles ne suffisent pas pour exonérer d'une
» faute ; — Attendu que le sieur Deloys a commis
» une faute en n'exécutant pas littéralement le man-
» dat qui lui était confié : le navire à vapeur fût-il
» préférable au navire à voiles, il ne pouvait se faire
» juge des intentions ou des craintes de son man-
» dant ; que le résultat de son infraction à des ordres
» si clairement exprimés a été la perte des vingt-
» quatre colis, qui peut-être n'aurait pas eu lieu s'il
» avait suivi les instructions réitérées de Dulioust ;
» — *Attendu que s'il est juste d'indemniser le man-*
» *dant des pertes matérielles survenues par suite des*
» *infractions commises dans l'exécution du mandat*
» *par le mandataire, on doit prendre en sérieuse con-*
» *sidération le mobile qui a fait agir ce dernier, lors-*
» *qu'il s'agit d'adjuger des dommages-intérêts pour*
» *préjudices non justifiés ; que c'est alors que ce man-*
» *dataire peut invoquer ses bonnes intentions ;* — At-

» tendu que le préjudice que le sieur Dulioust pré-
» tend avoir éprouvé n'est pas justifié ; que le fût-il,
» il serait contraire à l'équité de le faire supporter à
» Duloys dans une circonstance aussi malheureuse,
» et lorsqu'en fait il croyait être agréable à son man-
» dant en lui expédiant à prix réduits, par un na-
» vire à vapeur, les vingt-quatre colis après lesquels
» il attendait depuis longtemps. »

Ainsi, la force majeure ne dégage pas la responsabilité du voiturier, toutes les fois que celui-ci a
pris sur lui de modifier les conditions du transport,
soit en adoptant un autre véhicule, soit en transfor-
mant la voie du transport, soit même en changeant
simplement de route, soit enfin en voyageant la
nuit, contrairement aux stipulations du contrat ou
aux usages de ce voiturier ou des voituriers de la
même classe (1).

Les mêmes principes s'appliquent encore au cas
où l'entrepreneur chargé de transporter une voiture, par exemple, ou une locomobile, l'aurait fait
voyager sur ses propres roues, au lieu de la placer
sur un chariot ou sur un bateau. Grenoble, 24 décembre 1854 ; Sirey, 55, 2, 140.)

19. Le voiturier pourrait-il s'affranchir de sa
responsabilité en stipulant, lors de la convention,
qu'il ne répondra en aucun cas de la perte ou de la

---

(1) M. Pardessus, t. II, n 540.

détérioration des marchandises qui lui sont confiées?

Nous aurons à revenir sur cet ordre d'idées, lorsque nous examinerons spécialement les transports par chemin de fer.

Nous aurons également à examiner la valeur de cette stipulation en ce qui concerne spécialement l'observation du délai fixé pour l'exécution du transport, lorsque nous traiterons *du retard*. (*Voir* le chapitre suivant.)

Mais, dès à présent, quant à la perte ou à la détérioration de la chose, nous pouvons poser en principe, avec la doctrine et la jurisprudence, qu'une pareille stipulation ne serait pas valable, et ne changerait rien aux règles qui viennent d'être exposées, touchant la responsabilité des entrepreneurs de transports.

Et nous ne saurions admettre avec MM. Troplong et Van Huffel qu'une pareille clause eût pour résultat de créer une présomption de force majeure au profit du voiturier, et de mettre la preuve de la faute à la charge de l'expéditeur. Cette clause, suivant nous, ne peut produire aucun effet, direct ou indirect, et doit être tenue pour non écrite. Il en serait autrement à l'égard des commissionnaires de transports, en vertu de l'article 98 du Code de commerce (1). *Voir* notre chapitre viii.)

(1 MM. Duverdy, n°s 29 et 30; Troplong, n° 942; Pardessus, t. II, n° 512; Zachariæ edition Aubry et Rau, t. III, § 373, note 8; C. cass..

20. A l'inverse, il pourra être valablement stipulé que le voiturier répondra même du cas fortuit et de la force majeure. S'il est, en effet, illicite et immoral de s'affranchir à l'avance de la responsabilité de ses propres fautes, rien ne s'oppose, au contraire, à l'extension de la responsabilité au delà des cas prévus par la loi. Accessoirement au contrat de transport, il se forme alors, avec le voiturier, une sorte de contrat d'assurance qui n'a rien de contraire aux lois et aux mœurs, et auquel viendront correspondre des avantages ou salaires exceptionnels stipulés par le voiturier.

Une semblable clause devra donc produire tout son effet et se voir accueillie et appliquée par les tribunaux, à la différence de la stipulation précédente, qui devra être tenue pour non écrite.

21. Quand et comment l'existence de la force majeure devra-t-elle être prouvée?

M. Van Huffel (n° 21) enseigne que, sauf certains cas exceptionnels, la force majeure devra être constatée, au moment même et sur le lieu de l'événement, ou dans le lieu le plus voisin, à la diligence du voiturier.

S'il peut être prudent, en fait, de procéder de la sorte, il faut reconnaître, en droit, que la loi n'exige rien de pareil.

---

24 janvier 1807 (Sir., 7, 1, 138 ; Alger, 16 décembre 1846 (Sir., 47. 2, 88 ; C. cass., 26 janvier 1859 (Sir., 59, 1, 316).

Elle n'astreint ici le voiturier à l'observation d'aucune formalité, d'aucun délai. Actionné en responsabilité, le voiturier excipe de la force majeure; il pourra justifier son exception par toute espèce de preuves.

C'est ce qui résulte formellement d'un arrêt de cassation rendu dans une affaire Baissade, le 5 mai 1858. (Sirey, 58, 1, 677.)

Voici le texte de cet arrêt :

« Vu les articles 97, 98, 103, 104 et 106 du Code
» de commerce; attendu que s'il est de principe que
» le voiturier est tenu, pour dégager sa responsabi-
» lité, de prouver la force majeure qui a fait périr
» les marchandises dont il s'est chargé, aucun texte
» de loi ne prescrit *ni un mode spécial et exclusif*
» *de preuve, ni un délai fatal dans lequel cette preuve*
» *doit être rapportée;* — attendu que le jugement at-
» taqué a néanmoins condamné le voiturier à payer
» le prix de la marchandise perdue, par l'unique
» motif *qu'il n'avait pas fait constater légalement le*
» *fait de force majeure* dont il excipait; — attendu
» que cette constatation immédiate imposée au com-
» missionnaire par l'article 97 pour le fait du retard
» dans l'arrivage des marchandises n'est pas exigée
» du voiturier par l'article 103 pour le cas tout dif-
» férent de la *perte* ou de l'*avarie* survenues par un
» fait de force majeure ou par les vices propres de
» la chose; — attendu que c'est précisément cette
» preuve que le demandeur offrait de rapporter de-

» vant le tribunal de commerce au moment même où
» il fut appelé devant ce tribunal par le destinataire;
» — attendu que cette preuve était d'autant plus
» admissible que le destinataire avait reçu d'autres
» colis du même voiturier sans la moindre réclama-
» tion, et qu'il avait même payé le port de celui
» dont il s'agit, et dont il demanda et obtint la res-
» titution par le jugement attaqué; — attendu qu'en
» rejetant, dans ces circonstances, l'offre de preuve
» de force majeure, sous prétexte qu'elle n'avait
» pas *été déjà légalement constatée*, le jugement at-
» taqué a faussement appliqué les articles 97, 98 et
» 106 du Code de commerce et violé l'article 103,
» même Code; casse.... »

22. Il suit de tout ce qui précède que le voiturier, étant tenu de conserver et de rendre identiquement la chose qui a fait l'objet du contrat, ne
saurait être déchargé des conséquences de la perte
ou de la détérioration de cette chose hors le cas de
force majeure.

Une deuxième exception à cette règle doit cependant être admise en faveur du voiturier, pour le
cas où la chose a péri ou a été détériorée par suite
d'un *vice propre*.

C'est ce qui résulte de l'article 103 du Code de
commerce, lequel est ainsi conçu :

« Le voiturier est garant de la perte des objets
» à transporter, hors les cas de la force majeure. —

» Il est garant des avaries autres que celles qui pro-
» viennent du *vice propre* de la chose ou de la force
» majeure. »

Bien que cet article semble limiter au cas d'avarie l'exception tirée du *vice propre* de la chose, il
faut reconnaître que la chose peut non-seulement
être *détériorée*, mais périr même entièrement par
suite de son *vice propre*, et qu'il est alors à la fois
équitable et logique de généraliser cette nouvelle
exception et de l'étendre aux diverses hypothèses
qui donnent naissance à la responsabilité du voiturier.

Le système contraire semblerait toutefois être
admis par M. Duverdy (n° 70 et 71), qui paraît limiter au cas d'*avarie* l'excuse ou l'exception tirée
du vice propre; mais nous croyons qu'à vrai dire
cet auteur ne s'est pas proposé cette question, et
que si, par suite des divisions par lui adoptées dans
son *Traité du contrat de transport*, M. Duverdy a
été amené à examiner le cas de vice propre uniquement à l'occasion des *avaries*, on aurait tort d'en
conclure que l'auteur repousse, en cas de perte de
l'objet transporté, toute autre exception que celle
de force majeure.

Maintenant que faut-il entendre par *vice propre* à
la chose transportée?

« Par vice propre, » dit M. Van Huffel, n° 18,
« on entend plus particulièrement les *détériorations*,
» *destructions* ou *pertes* qui arrivent par des acci-

» dents auxquels cette chose, même en la supposant
» de la plus parfaite qualité dans son genre, est su-
» jette par sa nature. »

Cette définition est empruntée à M. Pardessus,
t. II, n° 776.

Nous ne la reproduisons ici que pour établir, de
plus fort, que le *vice propre* de la chose peut être
invoqué aussi bien en cas de perte totale qu'en cas
de détériorations ou d'avaries. Il pourrait même,
dans certains cas, être invoqué pour expliquer et
excuser le retard.

En un mot, à l'exemple de la force majeure, le
vice propre constitue une exception générale en faveur du voiturier, et c'est par ce motif que nous en
parlons dans ce chapitre, avant d'entrer dans l'examen des diverses causes de responsabilité et de l'é-
tendue de cette responsabilité, suivant que cette
dernière provient de telle ou telle de ces causes.

23. Ce sera, du reste, encore au voiturier qu'incombera dans ce cas le fardeau de la preuve. Et ce
voiturier devra non-seulement établir l'existence
du vice propre dont il argumentera pour dégager sa
responsabilité (ainsi que l'enseigne M. Van Huffel),
mais encore il devra démontrer que la détérioration
ou la perte a été la conséquence même de ce vice.

24. Nous ne pourrions que répéter ici ce que
nous avons dit à l'égard de la force majeure. (*Voir*
ci-dessus n°ˢ 16, 17 et 18.)

Quant à des exemples de marchandises détériorées ou perdues par leur vice propre, on peut citer les vins et les liqueurs sujets à déperdition ou même à détérioration complète, les animaux qui périssent de mort naturelle pendant le transport, etc. (*Voir* MM. Pardessus, n° 776; Duverdy, n° 71, etc....)

A l'égard de certaines marchandises, l'usage commercial a même fixé certaines quotités admises pour le coulage ou pour le déchet que peuvent subir ces marchandises pendant le transport. (M. Van Huffel, p. 85.)

Mais ce n'est pas ici le lieu d'entrer dans ces détails.

25. Nous avons établi dans ce chapitre quelle était la principale obligation du voiturier : *veiller à la conservation de la marchandise qu'il transporte et la rendre en bon état au lieu convenu;* — quelle était la sanction de cette obligation : *responsabilité à laquelle le voiturier ne saurait se soustraire à l'avance par une stipulation, et qui cède seulement devant la force majeure ou le vice propre de la chose, dûment prouvés par le voiturier.*

Voyons maintenant quelles sont les autres obligations du voiturier, quelle est la sanction attachée à chacune d'elles, et quelle est, suivant les différents cas, l'étendue de la responsabilité attachée à l'inexécution du contrat de transport de la part du voiturier.

CHAPITRE TROISIÈME.

INEXÉCUTION DU CONTRAT DE LA PART DU VOITURIER.— PERTE.
— AVARIES. — RETARD. — ACCIDENTS ÉPROUVÉS PAR LES
VOYAGEURS.

SOMMAIRE.

26. Il ne suffit pas que le voiturier ait préservé, par ses bons soins, la chose transportée de toute destruction ou détérioration, de telle sorte qu'il puisse, au lieu et à la personne indiqués, remettre identiquement et sans détérioration l'objet qui lui a été confié ; il faut encore que cette remise soit effectuée dans le délai fixé par la convention ou par l'usage. Toutes les fois que ces trois conditions ne se trouvent pas réunies, et que, pour une raison ou pour une autre, le voiturier ne peut pas rendre à qui de droit, en *temps* et *lieu convenus,* et en *bon état, l'objet même* qui lui a été confié, il y a inexécution du contrat de la part de ce voiturier, et sa responsabilité se trouve engagée, sauf ce qui vient d'être dit de la *force majeure* et du *vice propre* de a chose.

Lorsque le voiturier ne peut représenter l'objet qui lui a été confié, on dit qu'il y a *perte*.

Lorsque cet objet n'est représenté qu'en mauvais état et avec des détériorations, on dit qu'il y a *avarie*.

Enfin, lorsque l'objet est représenté en bon état, mais après l'expiration du délai octroyé pour le transport, on dit qu'il y a *retard*.

Le voiturier répond non-seulement de la *perte* et de l'*avarie*, comme nous l'avons déjà vu précédemment, il répond aussi du *retard*.

Toutefois, l'étendue et les règles de sa responsabilité diffèrent, dans une certaine mesure, suivant ces différents cas; d'où la nécessité de nous placer successivement à chacun de ces trois points de vue, et surtout au point de vue du *retard* qui jusqu'à présent a été presque entièrement négligé, et qui comporte des explications toutes spéciales.

27. Et d'abord quelle est l'étendue de la responsabilité du voiturier en cas de PERTE?

Le voiturier doit payer au propriétaire de la marchandise la valeur intégrale de l'objet perdu. Il est responsable de la valeur totale des choses qui lui ont été confiées (1).

---

(1) MM. Pouget, t. IV, n° 670; Bédarrides, n° 359.

Des bulletins imprimés à l'avance sont impuissants à limiter cette responsabilité, et M. Clamageran (n° 223) ajoute : « On doit se montrer d'autant » plus sévère dans l'application stricte du droit vis- » à-vis des entrepreneurs de transport, qu'ils met- » tent un véritable acharnement à se soustraire aux » devoirs de leur profession. » Voici comment s'exprime, à cet égard, M. Duverdy (n° 34) : « Les entre- » preneurs de voitures publiques ont souvent élevé » la prétention de ne payer, en cas de perte des » effets qui leur étaient soumis, qu'une somme dé- » terminée *par eux* à l'avance. Ils inscrivent, en » général, sur les bulletins de place ou de bagages » remis aux voyageurs, qu'ils ne payeront que » 150 francs pour une malle perdue, et 50 francs » pour un sac de nuit ou un porte-manteau. C'est » un usage dans lequel persistent toutes les entre- » prises de transports, malgré la jurisprudence qui » s'est toujours déclarée contraire à cette prétention » des voituriers. »

Les auteurs sont unanimes pour protester contre ces abus, ancienne réminiscence de l'article 62 de la loi du 24 juillet 1793, qui avait mis les postes et les messageries en régie nationale (1). Et c'est avec raison qu'ils protestent, car, d'une part, la loi

______

(1) MM. Hilpert, *Le messagiste*, p. 177, à la note; Cotelle, *Législation des chemins de fer*, p. 280; Merlin, *Rép.*, v° *Messageries*, § 11, n°* 4 et 7; Pardessus, t. II, n°* 554 et suivants. Voir toutefois le *Traité du louage* de M. Troplong, n°* 924 et 926.

du 24 juillet 1793 n'est pas applicable aux entreprises particulières de transports, et, d'autre part, l'article 62 de cette loi ne fixait une pareille indemnité qu'à défaut de possibilité d'estimation après l'accident, ou à défaut d'estimation déclarée lors du chargement. En vain d'ailleurs, ainsi que l'enseigne M. Marcadé sous l'article 1786, les voituriers argumenteraient-ils « de la mention par eux » inscrite dans les bulletins qu'ils délivrent aux » voyageurs, et par laquelle il est déclaré qu'il ne » sera jamais alloué plus de 150 francs. Car la ré-» ception de ce bulletin par le voyageur, qui la plu-» part du temps ne le lit même pas, ne constitue » pas de la part de celui-ci un assentiment aux pré-» tentions du voiturier, et ne forme pas dès lors la » convention qui serait nécessaire pour déroger aux » principes. »

Il faut donc tenir pour constant que de semblables mentions ne lient aucunement le voyageur ou le propriétaire des marchandises transportées, et qu'elles doivent être réputées non écrites.

28. Sans doute, s'il y a eu de la part du voyageur ou de l'expéditeur déclaration estimative de la valeur des objets transportés, cette estimation devra servir de base à l'effet de déterminer la valeur de l'objet perdu et l'indemnité à payer par le voiturier. Dans ce cas, il intervient, en effet, une sorte de contrat synallagmatique qui lie également les

deux parties (sauf, bien entendu, le cas de fraude).

Mais, en l'absence d'une telle déclaration, le voyageur ou l'expéditeur reste dans la plénitude de son droit, et doit toujours être admis à prouver la valeur de l'objet perdu. Aussi la jurisprudence est-elle depuis longtemps fixée en ce sens, qu'à défaut d'évaluation lors du chargement, l'indemnité due au propriétaire peut être fixée par les tribunaux au moyen de toutes preuves, de tous documents et même sur la déclaration et sur le serment de ce propriétaire ; et cela, soit qu'il s'agisse de transport par terre proprement dit, soit de transport par chemin de fer, ou de transport par eau. (*Sic,* Rouen, 20 février 1816, affaire Carpentier, Sirey, 16, 2, 108 ; Lyon, 6 mars 1821, affaire Brou, Sirey, 21, 2, 225 ; Grenoble, 29 août 1833, affaire Gringeat, Sirey, 34, 2, 125 ; Paris, 15 juillet 1834, Sirey, 34, 2, 482, affaire Langlet ; Alger, 18 décembre 1846, Sirey, 47, 2, 88, affaire Gabanon ; cour de cassation, 19 frimaire an VII, affaire Gaillard, Sirey, 11, 1, 196 ; *idem,* 16 avril 1828, affaire Legris, Sirey, 29, 1, 163 ; *idem,* 18 juin 1833, Sirey, 33, 1, 705.)

« Attendu, » porte l'arrêt de la cour suprême du 18 juin 1833, « qu'il est constant en fait qu'un ballot » de marchandises remis aux messageries royales » par Morise, pour être transporté à Soissons, a été » perdu, sans qu'on puisse attribuer cette perte à » un cas fortuit ou à un événement de force majeure ;

» que ce fait constitue la responsabilité des messa-
» geries, dont l'effet est réglé, non par les principes
» du contrat de dépôt, mais par les dispositions du
» Code civil et du Code de commerce sur les com-
» missionnaires et les voituriers; que cette respon-
» sabilité s'étend *à toute la valeur* des objets perdus,
» et que, si le propriétaire n'a pas déclaré cette va-
» leur au moment du chargement aux messageries,
» *déclaration purement facultative et qui n'est ordon-*
» *née par aucune loi,* c'est à ce propriétaire qu'il
» incombe de prouver la valeur des objets perdus,
» et que cette preuve, *qui peut s'établir par toute*
» *espèce de documents,* constitue une appréciation
» de faits qui rentre essentiellement dans les attri-
» butions souveraines du juge du fait. »

29. En face d'un principe si nettement formulé, doit-on accepter une distinction proposée par un grand nombre d'auteurs, et consistant à soutenir que les voituriers ne répondent pas des sommes d'or et d'argent, ni des valeurs précieuses, lorsque ces sommes ou valeurs *n'ont pas été déclarées* par le voyageur ou le propriétaire?

« Nous n'hésitons pas à décider, » dit M. Duverdy (n° 57), « que l'entrepreneur de transports n'est pas
» responsable des valeurs ou des matières précieuses
» qui ne lui ont pas été déclarées, sauf une distinc-
» tion dont il sera bientôt question, relativement à
» l'argent que les voyageurs emportent pour les né-
» cessités du voyage. »

Pour le décider ainsi, M. Duverdy se fonde sur l'existence de tarifs spéciaux pour le transport des matières précieuses et des valeurs d'or et d'argent. Le silence gardé par le voyageur ou par l'expéditeur, dans le but de se soustraire à l'application de ces tarifs, équivaudrait, suivant cet auteur, à une fausse déclaration qui dégagerait la responsabilité du voiturier.

M. Van Huffel (p. 51), sans être aussi affirmatif, se prononce en ce cas également contre la responsabilité indéfinie, en se fondant sur l'ancienne jurisprudence, et notamment sur un arrêt du conseil du 8 février 1683, qui refusait toute action au voyageur, faute d'avoir décrit exactement les valeurs précieuses qu'il faisait transporter, et d'en avoir requis l'enregistrement.

M. Hilpert (p. 228) dit que le voiturier ne répond ni des finances et valeurs renfermées et non déclarées, ni de toute somme d'argent supérieure à celle déclarée lors du dépôt. En cas de perte, il voit là, *au figuré*, un *vice propre de la chose!*

On peut consulter encore, dans le sens de la non-responsabilité, MM. Marcadé, sous l'article 1786; Toullier, t. IX, n° 255; Duvergier, t. II, n° 329; Zachariæ, t. III, p. 43; Lafargue, *Code voiturin,* p. 78; Lanoë, *Code des maîtres de postes,* p. 569, etc. M. Duverdy invoque d'ailleurs à l'appui de sa solution plusieurs arrêts de cours impériales : Douai, 17 mars 1847 (Sirey, 47, 2, 207);

Bruxelles, 28 avril 1810 (Sirey, 11, 2, 21); Lyon, 6 mars 1821 (*Journal du palais*, à sa date); Montpellier, 15 juillet 1826 (*Journal du palais*, à sa date); Paris, 10 avril 1854 (*Journal du palais*, t. II, 1854, p. 586); auxquels il faut ajouter notamment un arrêt de Bordeaux du 24 mai 1858 (Sirey, 59, 229). Voir encore Savary, *le Parfait négociant*, 2me partie, p. 265.

30. Malgré cette réunion imposante d'auteurs et d'arrêts, nous croyons que cette distinction entre les marchandises ordinaires et les valeurs ou matières précieuses n'a rien de juridique, et qu'en cas de perte, le principe de la responsabilité absolue du voiturier doit encore ici recevoir son application.

Laissons de côté les arguments de MM. Van Huffel et Hilpert; la question ne saurait être tranchée à l'aide d'un arrêt remontant à près de deux siècles; et quant à dire, même *au figuré*, que les matières précieuses ont en elles un vice propre qui entraîne leur perte, c'est abuser de la métaphore.

Mais examinons les motifs donnés par d'autres auteurs, et notamment par M. Duverdy, pour dégager la responsabilité du voiturier dans l'hypothèse qui nous occupe.

Les matières précieuses et les valeurs exigent, dit-on dans ce système, des soins particuliers, une surveillance toute spéciale. Il est nécessaire d'appe-

ler sur ces valeurs et matières l'attention du voiturier; il est juste, d'ailleurs, d'indemniser celui-ci
d'un surcroît de soins et de peines; le voyageur qui
veut se soustraire au payement de ce supplément de
tarifs commet une faute, et sa réticence équivaut à
une fausse déclaration.

Tels sont les arguments qu'on invoque en faveur
des voituriers. M. Duverdy ajoute que la même distinction a été faite par la jurisprudence en ce qui
concerne la responsabilité des aubergistes auxquels
l'article 1782 assimile les voituriers. Enfin, cet auteur cite un arrêté ministériel du 20 août 1857, déclarant que pour les sacs d'espèces que les voyageurs gardent avec eux, et pour les autres objets
dont les voyageurs ne se dessaisissent pas, les compagnies de chemins de fer sont affranchies de toute
responsabilité en cas de perte.

Écartons d'abord de la discussion cet arrêté ministériel, qui ne saurait prévaloir contre la loi, et
qui, d'ailleurs, est spécial aux chemins de fer, en
sorte qu'il trouvera mieux sa place dans la deuxième
partie de ce traité.

L'argument tiré de la jurisprudence concernant
la responsabilité des aubergistes nous touche peu,
en face des nombreux monuments de jurisprudence
relatifs aux voituriers, ayant tranché la question
même qui nous occupe.

Au surplus, quels sont les arrêts invoqués par
M. Duverdy en faveur de l'irresponsabilité des au-

bergistes? Trois arrêts de la cour impériale de Paris des 21 novembre 1836, 7 mai et 26 décembre 1838, et un arrêt de Rouen du 4 février 1847. Mais à ces décisions, qui n'ont pas d'ailleurs la portée doctrinale que leur prête M. Duverdy, on peut opposer plusieurs autres arrêts de cours impériales, notamment un arrêt de Bordeaux du 27 avril 1854 (affaire Delvaille; Sirey, 55, 2, 95). La cour de cassation a, du reste, condamné cette distinction, et a décidé que le voyageur n'était pas tenu de déclarer à l'aubergiste les valeurs ou objets précieux qu'il apportait dans l'hôtel pour que cet aubergiste dût répondre de ces objets ou valeurs. (Arrêt de cassation du 11 mai 1846; Sirey, 46, 1, 365.)

Cet arrêt de la cour suprême s'appliquait à l'hypothèse d'un vol commis par les domestiques de l'hôtel. Mais le principe resterait le même en face d'un vol commis dans l'hôtel par des étrangers, sauf à tempérer la rigueur de la responsabilité d'après les circonstances de la cause, en cas d'imprudence dûment constatée à la charge du voyageur.

Voici au surplus en quels termes est conçu l'arrêt de 1846 :

« La cour, vu les articles 1384, 1952 et 1953 » Code Napoléon; attendu qu'aux termes de l'ar- » ticle 1384, les maîtres sont responsables du dom- » mage causé par leurs domestiques dans les fonc- » tions auxquelles ils les ont employés; *attendu que* » *cette responsabilité est absolue;* que le domestique

» est considéré comme le représentant du maître,
» *et que celui-ci n'est pas même admis à prouver qu'il*
» *n'a pu empêcher le fait* qui donne lieu à sa res-
» ponsabilité ;

» Attendu, d'une autre part, qu'aux termes des
» articles 1952 et 1953, le dépôt des effets apportés
» par le voyageur dans l'hôtellerie où il loge est
» un dépôt nécessaire, et que les hôteliers sont res-
» ponsables du vol de ces effets, lorsque le vol a été
» commis par les domestiques de l'hôtellerie ; at-
» tendu que cette responsabilité a lieu encore, bien
» que les effets volés n'aient pas été confiés à l'hô-
» telier ; qu'elle n'est point subordonnée *à la nature*
» et *à la valeur* des objets volés ;

» Attendu qu'il est constaté par l'arrêt attaqué
» que, tandis que Harris était logé dans l'hôtellerie
» de Mulbergue, *des diamants* lui furent volés par
» Mézier, domestique de l'hôtel, dans un gilet qui
» lui avait été confié par Harris pour le nettoyer;
» attendu que Mulbergue était responsable de ce
» vol commis par son domestique dans son service,
» conformément tant à l'article 1384 qu'aux articles
» 1952 et 1953 Code Napoléon; attendu que l'arrêt
» attaqué a néanmoins déchargé Mulbergue de la
» double responsabilité prononcée par les articles pré-
» cités ; attendu qu'en jugeant ainsi, et en apportant
» à l'application des principes posés par les ar-
» ticles ci-dessus cités des *exceptions* que ces articles
» n'ont point admises, l'arrêt attaqué a faussement

» appliqué et, par suite, violé lesdits articles...
» casse... »

La jurisprudence même concernant les aubergistes se retournerait donc contre le système qui prétend l'invoquer.

Mais il s'agit ici de voituriers et non d'aubergistes. Hâtons-nous de revenir à la question.

31. L'absence de déclaration des valeurs d'or et d'argent et autres matières précieuses devrait, suivant M. Duverdy, être considérée comme une « *réti-* » *cence équivalant à une fausse déclaration* ».

C'est là une équivoque à laquelle on ne saurait s'arrêter un instant. Jamais dans la langue juridique ni dans la langue grammaticale, le silence n'a pu passer pour une déclaration, et moins encore pour une déclaration fausse et mensongère.

Mais, dira-t-on, le voyageur était en faute, il devait faire une déclaration. C'est une erreur ; aucune loi n'assujettit le voyageur ou l'expéditeur à une semblable déclaration. C'est ce qui résulte de l'arrêt de cassation précité du 11 mai 1846, et d'un autre arrêt de la cour suprême du 18 juin 1833. (*Voir* n° 28.)

Mais, dit-on encore, le voyageur a voulu frustrer le voiturier d'un droit légitimement dû pour surcroît de risques et de précautions.

À cette objection les réponses abondent :

Si le voiturier a droit à un prix différent, suivant

la nature des objets transportés, c'est à lui à surveiller le chargement, à provoquer et même à exiger une déclaration qui servira de base pour déterminer l'étendue de sa responsabilité.

Si, par son silence, le voyageur ou l'expéditeur
s'est soustrait au payement d'un tarif plus élevé, les
tribunaux commenceront par lui appliquer ce tarif,
lorsqu'il viendra réclamer une indemnité pour perte
de valeurs ou d'objets précieux.

Le silence gardé par le voyageur ou l'expéditeur
lui rendra d'ailleurs difficile la justification de sa
réclamation. Les juges ne sont pas obligés de s'en
rapporter à une déclaration faite après coup, et s'ils
peuvent déférer le serment au réclamant, ils doivent, aux termes de l'article 1369 du Code Napoléon, « *déterminer la somme jusqu'à concurrence de*
» *laquelle le demandeur en sera cru sur son ser-*
» *ment* ».

Il faut remarquer enfin que, lorsqu'un voiturier
reçoit un sac d'argent ou une boîte d'objets précieux, avec déclaration de la valeur de ces objets,
il ne devient pas par cela même *débiteur* d'ores et
déjà de la somme déclarée. Ce qu'il doit rendre au
destinataire, c'est toujours identiquement ce sac ou
cette boîte, et s'il est démontré, après l'exécution
du transport, que l'objet est intact, que la boîte ou
le sac n'a pas été ouvert, le voyageur ne sera pas
admis à prétendre qu'il lui manque une partie de
son argent ou de ses bijoux. Par suite du même

principe encore, la chose périra pour le propriétaire, s'il y a force majeure, et par exemple vol à main armée ; tandis que le voiturier devrait payer, même en ce cas, si, par l'effet de la déclaration, il avait été constitué, dès l'origine, débiteur d'une somme égale au montant des valeurs transportées. C'est ce qu'a jugé récemment la Cour de cassation dans une affaire Cohin. (Sirey, 63, 1, 389.) « Attendu, » porte cette décision, en date du 4 mars 1863, « que » l'arrêt attaqué constate, en fait, que l'un des » *groups* d'argent soustraits à main armée sur la di- » ligence de Nice à Marseille contenait une somme » de 1,903 francs confiée par Franquès, de Dra- » guignan, à l'administration de cette diligence, » pour être transportée à Paris et être remise aux » sieurs Cohin et compagnie ; qu'il résulte de cette » déclaration que les espèces, objets du vol, con- » stituaient *un corps certain*, dont la perte, résul- » tant d'un cas de force majeure, ne peut, aux » termes de l'article 97 du Code de Commerce, être » mise à la charge du commissionnaire de trans- » ports. »

Ainsi, pour le voiturier, l'argent renfermé dans un sac, les valeurs ou bijoux renfermés dans un coffre, ne constituent qu'un corps certain, un pa- quet, un colis, qu'il doit rendre identiquement en nature. Or, à l'égard de n'importe quel colis, l'obli- gation du voiturier de conserver et de rendre est absolue. Aucune excuse n'est admise, sinon la force

majeure et le vice propre. A l'égard des objets de
la valeur la plus minime, le voiturier est obligé à
la plus complète surveillance. Lorsque le voiturier
est tenu de donner *tous ses soins* à tous les objets
qui lui sont confiés, comment dire qu'il doive de
plus grands soins encore à tel ou tel de ces objets?
C'est mathématiquement impossible.

Aussi la distinction que nous combattons est-elle
repoussée par M. Troplong (*Louage,* t. III, n° 950);
par MM. Massé et Verger (sur M. Zachariæ, t. IV,
p. 405, note 9); et par M. Cotelle (*Législation des
chemins de fer,* p. 281 et 373).

« Comment! » dit à ce sujet M. le premier
président Troplong, « il y a donc des objets appar-
» tenant à la même classe que les entrepreneurs se
» permettent d'exposer plus ou moins! il y a entre
» les malles des voyageurs un choix et des préfé-
» rences!!! Il y en a qui sont moins recommandées
» que d'autres!!! Eh! de quel droit, je vous prie,
» les entrepreneurs osent-ils entrer dans ces dis-
» tinctions? Quoi! parce qu'une malle ne contiendra
» pas d'argent, elle sera moins précieuse à leurs
» yeux? Ils seront maîtres de décider que telle va-
» lise, qui renferme des papiers de famille du plus
» haut prix ou des objets d'une grande valeur d'af-
» fection, pourra *être reléguée dans la partie de la
» voiture qui est moins à l'abri des accidents, ou parmi
» les effets qu'on recommande moins spécialement au
» conducteur!* »

32. Nous croyons donc que l'absence de déclaration des valeurs et objets précieux ne peut jamais être invoquée par les voituriers pour décliner leur responsabilité, et qu'en cas de perte, les voituriers répondent intégralement de ces valeurs et objets. Toute distinction à cet égard est arbitraire ; et cela est si vrai, que les auteurs qui adoptent cette distinction sont immédiatement conduits à faire une sous-distinction, non moins arbitraire, entre les sommes et valeurs dont les voituriers n'auraient pas à répondre, et l'argent que les voyageurs ont coutume d'emporter avec eux pour les nécessités du voyage, et dont les voituriers répondraient au contraire malgré l'absence de toute déclaration.

Ajoutons, en terminant sur ce point, que la Cour de cassation s'est prononcée dans le sens de la responsabilité des voituriers, bien que les voyageurs ou expéditeurs n'eussent pas déclaré les sommes ou valeurs qu'ils faisaient transporter (C. cass., 16 avril 1828, Sirey, 29, 1, 163, affaire Legris) et que la jurisprudence plus récente des cours impériales paraît se fixer dans le même sens. (*Sic.*, Alger, 16 décembre 1846, Sirey, 47, 2, 88 ; Paris, 24 novembre 1857 (1), Sirey, 57, 2, 759 ;

---

(1) L'arrêt de Paris du 24 novembre 1857 a fait l'application de ce principe aux compagnies de chemins de fer, en confirmant un jugement du tribunal de la Seine du 18 juillet 1856, dont les motifs adoptés par la cour impériale sont ainsi conçus :

Attendu, en droit, qu'aux termes de l'article 1784 **Code Napo-**

Angers, 20 janvier 1858, Sirey, 58, 2, 13; Paris, 17 décembre 1858, Sirey, 59, 2, 243.)

33. Est-il plus exact de prétendre que les voituriers cessent d'être responsables de la *perte*, alors que le paquet ou colis n'a pas été enregistré par le fait du voyageur ou de l'expéditeur?

MM. Troplong (n° 947) et Duverdy (n° 44) enseignent qu'en pareil cas le voiturier est déchargé.

En ce qui nous concerne et après les principes précédemment exposés sur la formation et sur la preuve du contrat de transport, nous ne saurions admettre une semblable solution.

Lorsque l'article 1785 (Code Napoléon) déclare

« léon, les entrepreneurs de transports sont responsables de la perte
« des choses qui leur sont confiées; — que ce principe ne reçoit pas
« exception au cas où il s'agit d'une entreprise d'omnibus destinés à
« transporter à la gare d'un chemin de fer les voyageurs et leurs ba-
« gages, puisque rien ne s'oppose à ce que cette entreprise prenne toutes
« précautions pour surveiller les objets à elle confiés et qu'elle reçoit
« une rétribution spéciale pour le transport de ces mêmes objets; mais
« que la responsabilité de l'entrepreneur de transports doit être limitée
« quand à l'imprudence de l'entrepreneur vient se joindre une im-
« prudence imputable au voyageur; —attendu, en fait, que le 8 mars,
« à huit heures du soir, Sempé, arrivé à Paris par le chemin de fer
« d'Orléans, est monté dans un omnibus attaché à ce chemin de fer
« pour se rendre rue Baillif, n° 1; — que Sempé a fait charger, sur
« ledit omnibus, une malle à lui appartenant; qu'arrivé à son domi-
« cile, il s'est aperçu que sa malle avait disparu; — qu'il est constant
« que le conducteur dudit omnibus, du fait duquel l'administration
« du chemin de fer est responsable, avait remis ladite malle à un in-
« dividu qui l'avait réclamée, en descendant au quai de la Grève, sans
« qu'il ait été pris aucune précaution pour éviter l'erreur qui s'est pro-

que : « Les entrepreneurs de voitures publiques par
» terre et par eau, et ceux des roulages publics,
» doivent tenir registre de l'argent, des effets et des
» paquets dont ils se chargent ; » — c'est aux *voi-*
turiers, et non pas aux voyageurs ou expéditeurs,
qu'il impose une obligation. M. Troplong le reconnaît lui-même, à l'occasion de la question précédemment examinée.

« Notez d'ailleurs, » dit l'éminent jurisconsulte
(n° 95), « que l'article 1785 ne *s'adresse pas direc-*
» *tement au voyageur. Ce n'est pas à lui qu'il impose*
» *une obligation précise; c'est à l'entrepreneur*, et l'on
» voudrait trouver dans ce texte une arme pour
» battre le premier!! »

» duite en cet instant et qui a porté à Sempé un préjudice grave ; — que
» Sempé déclare que cette malle contenait des hardes à son usage et
» une somme de 5,600 francs en or ; — que rien ne fait suspecter la
» véracité de la déclaration de Sempé, laquelle, d'ailleurs, n'est pas
» contestée par la compagnie défenderesse ; — que la responsabilité de
» ladite compagnie se trouve donc engagée ; — mais qu'il est évident
» qu'en déposant dans sa malle une somme aussi considérable, Sempé
» a commis une imprudence qui dégage dans une certaine proportion
» la responsabilité de ladite administration ; — qu'en prenant en con-
» sidération la valeur des objets perdus, les principes ci-dessus posés,
» les faits établis et les faux frais auxquels Sempé a été entraîné par
» la perte de sa malle, le tribunal a les éléments nécessaires pour fixer
» le chiffre de l'indemnité due à Sempé, et que ce chiffre doit être
» fixé à 1,500 francs ; — sur la demande en garantie : — attendu que
» Dailly déclare prendre fait et cause de l'administration du chemin
» de fer d'Orléans ; mais attendu que Sempé a intérêt de la maintenir
» en cause ; condamne ladite administration du chemin de fer d'Or-
» léans à payer à Sempé la somme de 1,500 francs à titre de dom.-
» mages-intérêts, etc. »

Cette observation s'applique ici avec toute sa force. Aucun texte n'impose directement à l'expéditeur ou au voyageur l'obligation de faire enregistrer les objets qu'il veut faire transporter. Comment dès lors le défaut d'enregistrement, même provenant du fait de ce voyageur ou de cet expéditeur, pourrait-il avoir pour conséquence de décharger le voiturier de toute responsabilité, *si d'ailleurs le contrat de voiturage ou de transport s'est formé* (1)?

Nous disons *si le contrat s'est formé*, car il faut prendre garde d'équivoquer.

Lorsque les auteurs précités exigent ici l'enregistrement des objets à transporter, est-ce à dire que le contrat de transport ne puisse se former que par écrit? Personne ne l'a jamais prétendu, et M. Duverdy, comme nous l'avons vu, enseigne (n° 6) que : « comme toutes les conventions en droit » français, le contrat de transport se forme par le » simple consentement des parties. Pour que le con- » trat existe, il n'est donc pas nécessaire qu'il y ait » un acte écrit passé entre le voiturier et l'expédi- » teur. »

Est-ce à dire seulement que l'existence du contrat et que la remise de la chose ne puissent se

____

(1) Nous avons vu, en effet (*suprà*, n°⁵ 8 et suivants, chapitre 1ᵉʳ), que si le colis même est introduit dans la voiture à l'insu du voiturier, ou s'il est remis à une personne non préposée à l'effet de le recevoir, le contrat ne se forme pas avec le voiturier qui ne saurait être responsable de la perte de ce colis.

prouver que par écrit? Non encore: nous avons surabondamment établi le contraire avec la doctrine et avec la jurisprudence (*suprà*, n°ˢ 10. 11, 28).

Que signifie donc cette formule? Il faut descendre au fond des choses et ne pas se payer de mots.

Toutes les fois que l'expéditeur ou le voyageur aura remis ses bagages ou ses colis au voiturier lui-même ou à l'un de ses agents ayant mandat général ou spécial de recevoir les objets à transporter (*suprà*, n°ˢ 7 et 8). il est de toute évidence que le contrat aura pris naissance et que le défaut d'enregistrement ne pourra empêcher ce contrat de produire tous ses effets.

Lorsque le voyageur aura mis sa personne à la disposition du voiturier ou de son préposé, en introduisant en même temps et d'une manière ostensible, dans le véhicule, les objets qui. suivant l'usage, accompagnent les voyageurs, il est évident encore que le contrat de transport se sera formé et devra produire tous ses effets, même à l'égard des objets accompagnant ce voyageur et non enregistrés. Dans l'un et dans l'autre cas, le voiturier répondra de la perte de ces objets, dont il y a eu *remise principale ou accessoire*, à l'effet d'être transportés.

Que si, au contraire, un expéditeur introduit clandestinement, dans une voiture, des objets qu'il espère ainsi faire transporter gratuitement, le contrat ne prend pas naissance, puisqu'il n'y a pas alors

concours des volontés de l'expéditeur et du voiturier ou de son préposé, puisqu'il n'y a pas alors ce
consensus in idem placitum indispensable à la formation du contrat.

Il en est de même si l'expéditeur remet la chose
à transporter à une personne qui n'est pas le *préposé* du voiturier et qui n'a pas qualité pour recevoir
cette chose ni pour engager ce voiturier.

Dans l'un et l'autre cas, nous sommes les premiers à le proclamer, le voiturier ne répondra pas
de la *perte de la chose;* mais est-ce en vertu de ce
motif que l'objet n'aura pas été enregistré par le
fait de l'expéditeur ou du voyageur? Non, *c'est uniquement parce que le contrat de transport ne s'est
jamais formé*, et c'est une raison qui, assurément,
dispense d'en donner d'autres.

Si c'est là, en définitive, ce qu'ont voulu dire
MM. Troplong et Duverdy, nous sommes parfaitement d'accord. Mais pourquoi parler alors de l'enregistrement des objets à transporter, et pourquoi
en faire une condition essentielle de la responsabilité du voiturier?

34. Nous croyons qu'en réalité la question ne
comporte pas d'autre solution, et que les divers arrêts invoqués à l'appui de la prétendue irresponsabilité pour défaut d'enregistrement reviennent tous
à l'une de ces deux hypothèses.

Que déclarent, en effet, les arrêts de la Cour de

cassation des 5 mars 1811 et 29 mars 1814 invoqués par M. Duverdy (nᵒˢ 46 et 47) et dont nous avons rapporté le texte en note du nᵒ 11 de cet ouvrage ?

Que le voiturier n'est pas responsable de l'objet remis à un employé qui n'est pas chargé du service des bagages ou des messageries, ou qui n'est pas *préposé* pour recevoir les marchandises à transporter. C'est ce que nous avons expliqué déjà sous les nᵒˢ 7 et 8 de ce traité.

Quant à un arrêt de la Cour suprême du 9 novembre 1829 (Sirey, 29, 1, 411), il ne résout pas la question, ainsi qu'on peut facilement s'en convaincre par la lecture de cette décision :

« La Cour, sur le premier moyen de cassation,
» fondé sur la violation des articles 1782, 1783,
» 1784, 1952 du Code civil, et de l'article 103 du
» Code de commerce; considérant que la responsa-
» bilité que ces articles imposent aux entrepreneurs
» de voitures publiques n'a lieu, en cas de perte des
» effets confiés à leurs préposés, *que lorsque le dépôt*
» *de ces effets est constaté ou prouvé; ce qui n'existe*
» *pas dans l'espèce*, à l'égard du sac de nuit réclamé
» par les demandeurs;

» Sur le deuxième moyen, consistant dans la vio-
» lation de l'article 1785 du Code civil, de l'ar-
» ticle 3 du décret du 14 fructidor an XII, et de
» l'article 3 de celui du 28 août 1808; considérant
» que l'obligation imposée par ces dispositions,

» aux entrepreneurs ou à leurs préposés, d'enre-
» gistrer les effets dont ils se chargent, ne peut être
» remplie que tout autant que la déclaration leur en
» est faite par les voyageurs; que dans l'espèce la
» demanderesse n'a point mis les entrepreneurs à
» portée de remplir cette formalité à l'égard de son
» sac de nuit, bien que le bulletin qui lui a été remis
» pour récépissé du prix de sa place l'avertît de
» cette nécessité ;

» Sur le troisième moyen, fondé sur la fausse
» application de l'article 105 du Code de commerce ;
» considérant que pour déclarer les demandeurs
» non recevables dans leur demande, le jugement
» attaqué s'est fondé non-seulement sur ce qu'à
» leur arrivée ils ont reçu les objets transportés
» avec eux, sans faire de réserve à l'égard du sac
» de nuit, mais encore sur le défaut de déclaration
» de ce sac et autres circonstances dont l'apprécia-
» tion appartient aux juges du fond; d'où il suit
» qu'il n'a ni violé ni faussement appliqué aucune
» des dispositions précitées : rejette. »

Lorsqu'au contraire les objets ont été remis à un
agent dont la qualité de préposé n'est pas contestée,
ou lorsqu'ils accompagnent ostensiblement le voyageur, la responsabilité du voiturier est proclamée
par la jurisprudence, malgré l'absence de tout enregistrement, et malgré la gratuité du transport en
ce qui concerne ces objets (*Sic.,* M. Van Huffel qui
invoque en ce sens (n° 7) deux arrêts, l'un de Paris,

du 6 avril 1826, l'autre de Lyon, du 15 mai 1839 ; Alger, 16 décembre 1846, affaire Gabanon, Sirey, 47, 2, 88 ; Cour de cassation, 1er mai 1855, Sirey, 55, 1, 443, affaire Harrison Page ; Rouen, 27 février 1856, même affaire, Sirey, 57, 2, 118 ; Paris, 24 novembre 1857, *Gazette des Tribunaux* du 25 novembre.)

35. En résumé, lorsque l'objet à transporter est remis soit au voiturier, soit à son préposé, le contrat de transport de choses prend naissance et le voiturier répond de la perte, même en l'absence de tout enregistrement.

Lorsque le voyageur apporte avec lui, dans le véhicule, des objets qui l'accompagnent, le contrat de transport des choses se forme à l'égard de ces objets accessoirement au contrat principal de transport de la personne ; et dans ce cas encore, le voiturier répond de la perte des objets, malgré le défaut d'enregistrement (1).

Lorsqu'au contraire les objets à transporter sont remis à un individu n'ayant aucune qualité pour les recevoir, ou sont introduits clandestinement dans le véhicule, à l'insu du voiturier, le contrat de transport ne prend pas naissance, et conséquemment le

----

(1) Voir en ce sens, spécialement en ce qui concerne la responsabilité des entrepreneurs et cochers des voitures de place, les arrêts précités des 1er mai 1855, C. cass., Sir., 55, 1, 443 et 27 février 1856 (Rouen, Sir., 57, 2, 118).

voiturier ne saurait répondre de la perte de ces objets.

La question d'enregistrement est donc secondaire et indifférente; et la thèse de M. Duverdy, consistant à soutenir en principe que « si, au départ, le » voyageur ou l'expéditeur ne font pas enregistrer » leurs bagages ou leurs marchandises, le voiturier » ne saurait être garant de la perte (n° 44) », doit être tenue pour inexacte.

36. Il en doit être de même de la nouvelle thèse soutenue par cet auteur comme conséquence de ce premier principe (n° 35), et consistant à prétendre que les voituriers ne répondent pas des objets dont les voyageurs ne se *dessaisissent* pas.

Cette solution ne nous semble ni équitable ni rationnelle. En se chargeant du voyageur, le voiturier se charge par cela même des effets que ce voyageur porte avec lui ou sur lui, et les deux transports sont inséparables. D'un autre côté, le prix des places pour les voyageurs est calculé en vue de cette situation et une portion du prix payé pour la personne représente, en définitive, le prix du transport des sacs de nuit, porte-manteaux, valises ou menus objets dont ne se sépare pas le voyageur, et qui forment le cortége obligé de celui-ci ainsi que l'accessoire nécessaire de tout voyage. Le transport de ces objets rentre donc dans les prévisions de tout entrepreneur, et le voiturier doit dès lors en répondre.

37. Concluons de tout ce qui précède, qu'en cas de *perte*, aucune exception ne saurait être admise à la responsabilité absolue des voituriers, sauf les deux exceptions tirées de la *force majeure* et du *vice propre de la chose*;

Qu'en dehors de ces deux exceptions, les tribunaux ne sauraient affranchir le voiturier de la responsabilité de la *perte*, sans que leur décision encourût la censure de la Cour suprême;

Que cette responsabilité comprend l'obligation de payer au propriétaire de la marchandise toute la valeur de l'objet perdu, valeur fixée soit d'après la déclaration faite par l'expéditeur ou le voyageur, et acceptée par le voiturier à l'époque du chargement, soit, à défaut de cette déclaration, par l'évaluation dont il sera justifié devant les tribunaux par toute espèce de preuves ou de documents, et même au besoin par le serment de l'expéditeur ou du voyageur.

38. La responsabilité du voiturier, en cas de perte de l'objet transporté, sera-t-elle limitée à la valeur de la chose perdue?

La somme à payer par le voiturier ne devra-t-elle représenter que la valeur *matérielle* et *vénale* de cet objet?

Non, à notre avis; il faudra tenir compte, suivant les cas, de la valeur relative et même de la valeur d'affection. La perte d'un objet d'art, de titres, de manuscrits, ne serait pas réparée par le payement d'une somme représentative de la valeur matérielle du meuble, de la toile ou du parchemin. Une indemnité ainsi calculée serait dérisoire. Toutefois, c'est là une question d'appréciation que les juges du fait arbitreront souverainement dans leur sagesse.

Mais, en dehors de cette valeur, le voiturier pourra encore être condamné à des dommages-intérêts au profit du propriétaire de l'objet perdu. L'inexécution du contrat de transport aura pu priver d'un bénéfice le propriétaire de la marchandise, exposer celui-ci à un procès, le mettre dans l'impossibilité de remplir ses engagements, etc. Or, l'article 1149 du Code Napoléon porte que les dommages-intérêts dus aux créanciers sont en général *de la perte qu'il a faite et du gain dont il a été privé*, sauf les modifications et exceptions écrites dans les articles 1150 et 1151. Il faudra donc tenir compte de toutes ces circonstances, rechercher s'il y a eu *dol* ou *faute* plus ou moins lourde de la part du voiturier, en se souvenant de cette maxime que la faute lourde équivaut au dol. *Culpa lata dolo æquiparatur.*

C'est par application de ces principes qu'il a été jugé par la cour d'Aix, le 16 décembre 1854 (affaire Costenzo), que la responsabilité des voituriers, en cas de perte, par leur faute, d'objets qui leur ont été confiés, n'est pas limitée à la restitution de la valeur des objets perdus ; et qu'elle s'étend à la réparation du dommage qui a été une suite directe de cette perte, surtout si ce dommage a dû être prévu par suite de la connaissance donnée aux entrepreneurs de transport de la nature des objets perdus. (Sirey, 55, 2, 61.)

A cet égard, encore, l'appréciation des juges du fait sera souveraine.

Leur décision donnerait seulement ouverture à cassation, si ces magistrats avaient déclaré le voiturier non responsable de la *perte*, en dehors du cas de *force majeure* ou de *vice propre de la chose*, dûment établi par ce voiturier ; ou bien encore si les juges du fait avaient déclaré, *en principe*, que cette responsabilité ne comprendrait pas la valeur entière de l'objet perdu.

Cette distinction a, du reste, été fort bien établie, dans un arrêt de la cour impériale de Rouen, rapporté ci-dessus (n° 18), et nous ne saurions mieux faire que de renvoyer au texte de cette décision en date du 8 décembre 1856 (affaire Dulioust, Sirey, 57, 2, 307).

39. Nous en avons fini avec l'hypothèse de la *perte totale* de l'objet transporté. Passons à ce qui concerne l'AVARIE.

On comprend sous cette dénomination *toute détérioration survenue à l'objet transporté, depuis l'époque à laquelle il est remis au voiturier par l'expédi-*

teur, jusqu'au moment où celui-ci le rend aux mains du destinataire (1).

Nous avons déjà employé plusieurs fois, au cours de cet ouvrage, les mots de destinataire et d'expéditeur, sans en fixer le sens juridique. C'est que ce sens va de soi.

Le *destinataire* est la personne à qui la marchandise est adressée. L'*expéditeur* est la personne qui fait l'envoi. On peut être à la fois, du reste, *expéditeur* et *destinataire*.

Le voiturier est responsable de l'*avarie* tant qu'il reste chargé de la chose, soit que cette avarie ait eu lieu au cours même du transport, soit qu'elle ait eu lieu avant ou après. Tout le monde est d'accord sur ces principes.

Cette responsabilité cesse d'ailleurs si l'avarie est le résultat d'un cas fortuit ou de la force majeure, ou si elle provient du vice propre de la chose (art. 1784 C. Nap. et 103 C. com.). Nous nous sommes expliqué sur ce point dans notre chapitre II, et nous ne pouvons qu'y renvoyer (*suprà*, n°s 16 et suiv., 22 et suiv.).

40. Le livre II du Code de commerce contient un titre portant pour rubrique : *Des avaries ;* mais il s'agit exclusivement dans tout le livre II de *commerce maritime* et de *transport par mer*. Or les règles du droit maritime forment un code tout spé-

---

1 Voir le commentaire de M. Bédarrides, n.° 353.

cial dans un code déjà exceptionnel, et elles ne sauraient être invoquées, même à titre d'analogie, en dehors de la matière pour laquelle elles ont été écrites (1).

C'est donc uniquement dans les articles 98 et 103 du Code de commerce, 1784 du Code Napoléon et dans les monuments de la jurisprudence relatifs à la portée de ces articles, qu'il faut chercher les règles applicables à la responsabilité du voiturier en cas d'*avarie*.

44. La première question qui se présente est celle de savoir si le voiturier peut éluder ou restreindre cette responsabilité, en vertu d'une stipulation faite au moment où se forme le contrat de transport.

L'article 98 du Code de commerce autorise une semblable dérogation en faveur du *commissionnaire de transport*, ainsi que nous l'avons déjà fait remarquer en traitant de la responsabilité au cas de *perte* (*suprà*, n° 19). Nous reviendrons sur ce point dans un chapitre spécialement consacré aux *auxiliaires* du transport.

En ce moment nous ne nous occupons que du *voiturier*, et nous n'hésitons pas à dire ici, comme nous l'avons dit à l'égard de la *perte*, que la stipulation par laquelle le voiturier s'affranchirait de toute responsabilité de l'avarie devrait être ré-

____

(1) M. Van Huffel, n° 44.

putée non écrite, comme immorale et contraire à l'essence du contrat de transport (1).

Cette solution ne nous paraît pas en désaccord avec un arrêt récent de la Cour de cassation (24 avril 1865, affaire Chemin de fer de Lyon, Sirey, 65, 1, 215), où se lisent entre autres les motifs suivants : « Attendu que le tribunal de commerce de Cette » n'a point contesté l'applicabilité à la cause de la » disposition du tarif spécial n° 45, aux termes du- » quel la Compagnie ne répond pas des *avaries de* » *route;* mais que ledit tribunal a justement décidé » par interprétation et application du contrat de » transport intervenu entre les parties, sur l'auto- » rité du tarif sus-énoncé, ce qu'il fallait entendre » par ces mots *avaries de route*, non définis par le » tarif ni par les conventions ;

» Attendu que, se livrant à cette appréciation, le » tribunal a décidé que la Compagnie ne pourrait » s'exonérer que des avaries provenant du vice » propre de la chose, mais non de celles provenant » des fautes de ses agents ; que pour les avaries » autres que celles provenant du vice de la chose, » elle devait être responsable, à moins qu'elle ne » prouvât un cas de force majeure ;

» Attendu que ces diverses décisions sont légales,

---

(1) MM. Duverdy, n°⁸ 72 et 73 ; Troplong, n° 942 ; jugement du tribunal de commerce de Bernay du 24 juin 1864 ; M. Pinel, *Jurisprudence des chemins de fer*, année 1865, p. 28, affaire Chemin de fer de l'Ouest.

» que l'article 1784 du Code Napoléon et l'article 106
» du Code de commerce posent en principe de droit
» commun la responsabilité du voiturier, à moins qu'il
» ne prouve qu'il y a eu force majeure ou vice propre de
» la chose ; que, dans ce cas, c'est au voiturier devenu
» demandeur en exception qu'il incombe de prouver
» la force majeure ou le vice propre de la chose ;
» qu'il ne peut être exonéré de cette obligation par
» cela seul qu'il ne serait pas passible des *avaries*
» *de route,* convention que le tribunal réduit aux
» avaries du vice propre de la chose, interprétation
» qui laisse toutes les autres avaries sous l'empire
» du droit commun et de la présomption de faute
» du voiturier ; d'où il suit que le jugement n'a violé
» aucune loi... Rejette... »

Ainsi cet arrêt justifie le jugement de Cette en
disant que, par son interprétation, il s'était conformé
au droit commun. Ne sommes-nous pas en droit
d'en conclure que ce jugement aurait été cassé, s'il
avait décidé que la Compagnie du chemin de fer
avait pu s'exonérer de la responsabilité des avaries
autres que celles causées par le vice de la chose ?

De même encore le voiturier ne pourrait pas valablement stipuler, d'une manière générale, qu'il ne
répondra des avaries que jusqu'à concurrence de
telle somme, quelle que soit la nature ou l'importance de ces avaries (*suprà,* n° 27).

42. Mais le voiturier pourrait valablement stipuler

qu'il ne répondra pas de telle avarie déterminée à raison de telle circonstance particulière, rendant présumable la détérioration de l'objet qui lui est confié.

Ainsi, par exemple, on remet au voiturier, pour en effectuer le transport, des fourrages humides qui, à raison de cette circonstance, se gâteront probablement avant d'être rendus à destination; ou bien des farines qui, sans être hors d'usage, sont déjà échauffées et risquent de devenir, par une prochaine fermentation, impropres à la boulangerie; ou bien des vins contenus dans des barriques qui fuient et ne sont pas parfaitement remplies, en sorte que le vin court risque de couler en grande quantité ou de s'aigrir pendant la route; ou bien des objets fragiles mal emballés et exposés ainsi à être brisés; ou bien enfin des grains renfermés dans des sacs dont la toile est usée ou mauvaise ou déchirée, et se trouvant ainsi exposés à s'échapper des sacs en quantité considérable. Dans tous ces cas, le voiturier pourra valablement stipuler qu'il ne répondra pas de l'avarie spéciale que rend imminente le mauvais état de l'objet à transporter ou le défaut d'emballage convenable, en tant que cette avarie, *dûment spécifiée*, aurait pour cause directe le vice ou le défaut signalé.

Dans une telle situation, en effet, le voiturier ne stipule pas l'immunité de sa faute ou de son imprudence; mais à raison d'un fait exceptionnel qu'il signale à l'expéditeur, et dont cet expéditeur est, en définitive, responsable, s'il persiste à faire transporter l'objet dans de mauvaises conditions, le voiturier fait des réserves quant aux conséquences de ce fait.

Il ne s'agit plus, il est vrai, du *vice propre de la chose*, lequel tient à l'essence et à la nature même de toute une classe d'objets considérés *in genere*, et en face duquel le voiturier se trouve déchargé de plein droit, et en l'absence de toutes stipulations ou réserves ; mais il s'agit de quelque chose d'analogue, d'un *vice* exceptionnel, d'un *défaut* accidentel, affectant tel objet considéré *in specie*, ou les accessoires de cet objet, et il est nécessaire qu'en pareil cas le voiturier puisse faire des réserves et se prémunir contre l'*avarie* spéciale qui aura pour cause directe la présence de ce vice ou de ce défaut. Sans cela, il faudrait que le voiturier refusât de se charger du transport. (Ce que peuvent faire, il est vrai, les entrepreneurs ordinaires, mais non pas les compagnies de chemins de fer. Arrêt de la Cour de cassation du 26 janvier 1859, *infrà*, n° 43.)

A défaut de réserves, le voiturier est censé avoir reçu *en bon état* la chose à transporter. Il est donc de toute justice qu'il puisse constater le véritable état de cette chose au moment du chargement, afin de ne point répondre de détériorations ou qui existent dès à présent, ou qui se manifesteront au cours du transport, par suite de la défectuosité actuelle de la marchandise ou de l'emballage.

43. La doctrine et la jurisprudence paraissent consacrer cette distinction. Toutefois, M. Duverdy (n° 72) n'admet la validité de la clause de non-garantie qu'au cas d'*emballage défectueux*. En ce qui concerne la jurisprudence, on peut consulter notamment les arrêts suivants : Cour de cassation, 21 janvier 1807, Sirey, 7, 1, 138; Paris, 14 août 1847, Sirey, 47, 2, 509; Cour de cassation, 26 janvier 1859, Sirey, 59, 1, 318.

Ce dernier arrêt rendu par la chambre civile de la Cour de cassation est ainsi conçu :

« Attendu que rien ne constate que les marchan-
» dises confiées à la Compagnie du chemin de fer
» de l'Ouest pour être transportées à Laval lui aient
» été remises soit en vrac (1), soit dans de mau-
» vaises conditions d'emballage, et que ce soit à
» raison de l'une ou de l'autre de ces circonstances
» qu'a été stipulée la non-responsabilité de cette
» Compagnie en cas d'avaries; que le jugement at-
» taqué reconnaît, au contraire, que le mauvais
» emballage desdites marchandises n'était pas éta-
» bli ; que la question à juger se réduisait donc au
» point de savoir si, quand l'emballage des mar-
» chandises n'était pas défectueux, la Compagnie du
» chemin de fer avait pu stipuler qu'elle ne serait
» pas tenue des avaries; *attendu que les chemins de*

---

(1) On appelle marchandises en *vrac* celles qui sont chargées sur les voitures de transport sans emballage (M. Cotelle, *Législation française des chemins de fer*, p. 169).

» *fer ont été établis par l'autorité publique dans un*
» *intérêt général; qu'à la différence des entrepreneurs*
» *ordinaires de voitures et roulages qui sont libres de*
» *refuser des expéditions qui leur sont proposées* et d'en
» régler les conditions de gré à gré, *les Compagnies*
» *de chemin de fer sont tenues d'accepter tous les colis*
» *et d'en effectuer le transport aux conditions fixées*
» par les règlements de l'autorité publique, qui font
» loi entre elles et les expéditeurs; qu'il n'est per-
» mis de déroger à ces conditions que dans les cas
» prévus aux tarifs; qu'en permettant à la Compa-
» gnie de l'Ouest d'exiger des expéditeurs une
» décharge de garantie quand l'emballage est défec-
» tueux, les tarifs de cette Compagnie le lui inter-
» disent nécessairement en cas de bon emballage;
» que cette décharge, si elle pouvait être exigée
» hors des cas spécialement prévus, ouvrirait la
» porte à de graves abus, encouragerait la négli-
» gence des employés des chemins de fer, rendrait
» inutile la protection dont la loi a voulu entourer
» les expéditeurs et procurerait aux Compagnies un
» avantage illicite, puisque les prix de transport des
» colis sont fixés par les tarifs, eu égard à l'obliga-
» tion où elles sont de répondre des avaries; que
» l'article 98 du Code de commerce, relatif aux com-
» missionnaires de transport, est ici sans applica-
» tion; que les obligations des voituriers ou des en-
» trepreneurs de voitures et roulages sont réglées, en
» cas d'avaries, par les articles 1784 du Code Na-

» poléon et 103 du Code de commerce ; *que ces ar-*
» *ticles ne les autorisent pas à stipuler qu'ils ne seront*
» *pas responsables de leurs fautes ou de celles de leurs*
» *préposés ;* qu'une telle stipulation est, à plus forte
» raison, interdite aux Compagnies de chemins de
» fer, qui ont le monopole des transports de mar-
» chandises par les voies dont l'exploitation leur est
» concédée ; que par suite, en décidant que Sava-
» glio Valdo et compagnie avaient pu réclamer une
» indemnité pour avarie, nonobstant le bulletin de
» garantie qui avait été exigé d'eux, en contraven-
» tion aux lois et règlements sur la matière, et en
» condamnant la Compagnie du chemin de fer de
» l'Ouest à des dommages-intérêts et aux dépens,
» le jugement attaqué n'a violé ni l'article 1134 du
» Code Napoléon, ni l'article 98 du Code de com-
» merce, ni l'article 1130 du Code de procédure
» civile... Rejette...

44. M. Duverdy, après avoir invoqué et analysé
ce même arrêt de la chambre civile de la Cour de
cassation du 26 janvier 1859, ajoute (n° 74) :

« Mais lorsque la décharge de garantie a été
» exigée et donnée sur le vu d'un emballage parais-
» sant défectueux, les tribunaux ne peuvent pas, en
» cas d'avaries, faire peser la responsabilité sur le
» voiturier. C'est ce qui *a été préjugé,* » dit-il, « *par*
» *un arrêt d'admission de la chambre des requêtes de*
» *la Cour de cassation, en date du 2 février 1858.* »

Comment M. Duverdy n'a-t-il pas vu que le pourvoi, admis par la chambre des requêtes de la Cour de cassation, le 2 février 1858, est précisément *celui-là même qui a été rejeté par l'arrêt de la chambre civile du 26 janvier 1859*, que vient précisément de citer à l'instant cet auteur et dont nous avons rapporté le texte *in extenso*?

A coup sûr, si cette question a été soumise, dans cette affaire, à la Cour de cassation, c'est précisément le contraire de ce qu'enseigne M. Duverdy qui a été consacré par la Cour suprême !

Mais la vérité est que la question ne se présentait pas dans ces termes; et il faut reconnaître que les tribunaux ont le droit de ne pas tenir compte de la stipulation de non-garantie, toutes les fois que la défectuosité de l'emballage n'aura été pour le voiturier qu'un prétexte à l'effet d'éluder la responsabilité imposée par la loi.

45. De ce que le voiturier pourra faire des réserves à raison de l'état de l'emballage ou de la marchandise, il faut conclure, avec M. Van Huffel (nº 14), que ce voiturier aura le droit de procéder à la constatation de cet état et de vérifier les marchandises qui lui sont confiées.

Mais en l'absence de vérification, le voiturier sera censé avoir reçu les marchandises en bon état et répondra de tous les objets confiés en *qualité* et *quantité*. (*Sic,* Cour de cassation, 20 mai 1818,

affaire Boubée, Sirey, 18, 1, 367; Metz, 20 août
1827, Sirey, 27, 2, 179, affaire Genoudet.)

Tel est le principe, et nous ne saurions admettre
les restrictions ou les distinctions dont M. Van Huffel
le fait suivre, p. 72 et suiv.

46. En cas d'*avaries,* quelle sera l'indemnité due
par le voiturier? Elle devra, avant tout, être égale
à la dépréciation subie par la marchandise, déduc-
tion faite toutefois de la valeur des quantités tolé-
rées par les usages commerciaux, à titre de *déchet*
ou de *coulage.* (Voir M. Van Huffel, p. 86 et suivantes.)

Indépendamment de cette indemnité, le voiturier
pourra devoir encore, suivant les cas, des dommages-intérêts, ainsi que nous l'avons expliqué
(*suprà*, n° 38).

47. Faut-il aller plus loin et décider qu'en cas
d'avarie, le voiturier pourra être contraint de *garder
pour son compte l'objet détérioré* et d'en payer la valeur intégrale au propriétaire?

Voici comment s'exprime à cet égard M. Pardessus (t. II, n° 541) :

« Ce que nous avons dit des pertes ou domma-
» ges s'applique aux détériorations; les voituriers
» répondent des avaries qu'on ne pourrait attribuer
» ni à un cas fortuit ni au vice propre de la chose;
» ils ont, sous tous ces rapports, les obligations des

» dépositaires, telles que nous les avons expliquées
» au titre précédent, et *ne peuvent se borner à offrir*
» *une indemnité proportionnée à la diminution du*
» *prix que l'avarie a causée; mais ils sont tenus de*
» *garder la marchandise pour leur compte et de la*
» *payer à dire d'experts.* Ces règles de responsabilité
» sont indépendantes des dommages-intérêts, ou
» même des peines auxquelles ils seraient soumis
» s'ils abusaient du dépôt qui leur a été fait et se
» rendaient coupables des délits spécialement pré-
» vus, à leur égard, par les lois pénales. »

Cette solution nous paraît trop rigoureuse et trop
absolue. Dans certains cas, l'avarie sera peu grave
et n'aura pas pour effet de rendre l'objet transporté
impropre à l'usage auquel il était destiné. La nature
et l'importance de la réparation ne doivent pas
d'ailleurs dépendre arbitrairement de la volonté du
propriétaire de la marchandise. Il faut donc admettre en principe le *laissé pour compte*, mais reconnaître en même temps que les tribunaux ne sont
pas forcés de le prononcer. Les juges du fait détermineront souverainement, par appréciation des circonstances de la cause, en quoi doivent consister
et les dommages-intérêts et la réparation du préjudice, et leur solution sur ce point, soit qu'ils con-
damnent, ou non, le voiturier, à garder la marchandise avariée, sera à l'abri de la censure de la
Cour suprême.

C'est en ce sens que se prononcent MM. Duverdy

(n°s 75 et 76), Alauzet (t. Ier, n° 469), Delamarre et Lepoitvin (t. II, n° 225) (1).

C'est aussi en ce sens que doit être entendue la jurisprudence sur cette question, malgré quelques divergences entre les arrêts. (Voir notamment Metz, 18 janvier 1815, Sirey, 19, 2, 78; Rennes, 24 décembre 1824, M. Dalloz, *Nouveau Répertoire,* v° *Commissionnaire,* n° 362, note 1; Colmar, 8 avril 1857, Dalloz, 57, 2, 103; Metz, 28 janvier 1857, Dalloz, 57, 2, 150, etc.)

La même jurisprudence est établie en ce qui concerne la responsabilité des fabricants d'étoffes. (Paris, 2 août 1860, affaire Paraf-Javal, et Cour de cassation, 28 avril 1862, journal *le Droit,* du 30 avril 1862, affaire Valansot.)

48. Passons à l'examen de la responsabilité du voiturier en cas de RETARD.

Il y a retard toutes les fois que la marchandise transportée n'arrive à destination qu'après l'expiration du délai dans lequel devait être effectué le transport.

Ce délai résulte de la convention expresse ou tacite des parties.

Il y a convention expresse lorsqu'une stipulation spéciale intervient à cet égard, soit verbalement, soit par écrit.

---

(1) *Contrà* M. Clamageran, p. 182.

Il y a convention tacite dans deux cas : 1° lorsque l'expéditeur remet à transporter des marchandises destinées à être vendues en foire ou au marché dans le lieu de l'arrivée. Le voiturier, en se chargeant du transport, contracte tacitement l'obligation de faire arriver les marchandises en temps utile, pour être exposées en vente au prochain marché ou à la première foire de la localité; 2° lorsque des règlements ou des clauses générales, arrêtés et publiés à l'avance, fixent le délai dans lequel les marchandises devront être rendues à destination, eu égard à la nature des objets transportés et à la distance parcourue. Les mêmes principes régissent d'ailleurs les transports de voyageurs. Dans le cas de délais fixés à l'avance par les entrepreneurs de transports, les expéditeurs et les voyageurs acceptent tacitement les conditions des voituriers, lorsqu'ils n'y dérogent point par une stipulation particulière.

49. En ce qui concerne les chemins de fer, le délai varie suivant que les marchandises doivent voyager à *grande* ou à *petite vitesse* (arrêté ministériel du 15 avril 1859), ou suivant que les voyageurs prennent des trains express, directs, omnibus ou mixtes.

Les délais pour les transports des marchandises à grande vitesse sont réglés par les articles 2 à 6 de l'arrêté de 1859 précité.

Les animaux, denrées, marchandises et objets

quelconques, seront, pour la grande vitesse, expédiés par le premier train de voyageurs, comprenant des voitures de toutes classes (c'est ce qu'on nomme *train omnibus*) et correspondant avec leur destination.

Toutefois, si les objets n'ont pas été présentés à l'enregistrement trois heures avant l'heure réglementaire du départ de ce train, ils ne seront expédiés que par le train suivant (art. 2 de l'arrêté).

L'article 3 porte :

« Pour les animaux, denrées, marchandises et
» objets quelconques, passant d'une ligne sur une
» autre sans solution de continuité, le délai de
» transmission sera de trois heures à compter de
» l'arrivée du train qui les aura apportés au point
» de jonction, et l'expédition, à partir de ce point,
» aura lieu par le premier train de voyageurs com-
» prenant des voitures de toutes classes, dont le
» départ suivra l'expiration de ce délai.

» Le délai de transmission entre les lignes qui,
» aboutissant dans une même localité, n'ont pas en-
» core de gare commune, sera porté à huit heures,
» non compris le temps pendant lequel les gares
» sont fermées, conformément aux deuxième et troi-
» sième paragraphes de l'article 5 ci-dessous (1), et

---

(1) Ces deux paragraphes fixent l'ouverture des gares pour la réception et la livraison des marchandises à grande vitesse, savoir :

De six heures du matin, au plus tard, à huit heures du soir, au plus tôt, pour la période de l'année comprise entre le 1er avril et le

» il sera de la même durée entre les diverses gares
» de Paris, jusqu'à ce que le service de la grande
» vitesse ait été organisé sur le chemin de fer de
» ceinture; le surplus des conditions énoncées au
» paragraphe premier du présent article restent ap-
» plicables dans ces deux derniers cas. »

A ces délais, pour la grande comme pour la petite vitesse, on ajoutera les délais nécessaires pour
l'accomplissement des formalités de douane (article 13).

Les articles 6 à 13 de l'arrêté du 15 avril 1859
règlent les délais du transport par petite vitesse.

L'expédition des objets doit être faite dans le
jour qui suivra la remise (article 6).

L'article 7 porte :

« La durée du trajet pour les transports à petite
» vitesse sera calculée à raison de vingt-quatre
» heures par fraction indivisible de 125 kilomètres.
» Ne seront pas comptés les excédants de distance
» jusques et y compris 25 kilomètres. Ainsi 150 ki-
» lomètres compteront comme 125; 275 comme
» 250, etc. »

---

30 septembre; de sept heures du matin à huit heures du soir, depuis
le 1er octobre jusqu'au 31 mars inclusivement.

Pour la réception et la livraison des marchandises à petite vitesse,
les gares sont ouvertes de six heures du matin à six heures du soir,
depuis le 1er avril jusqu'au 30 septembre, et pendant le surplus de
l'année, de sept heures du matin à cinq heures du soir. — Les dimanches et fêtes les gares de petite vitesse sont fermées à midi (art.
12 de l'arrêté).

L'article 8 s'occupe de la transmission des marchandises d'une ligne à l'autre. En voici le texte :

« Pour les animaux, denrées, marchandises et
» objets quelconques, passant d'une ligne sur une
» autre, sans solution de continuité, le délai d'expé-
» dition, fixé à l'article 6, ne sera compté qu'à la
» gare originaire et une seule fois ; mais il est ac-
» cordé aux compagnies un jour de délai pour la
» transmission d'une ligne à l'autre, la durée du
» trajet, pour chaque compagnie, restant fixée
» comme il est dit à l'article 7.

» Toutefois à Paris, pour la transmission d'une
» gare à l'autre par le chemin de fer de ceinture, le
» délai sera de deux jours ; mais il comprendra la
» durée du trajet sur ledit chemin.

» Le délai de transmission entre les lignes qui,
» aboutissant dans une même localité, n'ont pas en-
» core de gare commune, sera porté à trois jours,
» le surplus des conditions énoncées au paragraphe
» premier du présent article restant applicable dans
» ce dernier cas (1). »

---

(1) Il est bon de rapprocher des dispositions de l'arrêté du 15 avril
1859, les deux premiers paragraphes de l'article 50 de l'ordonnance
du 15 novembre 1846, portant :

« La compagnie sera tenue d'effectuer avec soin, exactitude et cé-
» lérité, et sans tour de faveur, les transports des marchandises, bes-
» tiaux et objets de toute nature qui lui seront confiés.

» Au fur et à mesure que des colis, des bestiaux ou des objets quel-
» conques arriveront au chemin de fer, enregistrement en sera fait
» immédiatement, avec mention du prix total dû pour le transport ;
» le transport s'effectuera dans l'ordre des inscriptions, *à moins de*

7.

Toutefois la Cour de cassation a jugé que si deux compagnies de chemins de fer ont adopté un tarif commun pour les transports à petite vitesse, qui se font à la fois sur les deux chemins, le délai pour le transport doit se compter comme si celui-ci s'effectuait d'un bout à l'autre sur une même ligne, sans qu'on doive tenir compte d'un délai pour la transmission des marchandises d'une ligne à l'autre (8 décembre 1850, affaire Chemin de fer d'Orléans, Sirey, 59, 1, 312).

50. Aux délais ci-dessus rappelés pour le voyage proprement dit des marchandises à grande et à petite vitesse, vient s'en joindre un autre pour la

---

» *délais demandés ou consentis par l'expéditeur* et qui seront men-
» tionnés dans l'enregistrement. »

On doit en rapprocher en outre l'article 50 des cahiers des charges des compagnies de chemins de fer, dont voici le texte :

« Les animaux, denrées, marchandises et objets quelconques seront
» expédiés et livrés de gare en gare, dans les délais résultant des con-
» ditions ci-après exprimées :

» 1° Les animaux, denrées, marchandises et objets quelconques *à*
» *grande vitesse* seront expédiés par le premier train de voyageurs
» comprenant des voitures de toutes classes, et correspondant avec
» leur destination, pourvu qu'ils aient été présentés à l'enregistrement
» trois heures avant le départ de ce train.

» Ils seront mis à la disposition des destinataires à la gare, dans le
» délai de deux heures, après l'arrivée du même train.

» 2° Les animaux, denrées, marchandises et objets quelconques *à*
» *petite vitesse* seront expédiés dans le jour qui suivra celui de la re-
» mise ; toutefois l'administration supérieure pourra étendre ce délai
» à deux jours.

» Le maximum de durée du trajet sera fixé par l'administration, sur
» la proposition de la compagnie, sans que ce maximum puisse ex-

remise, *en gare*, des marchandises au destinataire.

Pour la grande vitesse, les marchandises doivent être mises, en gare, à la disposition du destinataire deux heures après l'arrivée du train, si ce train arrive de jour (article 4 de l'arrêté).

Si la marchandise arrive de nuit, elle ne sera mise à la disposition du destinataire que deux heures après l'ouverture de la gare (article 5).

Il devrait en être de même, à notre avis, si la marchandise, sans arriver de nuit, arrivait à destination moins de deux heures avant la fermeture de la gare. La remise, en pareil cas, pourrait n'être faite que le lendemain. C'est ce qui paraît résulter de la combinaison des articles 4 et 5 précités.

» céder vingt-quatre heures par fraction indivisible de 125 kilomètres.

» Les colis seront mis à la disposition des destinataires dans le jour » qui suivra celui de leur arrivée effective en gare.

» Le délai total résultant des trois paragraphes ci-dessus sera seul » obligatoire pour la compagnie.

» Il pourra être établi un *tarif réduit*, approuvé par le ministre, » *pour tout expéditeur* qui acceptera des délais plus longs que ceux » déterminés ci-dessus pour la petite vitesse.

» Pour le transport des marchandises, il pourra être établi, sur la » proposition de la compagnie, *un délai moyen* entre ceux de la » grande et de la petite vitesse. Le prix correspondant à ce délai sera » un prix intermédiaire entre ceux de la grande et de la petite vitesse.

» L'administration supérieure déterminera, par des règlements spé-» ciaux, les heures d'ouverture et de fermeture des gares et stations, » tant en hiver qu'en été, ainsi que les dispositions relatives aux den-» rées apportées par les trains de nuit et destinées à l'approvisionne-» ment des marchés des villes.

» Lorsque la marchandise devra passer d'une ligne sur une autre, » sans solution de continuité, les délais de livraison et d'expédition, » au point de jonction, seront fixés par l'administration sur la propo-» sition de la compagnie. »

On doit faire exception toutefois pour les objets de consommation destinés « à l'approvisionnement des » marchés de Paris et des autres villes qui seraient » ultérieurement désignées par l'administration su- » périeure, les compagnies entendues ». Aux termes de l'article 5 de l'arrêté de 1859, ces marchandises seront mises à la disposition des destinataires, de nuit comme de jour, deux heures après l'arrivée du train.

Quant aux marchandises transportées à petite vitesse, elles doivent être mises à la disposition du destinataire dans le jour qui suivra leur arrivée *effective* en gare (article 9).

51. L'article 10 de l'arrêté du 15 avril 1859 porte :

« Le délai total résultant des articles 6, 7, 8 et 9 » sera seul obligatoire pour les compagnies. »

Est-ce à dire qu'aucune convention particulière pour l'abréviation des délais ne puisse être consentie valablement par les compagnies de chemins de fer ?

Est-ce à dire encore que les compagnies de chemins de fer pourront conserver jusqu'à l'expiration du délai total, sans les mettre à la disposition du destinataire, des marchandises arrivées à destination depuis plusieurs jours ?

Non, évidemment ; tel n'est pas le sens de cet article.

En ce qui concerne la mise des marchandises, une fois arrivées, à la disposition des destinataires, le délai spécial fixé par les articles 4, 5 et 9 de l'arrêté devra être observé, à peine de dommages-intérêts contre la compagnie du chemin de fer qui refuserait de livrer ces marchandises dans les deux heures ou dans le jour qui suivront leur arrivée en gare.

L'article 10 signifie seulement que le destinataire ou l'expéditeur n'a pas le droit de réclamer contre la compagnie, si celle-ci n'a pas observé les délais réglementaires pour l'expédition des marchandises, qu'il n'a pas le droit d'entrer dans l'examen des détails du voyage, pourvu que la marchandise lui soit livrée avant l'expiration du délai total, *sans avoir été retenue à la gare d'arrivée plus que le temps prescrit par les règlements* (1).

Les délais fixés par l'autorité peuvent d'ailleurs

____

(1) Voir le traité de M. Duverdy, n° 220 *ter*.

« Supposons, » dit cet auteur, « un colis remis le 1er juillet à une » gare et devant être transporté à 250 kilomètres ; la compagnie a un » jour pour le départ, deux jours pour le trajet, et elle doit remettre » la marchandise dans le jour qui suit l'arrivée effective en gare, c'est- » à-dire le 5 juillet. En effet, le colis remis le 1er a dû partir par un » train du 2, il sera arrivé le 4 et il doit être remis au destinataire le » lendemain 5, au plus tard. Or le sens de l'article 10 de l'arrêté mi- » nistériel est que le destinataire n'a rien à dire si la marchandise lui » est remise le 5, quand bien même elle n'aurait été expédiée que » le 4 et non le 2. — Le destinataire serait non recevable à se plaindre » de ce retard dans le départ, puisqu'il n'en souffrirait pas, son colis » lui ayant été remis au moment prévu, et que, par conséquent, il » n'y a eu aucun retard dans la livraison. »

être abrégés par une convention proposée au public et tacitement acceptée par l'expéditeur: et en cas d'inexécution du transport dans le temps convenu, la compagnie de chemin de fer sera passible de dommages-intérêts. C'est ce qui résulte notamment de deux arrêts de la cour impériale de Paris, des 5 décembre 1850 (*Journal du Palais*, t. Ier, 1851, p. 231) et 30 avril 1851 (*Journal du Palais*, t. II, 1852, p. 640, affaire Chemin de fer d'Orléans).

Ils pourront même être abrégés par une convention particulière passée avec un expéditeur, pourvu que les marchandises soient transportées par un train ordinaire à petite vitesse, ou que l'expéditeur n'obtienne ni tour de faveur ni réduction de taxe. C'est ce qu'a décidé un arrêt de la Cour de cassation du 30 décembre 1857 (Chemin de fer du Nord, Sirey, 58, 1, 607).

Quant à des délais plus longs, ils ne peuvent être admis qu'avec l'approbation de l'administration supérieure, et comme compensation d'une réduction de prix du transport (article 2 de l'arrêté). C'est alors une condition mise à cette réduction du prix et offerte indistinctement à tous les expéditeurs. Ces tarifs à prix réduits sont connus sous le nom de *tarifs spéciaux*.

Les compagnies ne se bornent pas, le plus souvent, à y stipuler une augmentation des délais réglementairement alloués pour les transports; elles y introduisent une clause de non-responsabilité, qui, si elle était valable, tendrait à les dégager complétement des obligations principales résultant, pour le voiturier, de la formation du contrat de transport et à les exonérer de tout payement d'indemnité.

Mais une pareille stipulation ne peut avoir d'effet qu'au point de vue du retard, et du retard *ordinaire*, entendons-le bien. Pour tout le surplus, c'est-à-dire pour les cas de perte, d'avarie et de retard extraordinaire, la responsabilité des compagnies reste tout entière, et la stipulation doit être réputée non écrite. On est généralement d'accord sur ce point. (Voir, au surplus, les principes exposés *suprà*, nos 27 et 41.)

52. Reprenons l'examen des règles générales concernant les délais et le retard.

En ce qui concerne le transport des choses, le délai se voit le plus souvent déterminé par une lettre de voiture (Code de commerce, article 102) ou tout au moins par un récépissé. Dans ce cas, le voiturier a jusqu'à la dernière heure du dernier jour compris dans le délai pour rendre la marchandise à destination. C'est ce qu'enseigne M. Duverdy, qui cite un arrêt de Lyon, du 19 juin 1852, et un jugement du tribunal de commerce du Havre, du 15 novembre 1844 (nᵒ 78, note 1).

Cet auteur enseigne également que, suivant les usages commerciaux, le jour du départ n'est pas compris dans le délai, à la différence du jour d'arrivée qui s'y trouve compris (*loco citato*).

A défaut de fixation expresse du délai par la convention, ou de règlements qui le fixent d'avance, les tribunaux détermineront, d'après les usages du commerce, s'il s'agit d'un transport commercial, ou bien par l'appréciation de l'intention des parties, et suivant la distance à parcourir, la nature de la chose à transporter et les autres circonstances de la cause, dans quel délai le transport devait être effectué, et par suite, s'il y a ou non *retard* (1).

53. Mais le voiturier ne pourrait prétendre qu'à défaut d'une convention expresse il serait affranchi de tout délai pour effectuer le transport; de même il ne pourrait pas stipuler valablement qu'il exécutera le transport quand il voudra, et qu'il ne répondra d'aucun retard (2).

Ici encore s'appliquent les principes rappelés sous les n°s 27, 39 et 40, en ce qui concerne la responsabilité du voiturier en cas d'avaries ou de perte totale. La responsabilité pour retard ne saurait non plus être éludée ou arbitrairement restreinte; et le voiturier doit répondre du *retard*, à moins qu'il n'établisse l'existence du cas fortuit ou de la force

---

(1) Voir l'ouvrage de M. Van Huffel, n° 27.

(2) Voir un arrêt de la Cour de cassation du 22 mai 1865, affaire Chemin de fer de l'Ouest. (Dall., 65, 1, 272, et Sir., 65, 1, 452.)

majeure (arrêt de Grenoble (1) du 31 juillet 1863, Sirey, 64, 2, 148, affaire Fleury, rendu en matière de *transport par eau*), ou bien qu'il ne puisse justifier que l'inexécution du transport dans le délai déterminé a pour cause directe un vice propre de la chose.

La loi et les auteurs ne parlent pas, il est vrai, pour ce cas spécial, de l'exception tirée du *vice propre de la chose.*

L'article 104 du Code de commerce porte seulement :

« Si, par l'effet de la force majeure, le transport

---

(1) Par cet arrêt la cour impériale de Grenoble a confirmé, avec adoption de motifs, un jugement du tribunal de commerce de la même ville dont voici la teneur :

« Attendu qu'il est résulté des débats et qu'il n'est pas contesté que » Fleury s'est engagé à transporter à Beaucaire les frênes et les cercles » que Mollier se proposait de vendre à la foire de cette ville ; qu'il est » constant que Fleury n'a transporté qu'une partie de ces marchan- » dises ; que la partie transportée n'est arrivée à Beaucaire que dans » la soirée du 23 juillet 1862 ; que Fleury a laissé à Tullins, sur le » port, la quantité de 468 paquets de cercles ; attendu que Fleury ne » peut s'exonérer des suites de l'inexécution du marché verbal en pré- » textant que les mariniers sur lesquels il comptait pour effectuer le » transport lui ont fait défaut ; que cette allégation, fût-elle même » justifiée, ne constitue pas la force majeure ou le cas fortuit dont » parle la loi ; que Fleury, d'ailleurs, l'a tellement reconnu, qu'il a » fait offre de prendre les 468 paquets de cercles laissés à Tullins au » prix courant ; attendu que le tribunal a les éléments nécessaires » pour déterminer la valeur des cercles dont s'agit et pour fixer les » dommages-intérêts qui peuvent être dus à Mollier ; — par ces mo- » tifs, etc..... »

Faisons remarquer, dès à présent, que cet arrêt offre un exemple de *laissé pour compte* en cas de retard.

» n'est pas effectué dans le délai convenu, il n'y a
» pas lieu à indemnité contre le voiturier pour cause
» de retard. »

Mais supposons que les animaux confiés au voiturier tombent malades, que les liquides entrent en
fermentation au cours du transport ; si le voiturier
suspend son voyage pendant quelques jours, afin de
pouvoir transporter dans de bonnes conditions ces
animaux ou ces liquides, est-ce qu'on pourra le
rendre responsable du retard ? S'il en était ainsi, il
faudrait dire que le voiturier aurait dû continuer le
voyage, malgré l'imminence de la perte ou des avaries, sauf à lui à décliner toute responsabilité, en
établissant que la perte ou la détérioration ont été
occasionnées par le vice propre de la chose transportée. Une pareille solution ne serait ni rationnelle ni équitable, et serait en contradiction manifeste avec le principe qui veut que le voiturier
donne toute sa surveillance et tous ses soins à la
conservation de la chose qui lui est confiée.

54. Le plus souvent, une clause expresse détermine, à l'avance, lorsque intervient la convention,
le chiffre de l'indemnité à payer, par le voiturier,
en cas de retard.

L'indemnité, ainsi stipulée, est, « d'après l'usage
» le plus général, du tiers des prix du transport,
» quelquefois du quart ». (M. Duverdy, n° 85 ; et,
dans le silence de la convention, c'est également

cette base qu'adoptent les tribunaux pour les retards ordinaires.

A l'égard des compagnies de chemins de fer, l'indemnité le plus généralement adoptée est seulement du dixième du prix. Mais il faut qu'il y ait, sur ce point, consentement de la partie qui a contracté avec la compagnie. Autrement, on réglerait l'indemnité d'après l'usage commun pour les voituriers ordinaires.

Voici, à cet égard, un arrêt de la cour de Limoges, du 10 août 1861 (Sirey, 62, 2, 26, affaire Chemin de fer du Midi, C. Raymond) :

« ..... Au fond, attendu que les quatre expédi-
» tions de vins adressées à Raymond, et arrivées en
» retard, étaient accompagnées de lettres de voiture
» ne contenant aucune stipulation d'indemnité pour
» cause de retard ; qu'elles étaient donc incomplètes,
» puisque, aux termes de l'article 102 du Code de
» commerce, une indemnité est due pour cause de
» retard, et que la lettre de voiture doit l'énoncer ;
» attendu que la Compagnie du Midi n'a jamais con-
» testé devoir une indemnité uniquement fondée sur
» le retard dans la livraison des marchandises
» transportées ; que, soit dans plusieurs documents
» de la procédure, soit dans les conclusions par elle
» prises en première instance, elle *reconnaissait le*
» *principe de l'indemnité due pour cause de retard,*
» *indépendamment de toute justification d'un préju-*
» *dice ; que seulement elle réduisait cette indemnité*

» *au dixième du prix de la lettre de voiture;* attendu
» que, Raymond *élevant la prétention de retenir le*
» *tiers,* il n'y avait désaccord entre les parties que
» sur la quotité; attendu que, devant la cour, la
» cause se présente dans les mêmes conditions, puis-
» que la Compagnie du Midi demande que les con-
» clusions par elle prises en première instance lui
» soient adjugées; *attendu que la retenue du tiers est*
» *en rapport avec un usage constant et immémorial,*
» et qu'elle serait au besoin justifiée par le préjudice
» causé à Raymond; que ce préjudice est établi
» aussi bien que la négligence et l'incurie de la
» Compagnie du Midi, qui, à chaque remise qui lui
» était faite des barriques de vin destinées à Ray-
» mond, les laissait sept à huit jours dans sa gare,
» exposées aux détériorations et aux dilapidations
» qui ne sont que trop souvent constatées pour cette
» nature de marchandise, etc. »

Mais, répétons-le, il est toujours loisible au voiturier de stipuler, lors de la formation du contrat,
que cette indemnité sera inférieure au tiers du prix
du transport. Et cette faculté appartient aux compagnies de chemins de fer, comme à tous autres
entrepreneurs de transports, ainsi que l'a jugé récemment la Cour de cassation, notamment par trois
arrêts, en date du 27 janvier 1862. (Dalloz, 62,
1, 45.)

55. Cette indemnité fixée par la convention ou

par l'usage et consistant dans la retenue d'une partie
du prix du transport est acquise contre le voiturier
par cela seul que la marchandise n'est pas arrivée
à destination dans le délai déterminé, et indépendamment de tout préjudice causé au destinataire.

« C'est une sorte d'amende, » dit M. Van Huffel
(n° 24), « stipulée pour un cas prévu, et qui est due
» par le voiturier lorsque ce cas arrive, quoiqu'il n'y
» ait point faute de sa part (1). »

Le payement fait à l'avance du prix du transport
n'éteindrait pas d'ailleurs l'action pour retard.
(Caen, 7 février 1861, Sirey, 61, 2, 475.) Nous
aurons à revenir sur ce dernier point. (Voir chapitre VII.)

56. Mais la responsabilité du voiturier en cas de
retard ne devra-t-elle jamais être étendue au delà
du payement de cette somme ?

Non, assurément; le retard pourra être extraordinaire et entraîner, comme conséquence, un grave
préjudice. Ici encore, le principe est que le propriétaire de la marchandise devra être indemnisé
de la perte qu'il aura faite, et même, suivant les
cas, du gain dont il aura été privé (Code Napoléon,
article 1149).

Les auteurs sont d'accord sur ce point (2); et la

---

(1) Voir aussi le *Traité du louage* de M. Troplong, n° 910; le *Nou-*
veau répertoire de M. Dalloz, v° *Commissionnaires*, n° 360; et les
notes de MM. Massé et Vergé sur M. Zachariæ, t. IV, p. 408, note 15.

(2) MM. Van Huffel, n° 26; Duverdy, n° 82; Cotelle, p. 381, etc.

jurisprudence a plus d'une fois consacré ce principe. Nous nous bornerons à citer quelques arrêts rendus récemment sur cette question.

Un jugement du tribunal de commerce de Bordeaux, du 18 décembre 1860, avait statué dans les termes suivants sur la réclamation d'un sieur Montauriol contre la Compagnie du chemin de fer du Midi :

« Attendu que si, aux termes de l'article 1150 du
» Code Napoléon, le débiteur n'est tenu que des
» dommages-intérêts qui ont été prévus ou qu'on a
» pu prévoir lors du contrat, il n'est pas moins vrai
» qu'une compagnie de chemin de fer, qui monopo-
» lise l'entreprise des transports, doit apporter la
» plus grande, la plus scrupuleuse attention dans la
» conservation et la remise des objets qui lui sont
» confiés; que, de plus, lorsqu'elle reçoit les bagages
» d'un voyageur de commerce, elle doit se rendre
» compte de l'importance qu'ils ont pour ce voyageur;
» que ces bagages peuvent, en effet, contenir les
» objets utiles et quelquefois indispensables à l'opé-
» ration pour laquelle le voyageur est en route; que,
» dans l'espèce, il ne peut être douteux pour le tribu-
» nal que la caisse confiée à la Compagnie par Mon-
» tauriol et qui est égarée contenait les échantillons
» des marchandises pour lesquelles le voyageur ve-
» nait à Bordeaux, dans le but d'en opérer la vente;
» et que cette opération, en raison de l'époque à la-
» quelle se placent lesdites marchandises, se trouve
» aujourd'hui manquée; qu'ainsi les bagages de

» Montauriol avaient une importance relative, et
» que la privation de la caisse susdite lui a occa-
» sionné un dommage dont il ne peut être suffisam-
» ment indemnisé par le payement de la valeur in-
» trinsèque des objets contenus dans ladite caisse;
» attendu que le tribunal a été plusieurs fois appelé
» à se prononcer sur des affaires identiques et qu'il
» n'a pas cru devoir s'en tenir strictement à la lettre
» de l'article 1150 précité; qu'il s'agit donc, dans
» la cause, d'apprécier l'importance du préjudice
» éprouvé par Montauriol par la privation de la
» caisse dont il s'agit, et que le tribunal croit
» faire une équitable et commerciale appréciation
» en évaluant ce préjudice à 500 francs. Quant
» à la caisse elle-même, attendu que Montauriol
» lui donne une valeur d'environ 200 francs, ce
» qui ne paraît point exagéré; que, de son côté,
» la compagnie offre de la rendre d'ici à un mois
» à l'adresse qui lui sera indiquée ou bien d'en
» payer la valeur; condamne la Compagnie des che-
» mins de fer du Midi à payer à Montauriol, avec
» les intérêts légitimes, la somme de 500 francs à
» titre de dommages-intérêts pour réparation du
» préjudice qu'elle lui a occasionné par le défaut
» de remise de la caisse d'échantillons objet du
» procès; la condamne à remettre ladite caisse en
» bon état et franco de tous frais et droits quelcon-
» ques, à Paris, à l'adresse de la maison représentée
» par le demandeur, et ce, dans le délai d'un mois

» à partir d'aujourd'hui ; et faute par la Compagnie
» de ce faire dans ledit délai, la condamne dès à
» présent à payer à Montauriol la somme de 200 fr.
» pour lui tenir lieu de la valeur de ladite caisse, etc. »

Sur l'appel interjeté par la Compagnie des chemins de fer du Midi, cette décision fut confirmée,
dans les termes suivants, par arrêt de Bordeaux, du
9 avril 1864 (Sirey, 62, 2, 359) :

« La cour, attendu que le fait qui a donné lieu
» à la réclamation de Montauriol est des plus ordi-
» naires, et que la Compagnie a dû prévoir que, si
» tout ou partie des bagages qu'il lui confiait s'éga-
» rait en route, ainsi qu'il est arrivé, elle serait pas-
» sible des dommages-intérêts, eu égard au préjudice
» causé ; que ceux qui ont été accordés à Montauriol
» par le tribunal sont très-modérés… Confirme, etc. »

On peut voir, dans le même sens, un arrêt de
Dijon du 6 juillet 1859 (affaire Chemin de fer de
l'Est contre Gontard, Sirey, 60, 2, 45).

57. Il nous reste un dernier point à examiner :
c'est celui de savoir si, en cas de retard extraordinaire et de préjudice justifié, la marchandise peut
être laissée pour compte au voiturier.

Cette question a été longtemps controversée, et
jusqu'en 1835 la jurisprudence des cours impériales se prononçait généralement pour la négative.
(Pau, 25 février 1813, Sirey, 14, 2, 206 ; Metz,
18 janvier 1815, Sirey, 19, 2, 78 ; Paris, 11 juillet

1835, Sirey, 35, 2, 489; Bordeaux, 22 juillet 1835, *Journal du palais,* à la date, etc.) (1).

Mais par arrêt du 3 août 1835 (Sirey, 35, 1, 817, affaire Laffitte-Caillard), la Cour de cassation a jugé que les marchandises pouvaient être laissées pour compte en cas de retard. Voici le texte de cet arrêt rendu par la chambre civile de la Cour suprême :

« Attendu qu'il a été jugé en fait qu'il y a eu
» retard dans l'arrivage des marchandises dont il
» s'agit; que ce retard a causé un préjudice aux
» sieurs Cazeing et compagnie et était imputable
» aux sieurs Laffitte et Caillard; attendu, en droit,
» que la loi, en gardant le silence sur le mode d'in-
» demnité à laquelle elle soumet les commission
» naires de roulage, voituriers et entrepreneurs de
» messageries, pour le cas où les marchandises sont
» arrivées tardivement à leur destination, a laissé
» aux tribunaux à déterminer cette indemnité,
» d'après les faits et les circonstances; d'où il suit
» que, dans l'espèce, en choisissant pour régler l'in-
» demnité, qui n'était pas contestée, un mode de ré-
» paration entre plusieurs autres, la cour royale n'a
» fait qu'user du droit qu'elle avait et n'a violé au-
» cune loi... » (Voir, dans le même sens, MM. Duverdy, n° 83; Cotelle, p. 381, etc.) (2).

---

(1) *Sic* M. Hilpert, p. 224.

(2) Toutefois, malgré cet arrêt de la Cour suprême, quelques cours impériales ont persisté dans leur ancienne jurisprudence. (Voir notamment les arrêts suivants : Douai, 24 juin 1837, Sir., 38, 2, 60; Colmar, 8 avril 1857, Sir., 57, 2, 571).

58. Tel est l'ensemble des règles générales relatives à la responsabilité des voituriers en ce qui concerne le *transport des choses*. Elles s'appliquent à toutes les classes de voituriers, à toutes les espèces de transports, avec cette observation, toutefois, qu'une application plus stricte et plus rigoureuse en doit être faite aux compagnies de chemins de fer, à raison du monopole dont jouissent ces compagnies. Cette idée ressort d'un grand nombre des arrêts cités dans ce chapitre.

Les voituriers ne répondent pas seulement des objets qu'ils transportent; ils répondent aussi de la conservation des *voyageurs* et de leur arrivée dans le délai convenu. D'où la conséquence que ces voituriers sont passibles d'indemnités et de réparations civiles (indépendamment des peines qu'ils peuvent encourir, suivant les cas), lorsqu'il y a eu mort ou blessures, par suite d'accidents, et même lorsqu'il y a eu retard préjudiciable.

« Les voyageurs, » disent MM. Massé et Vergé sur M. Zachariæ, t. IV, p. 407, note 10, *in fine*, « ont également droit à des dommages-intérêts si le » voiturier ne les fait pas arriver au temps voulu. » (*Sic*, M. Pouget, t. IV, n° 718.)

C'est ce qui a été jugé formellement par le tribunal de commerce de Douai, le 2 décembre 1864 (M. Pinel, *Jurisprudence des chemins de fer*, année 1865) :

« Attendu » porte ce jugement « que la Compa-

» gnie du chemin de fer du Nord était tenue de
» transporter le demandeur à Saint-Quentin dans le
» délai déterminé par ses affiches et livrets, de ma-
» nière à le faire arriver à destination le 16 août au
» soir; attendu que, par suite d'un retard dans le
» service du transport, Toulet a été forcé de sé-
» journer à Douai, le 16 août, et n'a pu en repartir
» que le 17 pour Saint-Quentin; attendu que si, le
» 16 août, l'exactitude dans le service devenait plus
» difficile par suite d'une affluence considérable de
» voyageurs, cette affluence, dont la Compagnie bé-
» néficiait, elle devait la prévoir et pourvoir dès
» lors aux besoins ordinaires de la circulation par
» des trains spéciaux, s'il le fallait; que la Compa-
» gnie ne peut donc légalement se prévaloir d'une
» force majeure ou d'un cas fortuit dans la cause;
» mais, attendu que, si elle doit indemniser le de-
» mandeur de ses frais de séjour à Douai et de la
» perte de temps qui en a été pour lui la consé-
» quence, elle ne pourrait répondre du dommage
» souffert par suite de la rupture alléguée d'une con-
» vention, qu'il avait faite avec un tiers de Saint-
» Quentin, dommages que la Compagnie ne pouvait
» évidemment prévoir; par ces motifs, le tribunal
» condamne la Compagnie du chemin de fer du Nord
» à payer au demandeur la somme de 100 francs, à
» titre de dommages-intérêts, etc... »

59. Mais cette responsabilité vis-à-vis des voya-

geurs ne puise plus sa source dans les règles spéciales édictées par le législateur pour les entreprises de transports.

Elle résulte du principe général de haute équité, formulé dans l'article 1382 du Code Napoléon :

« Tout fait quelconque de l'homme qui cause à
» autrui un dommage oblige celui par la faute duquel il est arrivé à le réparer. »

De ces origines différentes des deux actions en responsabilité, résultent plusieurs conséquences.

Les unes sont relatives à la compétence, et nous les examinerons dans le chapitre xi de ce traité.

Quant aux autres, on peut les généraliser en disant que l'action en responsabilité des voituriers, pour le transport des voyageurs, rentre dans le droit commun ; qu'elle n'est assujettie dès lors ni aux conditions, ni aux formalités, ni aux prescriptions spéciales édictées soit en faveur, soit à l'encontre des entrepreneurs de transports par le Code Napoléon et par le Code de commerce; qu'en conséquence la durée de cette action n'est limitée que par le principe général écrit dans l'article 2262 du Code Napoléon, suivant lequel toutes les actions, tant réelles que personnelles, se prescrivent par trente ans, principe qui doit être combiné toutefois avec les dispositions des articles 637, 638 et 640 du Code d'instruction criminelle, lesquels déclarent prescrites par dix ans, par trois ans ou par un an. L'ACTION CIVILE aussi bien que l'*action publique* déri-

vant d'un crime, d'un délit ou d'une contravention.
(Voir sur ce point Cour de cassation, 21 novembre
1854, Sirey, 54, 1, 725; Nîmes, 19 décembre 1864,
Gazette des Tribunaux du 16 février 1865; voir aussi
Cour de cassation, 17 décembre 1839, Sirey, 40, 1,
454.)

CHAPITRE QUATRIÈME.

EFFETS DU CONTRAT DE TRANSPORT (suite). — OBLIGATIONS
DE LA PARTIE POUR QUI EST EFFECTUÉ LE TRANSPORT.

SOMMAIRE.

60. L'obligation dérivant du contrat de voiturage pour la partie qui fait exécuter le transport ou
pour compte de qui le transport est effectué, ou
bien, si l'on aime mieux, l'obligation de la part du
locataire de l'industrie du voiturier *suprà*, nº 4.
consiste à payer le prix convenu avec ce dernier.

Cette convention, en ce qui concerne le prix, peut
être expresse ou tacite, suivant que ce prix a été
spécialement débattu et fixé entre les parties, ou

suivant qu'il résulte de l'application de tarifs arrêtés et publiés à l'avance.

61. C'est ainsi que le prix des transports par les chemins de fer est réglé à l'avance par des tarifs qui, régulièrement approuvés par l'administration, lient à la fois et la partie qui exécute le transport et celle pour qui le transport est exécuté. Ce prix ne peut donc pas être débattu ou modifié par les parties.

Ces prix varient, suivant que le transport s'effectue à *grande* ou à *petite vitesse*, et suivant la catégorie à laquelle appartient la marchandise transportée. Ils sont calculés, en principe, d'après une double base : le poids des objets transportés et la distance parcourue (1). Quant aux divers détails relatifs aux tarifs, ils seront examinés dans la deuxième partie de cet ouvrage, lorsque nous parlerons de l'exploitation des chemins de fer.

Retraçons toutefois ici quelques-unes des principales règles relatives à ces tarifs.

Rappelons d'abord que pour 40 kilogrammes de poids et au-dessous par colis ou paquet isolé, le tarif ordinaire cesse d'être applicable et fait place à une taxe exceptionnelle (articles 42 et 47 du cahier des charges) (2).

---

(1) Cahier des charges donné aux diverses compagnies françaises de chemins de fer, de 1857 à 1859, articles 42, 44, etc...; M. Duverdy, n°ˢ 203, 206.

(2) Les anciens cahiers des charges appliquaient la taxe exceptionnelle aux paquets et colis pesant moins de 50 kilogrammes. — Aujourd'hui on n'applique cette taxe qu'à 40 kilogrammes et au-dessous.

62. Il est utile de rappeler ici le texte de l'art. **42** des cahiers des charges, qui pose les bases pour calculer le prix du transport :

« La perception aura lieu, d'après le nombre de
» kilomètres parcourus. *Tout kilomètre entamé sera*
» *payé comme s'il avait été parcouru en entier.*

» *Si la distance parcourue est inférieure à 6 kilo-*
» *mètres, elle sera comptée pour 6 kilomètres.*

» *Le poids de la tonne est de 1,000 kilogram-*
» *mes.*

» *Les fractions de poids ne seront comptées, tant*
» *pour la grande que pour la petite vitesse, que par*
» *centième de tonne ou par 10 kilogrammes.*

» Ainsi, tous poids compris entre 0 et 10 kilo-
» grammes payent comme 10 kilogrammes; entre
» 10 et 20 kilogrammes, comme 20 kilogrammes,
» etc...

» Toutefois pour les excédants de bagages (1) et
» marchandises à grande vitesse, les coupures se-
» ront établies : 1° de 0 à 5 kilogrammes; 2° au-
» dessus de 5 kilogrammes jusqu'à 10; 3° au-dessus
» de 10 kilogrammes par fractions indivisibles de
» 10 kilogrammes.

» *Quelle que soit la distance parcourue, le prix*
» *d'une expédition quelconque, soit en grande, soit*

---

(1) Les voyageurs ont droit au transport de 30 kilogrammes de bagage sans payer de supplément de prix à raison de ce transport (article 54 du cahier des charges). — Des règles exceptionnelles ont été
adoptées en faveur du bagage des militaires et des marins.

» *en petite vitesse, ne pourra être moindre de 40 cen-*
» *times.* »

Voici également le texte de l'article 47 :

« Les prix de transports déterminés par le tarif
» ne sont point applicables :

» 1° Aux denrées et objets qui ne sont pas nom-
» mément énoncés dans le tarif et qui ne pèse-
» raient pas 200 kilogrammes sous le volume d'un
» mètre cube ;

» 2° Aux matières inflammables ou explosibles,
» aux animaux et objets dangereux, pour lesquels
» des règlements de police prescriraient des pré-
» cautions spéciales ;

» 3° Aux animaux dont la valeur déclarée excé-
» derait 5,000 francs ;

» 4° A l'or, à l'argent, soit en lingots, soit mon-
» nayés ou travaillés, aux plaques d'or ou d'argent,
» au mercure et au platine, ainsi qu'aux bijoux,
» dentelles, pierres précieuses, objets d'art et au-
» tres valeurs ;

» 5° Et, en général, à tous paquets, colis, excé-
» dants de bagages, pesant isolément 40 kilogrammes
» et au-dessous.

» Toutefois les prix de transports déterminés au
» tarif sont applicables à tous paquets ou colis,
» quoique emballés à part, s'ils font partie d'envois
» pesant ensemble plus de 40 kilogrammes d'objets
» envoyés par une même personne à une même
» personne. Il en sera de même pour les excédants

» de bagages qui pèseraient ensemble ou isolément
» plus de 40 kilogrammes. Le bénéfice de la dispo-
» sition énoncée dans le paragraphe précédent, en
» ce qui concerne les paquets et colis, ne peut être
» invoqué par les entrepreneurs de messageries et
» de roulage et autres intermédiaires de transports,
» à moins que les articles par eux envoyés ne
» soient réunis en un seul colis.

» Dans les cinq cas ci-dessus spécifiés, les prix
» de transports seront arrêtés annuellement par
» l'administration, tant pour la grande que pour la
» petite vitesse, sur la proposition de la com-
» pagnie.

» En ce qui concerne les paquets ou colis men-
» tionnés au paragraphe 5 ci-dessus, les prix de
» transports devront être calculés de telle manière
» qu'en aucun cas un de ces paquets ou colis ne
» puisse payer un prix plus élevé qu'un article de
» même nature pesant plus de 40 kilogrammes. »

63. Ainsi que nous l'avons vu, les colis et paquets
pesant isolément 40 kilogrammes ou moins sont frappés d'une taxe exceptionnelle supérieure au prix du
tarif ordinaire (article 47 du cahier des charges).

Pour éviter de payer ce prix exceptionnel, l'idée
est venue de grouper plusieurs paquets et colis pesant isolément moins de 40 kilogrammes, de manière à former ainsi un tout d'un poids supérieur et
de rentrer dans les conditions ordinaires du tarif.

Cette prétention a donné lieu à de graves difficultés et à de nombreux procès.

La Cour de cassation avait, par un arrêt du 19 juillet 1853 (affaire Guérin contre Chemin de fer du Nord, Sirey, 53, 1, 641), jugé, contrairement à deux arrêts d'Amiens, des 24 janvier 1852 et 21 janvier 1853 (Sirey, 53, 2, 44), que les entrepreneurs ou commissionnaires de transports peuvent se soustraire au tarif exceptionnel applicable aux colis pesant moins de 50 kilogrammes (aujourd'hui 40), en réunissant les divers articles par eux recueillis dans leur clientèle en un seul colis adressé à *une seule et même personne* et pesant plus de 50 kilogrammes (1).

Dans cette espèce, tous les petits colis se trouvaient réunis sous une même enveloppe. C'est ce qu'on a appelé un cas de *groupage à couvert.*

Voici le texte de cet important arrêt qui établit à quelle condition la Cour de cassation admettait le groupage à couvert :

« La Cour, vu les articles 41 et 45 (2) du cahier » des charges précité et l'article 1376 du Code Napo- » léon ; attendu que l'article 45 du cahier des char- » ges ne soumet à un tarif exceptionnel que le » transport des matières précieuses ou encom-

---

(1) **Voir dans le même sens** : M. Cotelle, n° 628, arrêt de Paris du 16 août 1853 (Sir., 53, 2, 708).

(2) **Cet arrêt a été rendu sous l'empire des anciens cahiers des charges.**

» brantes, et, en général, des colis, paquets ou ex-
» cédants de bagage, pesant isolément moins de
» 50 kilogrammes, en faisant rentrer sous le tarif
» général lesdits paquets, colis ou excédants de ba-
» gage qui font partie d'envoi pesant ensemble plus
» de 50 kilogrammes d'objets expédiés par une
» même personne à une même personne, et d'une
» même nature, tels que sucre, café, etc.; at-
» tendu que, dans le cas prévu par la disposition
» finale de cet article, comme pour tous les autres
» transports qui n'y sont pas spécifiés, les droits
» dus sont ceux du tarif ordinaire, réglés par l'ar-
» ticle 41; attendu qu'en matière de tarif et d'in-
» dustrie privilégiée, la loi doit être appliquée dans
» ses termes précis, et ne peut pas être étendue;
» attendu qu'aucune disposition du cahier des char-
» ges ne fait défense à plusieurs expéditeurs de
» réunir sous un même ballot, pesant plus de
» 50 kilogrammes, les objets qu'ils veulent faire
» transporter sur la voie de fer, dans le but légitime
» de ne payer que le prix du tarif ordinaire; que
» ces expéditeurs peuvent également charger un
» intermédiaire d'expédier sous une même enve-
» loppe, en les réunissant dans un même colis, les
» objets qui lui sont remis en colis séparés, d'en
» surveiller le départ et l'arrivée; que cet expédi-
» diteur et cet intermédiaire, en recourant à cette
» combinaison pour économiser les frais de trans-
» port, ne font qu'user de leurs droits; qu'ils

» ne portent aucune atteinte au privilége du che-
» min de fer qui, pour les colis pesant plus de
» 50 kilogrammes, ne peut réclamer que les prix
» qui lui sont attribués par l'article 41 du cahier des
» charges;

» Attendu qu'il n'est pas contesté par l'arrêt atta-
» qué que les petits colis expédiés par Guérin pour
» le compte de ses commettants se trouvaient tous
» réunis sous une même enveloppe et composaient
» un seul ballot dont le poids excédait 50 kilo-
» grammes; que, dès lors, le droit dû pour le trans-
» port de ce ballot était expressément régi par
» l'article 41 du cahier des charges, et ne ren-
» trait en aucune manière dans l'application de la
» disposition exceptionnelle de l'article 45; qu'il n'y
» avait donc pas même lieu d'examiner si Guérin se
» trouvait protégé par l'exception comprise dans la
» dernière disposition de cet article; que cependant
» cet arrêt a décidé qu'à raison des origines et
» des destinations diverses, comme aussi de la va-
» riété des objets dont se composait le ballot confié
» par Guérin au chemin de fer, ce ballot ne restait
» pas moins soumis au tarif particulier dudit ar-
» ticle 45; qu'en jugeant ainsi et en refusant d'or-
» donner au profit de Guérin la restitution des droits
» indûment perçus par la Compagnie du chemin de
» fer du Nord, ledit arrêt a faussement appliqué l'ar-
» ticle 45, violé formellement l'article 41 du cahier
» des charges de ladite Compagnie; qu'il a égale-

» ment violé l'article 1376 du Code Napoléon...
» Casse, etc.

64. La Cour de cassation avait également admis le *groupage à découvert*, c'est-à-dire la réunion dans un même envoi de petits colis non enfermés sous une même enveloppe, mais emballés à part, à la condition toutefois que ces colis, adressés à une même personne, fussent composés d'objets de *même nature*.

Et par objets de même nature, la Cour de cassation entendait les objets qui pouvaient être considérés, à raison de leur affinité commerciale ou industrielle, comme faisant partie du même genre de commerce ou d'industrie ou d'un même ordre de produit.

Il est utile de rapprocher du précédent arrêt cette décision en date du 9 mai 1855 (affaire Chemin de fer d'Orléans contre Messageries impériales (Sirey, 55, 1, 351) (1) :

« La Cour, vu l'article 24 du cahier des charges » annexé à la loi du 26 juillet 1844, pour le bail » d'exploitation concédé à la Compagnie du chemin » de fer d'Orléans, et déclaré applicable à l'ensemble » des lignes réunies par le décret du 27 mars 1852; » attendu qu'en matière de tarif et d'industrie pri- » vilégiée, des dispositions sur le règlement des

---

(1) Voir aussi un arrêt de Paris du 16 août 1853 (Sir., 53, 2, 708.

» taxes doivent être appliquées dans leurs termes pré-
» cis, et ne peuvent être ni étendues ni restreintes
» au delà ou en deçà des limites posées par le législa-
» teur; attendu que le cahier des charges de la com-
» pagnie du chemin de fer d'Orléans, par son art. 20,
» établit deux tarifs différents pour le transport des
» objets confiés à la voie de fer, l'un à la petite vi-
» tesse, l'autre à la vitesse des voyageurs; que le
» premier varie et gradue les taxes suivant les ca-
» tégories et classes qu'il détermine, tandis que le
» second, au contraire, est uniforme et sans dis-
» tinction de classes; attendu que, aux termes de
» l'article 24, les prix de transports, ainsi réglés
» par les deux tarifs, ne sont pas applicables à trois
» catégories particulières, savoir : 1° aux denrées
» et objets qui, n'étant pas nommément énoncés
» dans le tarif, pèsent moins de 200 kilogrammes
» sous le volume d'un mètre cube; 2° à l'or, à l'ar-
» gent et autres valeurs; 3° et, en général, à tous
» paquets, colis ou excédants de bagages pesant iso-
» lément moins de 50 kilogrammes; attendu que les
» objets compris dans les deux premières catégories
» ne peuvent, sous aucun prétexte, être affranchis
» de la taxe spéciale, mais qu'il en est autrement
» de la troisième catégorie; qu'en effet les paquets,
» colis ou excédants de bagages, quoique pesant
» isolément moins de 50 kilogrammes, cessent d'être
» passibles de la taxe exceptionnelle pour rentrer
» sous la loi du tarif ordinaire, lorsque, faisant

» partie d'envois collectifs d'un poids supérieur à
» 50 kilogrammes, ils réalisent, en outre, la double
» condition : 1° d'être expédiés par une même per-
» sonne à une même personne; 2° d'être composés
» d'objets *d'une même nature, quoique emballés à
» part, tels que sucre, café*, etc.; attendu que si,
» des deux conditions exigées, la première, c'est-à-
» dire l'unité, soit d'expéditeur, soit de destina-
» taire, existe en faveur du commissionnaire de
» transport ou intermédiaire qui, contractant seul
» avec la compagnie du chemin de fer, lui présente
» des paquets ou colis pour les faire transporter par
» la voie de fer à l'adresse d'un agent ou corres-
» pondant; la seconde condition, à savoir, l'unité
» de nature, ne saurait s'entendre dans le sens de
» *même classe* d'objets tarifés; que l'exemple dont
» l'énonciation accompagne, dans l'article **24**, les
» mots *d'une même nature,* en détermine l'acception,
» non sans doute dans un sens purement littéral et
» absolu, mais dans un sens plus large et plus con-
» forme aux usages ou aux besoins commerciaux,
» de manière à embrasser les objets qui appartiennent
» à une même nature de commerce, d'industrie ou de
» production, et qui ont ainsi entre eux des rapports
» d'analogie, à raison de leur origine même et de leur
» destination usuelle; attendu, dès lors, que, pour être
» affranchis de la taxe exceptionnelle dont chaque
» paquet ou colis, considéré isolément et dans son
» individualité, serait passible. et pour être admis,

» en conséquence, au bénéfice du tarif ordinaire,
» les groupes d'objets emballés à part et distincte-
» ment, que le commissionnaire de transport pré-
» tend comprendre dans une même expédition,
» doivent se composer, sinon d'objets de nature
» identique ou de même espèce, du moins d'objets
» qui, par leur affinité commerciale ou industrielle,
» puissent être considérés comme faisant partie
» d'un même genre de commerce ou d'industrie, ou
» d'un même ordre de produits ; qu'ainsi, à la dif-
» férence du cas où les paquets et colis sont réunis
» sous un lien commun ou sous une même enve-
» loppe, le commissionnaire de transport ou inter-
» médiaire ne peut imposer à la compagnie du
» chemin de fer, moyennant la taxe du tarif ordi-
» naire, l'envoi collectif de paquets ou colis distincts
» qui n'offrent pas entre eux ces caractères d'affinité
» ou d'analogie et ces conditions d'assimilation ;
» d'où il suit qu'en décidant, au contraire, que,
» pour être admis au bénéfice du tarif ordinaire, le
» commissionnaire de transport a satisfait à la se-
» conde condition exigée par l'article 24 du cahier
» des charges, en groupant dans un même envoi
» des objets appartenant à une même classe de tarif,
» quelle que soit d'ailleurs leur nature, la cour
» impériale de Paris a faussement interprété en cela
» et par suite violé cette disposition ; casse, etc... »

65. Ainsi que le fait remarquer M. Duverdy

n° 210), les principales difficultés auxquelles avait donné lieu le *groupage* ont été tranchées par l'article 47 du nouveau cahier des charges.

Nous avons rapporté cet article (n° 58). Il en résulte qu'il n'y a plus lieu de s'occuper, en aucun cas, de la nature des objets transportés ; que le *groupage à couvert* est permis à tous expéditeurs, voituriers, commissionnaires de transport ; que le *groupage à découvert* n'est admis que de la part des expéditeurs faisant transporter pour leur compte ;

Que, dans tous les cas, l'envoi dans lequel sont compris les colis pesant moins de 40 kilogrammes doit, pour être exempt de la taxe exceptionnelle, être fait par une même personne à une même personne, et se composer d'objets pesant dans leur ensemble plus de 40 kilogrammes (1).

66. Indépendamment des tarifs ordinaires, les compagnies de chemins de fer sont autorisées à

---

(1) C'est ce que résume fort bien M. Duverdy, dans les termes suivants (n° 245) :

« Il résulte de ce qui précède :

» 1° Que les messageries et commissionnaires de transport peuvent bénéficier de la disposition qui dit que les colis pesant moins de 40 kilogrammes payent le prix du tarif ordinaire, lorsque les colis font partie d'un envoi de plus de 40 kilogrammes ;

» 2° Que les intermédiaires ne peuvent plus employer que le groupage à couvert, et que le groupage à découvert n'est admis que par les expéditeurs qui font transporter leurs propres marchandises ;

» 3° Qu'il n'est plus nécessaire pour être affranchis de la taxe exceptionnelle, que les colis pesant moins de 40 kilogrammes soient expédiés avec des objets de même nature.

avoir des tarifs à prix réduits, connus sous le nom de *tarifs spéciaux*.

Cette réduction de prix est consentie par les compagnies ou offerte au public, pour mieux dire, moyennant l'accomplissement de certaines conditions. La condition la plus fréquente, c'est l'acceptation d'un délai pour effectuer le transport plus long que le délai ordinaire.

Nous avons vu précédemment (n° 51) que plusieurs compagnies avaient essayé, moyennant cette réduction de prix, de décliner toute responsabilité, mais que les compagnies n'en restaient pas moins obligées dans les limites ordinaires, sauf en ce qui concerne le défaut d'observation ou l'augmentation des délais.

Les prix, ainsi réduits, ne doivent pas être appliqués isolément en faveur de telle personne, de telle maison de commerce, de telle ou telle expédition. Toute personne réunissant les conditions auxquelles est subordonnée l'application du tarif spécial a droit à la réduction de prix.

C'est seulement ainsi qu'on pourra concilier ces tarifs exceptionnels avec le grand principe consacré en matière de chemins de fer par l'article 48 des cahiers des charges, et prohibant tout traité de faveur, toute concession particulière.

Voici le texte de cet article 48 :

« Dans le cas où la compagnie jugerait convena-
» ble, soit pour le parcours total, soit pour les par-

» cours partiels de la voie de fer, d'abaisser, avec
» ou sans conditions, au-dessous des limites déter-
» minées par le tarif, les taxes qu'elle est autorisée à
» percevoir, les taxes abaissées ne pourront être re-
» levées qu'après un délai de trois mois au moins pour
» les voyageurs et d'un an pour les marchandises.

» Toute modification de tarif, proposée par la
» compagnie, sera annoncée un mois d'avance par
» des affiches.

» La perception des tarifs modifiés ne pourra
» avoir lieu qu'avec l'homologation de l'adminis-
» tration supérieure, conformément aux dispositions
» de l'ordonnance du 15 novembre 1846.

» La perception des taxes devra se faire indis-
» tinctement et sans aucune faveur.

» Tout traité particulier qui aurait pour effet
» d'accorder à un ou plusieurs expéditeurs une ré-
» duction sur les tarifs approuvés demeure formel-
» lement interdit.

» Toutefois cette disposition n'est pas applicable
» aux traités qui pourraient intervenir entre le gou-
» vernement et la compagnie, dans l'intérêt des
» services publics, ni aux réductions ou remises qui
» seraient accordées par la compagnie aux indigents.

» En cas d'abaissement des tarifs, la réduction
» portera proportionnellement sur le péage et sur le
» transport. »

57. Même appliqués dans cette mesure et rendus

communs à tout transport réunissant les conditions prescrites à l'avance, ces tarifs exceptionnels prêtent essentiellement à la critique ; il y aurait beaucoup à dire à cet égard, surtout sur la question des *tarifs différentiels*, qui ont aidé si puissamment les compagnies à rendre, dans le voisinage de leur parcours, toute concurrence impossible de la part des voituriers par terre et par eau.

A l'aide de ces tarifs qui, d'après la définition de M. Duverdy (n° 175), « varient, soit en raison de » la quantité livrée par l'expéditeur, soit en raison » des distances parcourues, soit en raison du sens » dans lequel le transport s'effectue », on est arrivé plus d'une foi à consacrer de criantes injustices et de manifestes abus.

Les tarifs conditionnels, à prix réduits uniformément pour tout un parcours, n'ont rien en eux-mêmes qui choque la raison et l'équité, et ils peuvent offrir des avantages au public.

Mais les tarifs différentiels, créés dans l'intérêt exclusif du monopole des chemins de fer, sont plus difficiles à approuver, surtout après les conséquences auxquelles on a pu voir aboutir la mise en vigueur et l'application de ces tarifs par diverses compagnies.

Aussi l'habile argumentation à laquelle se livre M. Duverdy dans les n°ˢ 188, 189, 190, 191 et 192 de son ouvrage, pour justifier les tarifs différentiels, ne nous a convaincu, nous devons l'avouer, ni de la légalité, ni de l'équité, ni de la nécessité de semblables mesures.

Toutefois, répétons-le, ce n'est pas ici le lieu de traiter ces diverses questions, qui rentrent exclusivement dans le domaine particulier de l'exploitation des chemins de fer, et qui seront examinées dans la deuxième partie de cet ouvrage.

68. Nous ne dirons donc rien de plus des tarifs et de leurs diverses divisions, et nous nous bornerons à constater que les *tarifs dits d'abonnement* ont été supprimés par arrêté ministériel du 25 janvier 1860.

On appelait ainsi (voir le traité de M. Duverdy, n° 195) des tarifs d'après lesquels les expéditeurs s'engageaient vis-à-vis des compagnies à remettre au chemin de fer, à l'exclusion de toute autre voie de transport, toutes les marchandises dont ils auraient la libre disposition.

Nous ne pouvons qu'applaudir à cette suppression, prononcée, ainsi que le constate l'arrêté du 25 janvier 1860, sur les réclamations des conseils généraux, des chambres de commerce et des expéditeurs.

69. Ces questions de tarifs nous ont entraîné bien loin, quoique nous nous soyons abstenu d'entrer dans les questions de détail concernant l'application des divers tarifs des compagnies.

Après cette excursion, qui nous a paru indispensable, dans le domaine spécial des chemins de fer, revenons au contrat de transport envisagé à un point de vue général, et reprenons, où nous l'avons laissé (n° 60), l'exposé des obligations dérivant de ce contrat, en ce qui concerne la partie dans l'intérêt de laquelle s'effectue le transport.

Quelques mots suffiront pour achever cet exposé.

Voyons d'abord qui est tenu de payer le prix du transport.

70. En principe, c'est l'*expéditeur* qui se trouve directement obligé envers le voiturier (Code de commerce, article 101). C'est, en effet, avec lui que le contrat s'est formé à l'origine. Vis-à-vis du voiturier, le destinataire ne se trouve obligé qu'*ex post facto*, par suite de son consentement à recevoir la marchandise. Les parties peuvent convenir, il est vrai, que le destinataire sera tenu de payer le prix du transport ; on peut aussi décider, d'après les usages commerciaux, que le destinataire est tenu de ce payement, si le prix n'a pas été payé à l'avance par l'expéditeur, ou si l'expéditeur n'a pas stipulé expressément qu'il était seul chargé de payer ce prix ; mais à défaut de payement par le destinataire, le voiturier conservera toujours une action récursoire contre l'expéditeur (1).

______

(1) M. Van Huffel, n° 61.

Quant au voyageur, pas de difficulté; il est tenu de payer le prix de sa place au terme du voyage, lorsque ce prix n'a pas été payé à l'avance.

71. L'expéditeur ou le destinataire n'est pas seulement tenu de payer au voiturier le prix principal fixé pour le transport; il doit, en outre, indemniser le voiturier des frais et dépenses accessoires que celui-ci a été obligé de faire à l'occasion de l'objet transporté (1).

C'est ici que s'appliquent les principes du mandat (articles 1998 et suiv. du Code Napoléon), et notamment cette disposition de l'article 1999 :

« Le mandant doit rembourser au mandataire les
» avances et frais que celui-ci a faits pour l'exécu-
» tion du mandat et lui payer ses salaires lorsqu'il
» en a été promis... »

En chargeant le voiturier d'effectuer un transport, l'expéditeur a, en effet, donné mandat à ce premier de faire toutes les dépenses nécessaires pour que la marchandise arrivât à bon port. Ces dépenses accessoires comprennent les frais d'entretien et de ré-

---

(1) Voir notamment, en ce qui concerne les chemins de fer, un arrêt de la cour de cassation du 13 mars 1861. Sir., 61. 1, 973. — Cet arrêt déclare que, bien que les compagnies de chemins de fer ne puissent faire aucune perception non autorisée expressément par le tarif, elles peuvent toutefois réclamer à bon droit le remboursement du prix des timbres-poste apposés sur les lettres destinées à prévenir les destinataires de l'arrivée des marchandises. — Voir aussi article 47, ordonnance du 15 novembre 1846, et article 51 des cahiers des charges

paration pendant le trajet, et, suivant les cas, des frais de magasinage, de chargement et de déchargement.

Elles comprennent, d'autre part, le montant des droits que le voiturier aura dû payer pour la circulation de la marchandise.

Le remboursement de ces frais, sans lesquels le transport n'aurait pu être effectué, ou n'aurait pu être effectué convenablement, est dû au voiturier, de même que le payement du prix principal dont ces dépenses forment l'accessoire inséparable. Le voiturier y a un droit acquis, du moment qu'il justifie de l'exécution des obligations par lui contractées, ou bien encore lorsqu'il justifie d'une force majeure ou d'un vice propre qui seul a rendu impossible l'exécution complète de ses obligations. Tout le monde est d'accord sur ce point.

72. Le voiturier devrait aussi être indemnisé des pertes qu'il aurait essuyées à l'occasion du transport, lorsqu'elles seraient le résultat du vice propre de la marchandise transportée : il devrait l'être également des condamnations prononcées contre lui à raison du transport prohibé de certains objets, dont l'expéditeur lui aurait dissimulé la nature ou l'existence (voir *infrà*, chap. x). C'est là une application de l'article 2000 du Code Napoléon sur les obligations du mandant.

73. Le voiturier pourrait-il invoquer également

la disposition de l'article 2000 portant que « l'in» térêt des avances faites par le mandataire lui est » dû par le mandant, à dater du jour des avances » constatées »?

Doit-on dire que cet article est également applicable ici, *en principe*, mais qu'*en fait*, soit à raison d'usages commerciaux contraires, soit à raison du peu d'importance des sommes avancées et du peu de temps qu'auront duré ces avances, il en sera rarement fait application, au moins dans les cas ordinaires ?

Faut-il, au contraire, décider que les frais ainsi avancés ne sont que l'accessoire du prix principal (Code Napoléon, article 2102 ; qu'ils ne sont dus, comme ce prix, qu'au moment de la remise de la chose, et qu'à défaut de payement à cette époque, ces sommes porteront intérêt à partir seulement de la demande en justice (Code Napoléon, art. 1153 ?

Nous croyons que cette seconde opinion est la plus juridique, et qu'elle a toujours prévalu.

Après avoir ainsi brièvement retracé les obligations dérivant du contrat de transport pour l'expéditeur ou pour le destinataire, voyons quels sont les droits du voiturier en cas d'inexécution de ces obligations.

CHAPITRE CINQUIÈME.

INEXÉCUTION DU CONTRAT DE LA PART DE L'EXPÉDITEUR OU
DU DESTINATAIRE. — DROITS DU VOITURIER. — PRIVILÉGE.

SOMMAIRE.

74. A défaut de payement du prix du transport et des frais accessoires, lorque d'ailleurs il n'est excipé ni de perte, ni d'avaries, ni de retard, le voiturier a, pour obtenir ce payement, le droit de faire vendre la marchandise transportée sur laquelle le législateur lui a assuré un privilége.

L'article 106 du Code de commerce, qui consacre ce droit, est ainsi conçu :

« En cas de refus ou contestation pour la récep-

» tion des objets transportés, leur état est vérifié
» et constaté par des experts nommés par le pré-
» sident du tribunal de commerce ou, à son défaut,
» par le juge de paix, et par ordonnance au pied
» d'une requête.

» Le dépôt ou séquestre, et ensuite le transport
» dans un dépôt public peut en être ordonné.

» La vente peut être ordonnée en faveur du voi-
» turier, jusqu'à concurrence du prix de la voi-
» ture. »

Et l'article 2102 du Code Napoléon déclare privilégiés *sur la chose voiturée les frais de voiture et
les dépenses accessoires.*

75. On sait ce que la loi entend par *privilége* :
c'est le droit, pour le créancier, de se faire payer
sur le prix d'une chose, par préférence à tous autres créanciers non privilégiés, et même à tous
créanciers dont le privilége n'aurait qu'un rang inférieur.

Quelle est l'étendue du privilége accordé au voiturier par l'article 2102? A quelle condition peut-il
être exercé? Quel est son rang par rapport aux
autres priviléges établis par la loi? C'est ce que nous
avons à rechercher.

76. La première question ne soulève pas de difficulté sérieuse.

Ainsi l'on est d'accord pour reconnaître que ce

privilége appartient aux voituriers de toutes les classes, mais seulement et exclusivement aux voituriers. C'est ce qu'enseigne M. Paul Pont, en invoquant un arrêt de Nîmes, du 12 août 1812. (*Commentaire traité des priviléges et hypothèques*, n° 168.)

77. On s'accorde également à reconnaître que ce privilége « a pour objet de garantir non-seulement » les frais de voiture, mais encore les dépenses ac- » cessoires, c'est-à-dire tout ce que le voiturier a » dépensé pour la chose ; par exemple pour les ré- » parations en cas d'avarie, pour les droits de » douane, les droits d'octroi et autres semblables ». (M. Pont, *loco citato.*)

78. Mais ce privilége ne garantit rien au delà ; et la chose transportée n'est affectée qu'au payement du prix de voiture et des accessoires afférents à ce transport même. Lors donc que des marchandises, remises en même temps au voiturier, auront été transportées à différentes fois et en plusieurs voyages, les objets voiturés en dernier lieu ne garantiront que les frais de ce dernier transport, à l'exclusion des sommes dues au voiturier pour les transports précédents.

Ce principe a été consacré notamment par un arrêt de la cour de cassation du 13 février 1849 (affaire chemin de fer de Rouen contre syndic

Blanche, Sirey, 49, 1, 629). Il s'agissait, dans cette espèce, de transports de pierres de granit effectués, à différentes reprises, par la compagnie du chemin de fer de Rouen, en vertu d'un *traité unique* passé avec un entrepreneur, le sieur Blanche. La cour impériale de Rouen avait jugé que la marchandise, restée aux mains de la compagnie, ne pouvait être grevée que du privilége des frais du transport de cette marchandise même. Le pourvoi en cassation formé contre cet arrêt de Rouen du 5 juin 1847 (Sirey, 49, 2, 273) a été rejeté dans les termes suivants :

« Attendu que, suivant les principes du droit jus-
» tement reconnus et consacrés par l'arrêt attaqué,
» le privilége du voiturier pour le prix du trans-
» port ne s'étend pas d'une manière générale et ab-
» solue, pour tous les frais du transport, sur tous
» les objets transportés, en vertu d'un *seul et unique*
» *traité* préexistant entre l'expéditeur et le desti-
» nataire ; que la nature de ce privilége répugne à
» ce caractère de généralité ; que le *privilége résulte*
» *d'un fait prévu par la loi, et qu'il ne prend pas sa*
» *source dans une convention expresse ou présumée*
» *entre les parties ; que le fait lui-même du transport*
» *est donc seul à considérer pour déterminer l'étendue*
» *du privilége du voiturier ;* que s'il est vrai de dire
» que, dans le sens de la loi, le privilége pour frais
» de transport s'étend sur toutes les marchandises
» comprises dans une seule et même opération de

» transport, quel que soit le mode d'exécution de
» cette opération unique, il en est autrement lors-
» que les opérations du transport sont distinctes,
» isolées les unes des autres, et qu'elles donnent
» lieu à autant de frais distincts qu'il y a d'opéra-
» tions de transports séparées; que, dans ce cas, le
» privilége pour le payement des frais relatifs à l'une
» de ces opérations ne peut être exercé sur les mar-
» chandises formant l'objet d'une autre opération
» demeurée étrangère à la première, et ne pouvant
» y être rattachée que par cette simple considéra-
» tion que toutes les deux ont été exécutées en vertu
» d'une même convention passée entre les mêmes
» parties; attendu que l'arrêt attaqué a reconnu,
» en fait, etc... Rejette... (1). »

Le contraire avait toutefois été jugé par la chambre des requêtes, le 28 juin 1819 (Sirey, Collection
nouvelle, 6, 1, 108), à l'occasion d'une entreprise
de flottage de bois et pour des opérations distinctes
comprenant une période de trois années. Mais cette
décision avait été critiquée par la plupart des auteurs (2).

Tout récemment encore, la cour impériale de
Rouen s'est prononcée dans le sens de l'extension
du privilége, à l'occasion du transport en deux

____

(1) Voir aussi un arrêt de la cour de cassation du 18 mai 1831.
Sir., 31, 1, 220.

(2) Voir notamment le *Traité des priviléges et hypothèques*, de
M. Troplong, t. Ier, n° 207 *bis*.

voyages distincts de 515 barriques d'alun et de couperose (arrêt du 3 janvier 1863, affaire Gillet, Sirey, 64, 2, 121). Mais cette décision nous paraît également devoir être repoussée, pour s'en tenir à l'arrêt précité du 13 février 1849, qui consacre les véritables principes.

79. Après avoir relaté l'arrêt du 13 février 1849 et en avoir approuvé la doctrine, M. Duverdy (n° 137) ajoute :

« Mais la cour admet implicitement que le privi-
» lége pourrait être invoqué, s'il s'agissait d'une
» seule opération divisée par le voiturier en plu-
» sieurs transports partiels. Supposons, en effet,
» qu'un expéditeur remette à un voiturier, à un
» chemin de fer, par exemple, un nombre de colis
» considérable qui ne peuvent pas être voiturés le
» même jour. Si les premiers colis sont livrés au
» destinataire, le voiturier pourra toujours retenir
» les derniers pour se garantir des frais de toute
» l'expédition... »

C'est là, suivant nous, une erreur; et bien loin que l'arrêt de 1849 puisse autoriser une pareille conséquence, il proteste au contraire énergiquement contre une telle extension du privilége du voiturier.

Le fait que des colis distincts ont été remis en même temps au voiturier ne saurait avoir pour conséquence de faire considérer, comme le veut M. Du-

verdy, ce bloc de marchandises comme un *tout indivisible*. Ce système nous ramène tout droit à celui
de l'unité de la convention expressément condamné
par la Cour suprême.

On pourrait à la rigueur admettre une pareille
conséquence, si les objets transportés étaient en
réalité les parties d'un seul tout, et ne pouvaient
matériellement être séparés les uns des autres
sans perdre leur valeur ou leur caractère, s'il s'a-
gissait par exemple des diverses pièces d'une ma-
chine, des diverses charpentes d'un chalet, etc...
En pareil cas, on pourrait soutenir que les transports successifs de ces pièces ou charpentes ne
constituent qu'une seule et même opération.

Mais lorsqu'un expéditeur remettra à un voiturier une certaine quantité d'objets ou de colis dont
chacun se trouve complet par lui-même, lorsqu'il
remettra d'un seul coup deux cents pièces de vin à
transporter, par exemple, ou deux cents caisses de
marchandises de diverse nature, où trouver là une
indivisibilité de l'opération, lorsque le voiturier
transporte à différentes fois ces objets parfaitement
distincts et conservant chacun leur valeur intrin-
sèque, malgré la séparation résultant du fractionnement du transport?

Entendre ainsi l'arrêt de 1849, n'est-ce pas lui
enlever toute portée efficace, et permettre dans la
plupart des cas l'extension abusive du privilége des
voituriers?

Pour nous, nous estimons qu'il vaut mieux dire avec M. Paul Pont (n° 168) :

« Le privilége grève la chose même dont le trans- » port a été confié au voiturier; mais la chose n'est » grevée que jusqu'à concurrence des frais de voi- » ture et dépenses accessoires occasionnés par son » *propre transport, et elle ne répond en aucune ma-* » *nière de la créance due au voiturier pour des voyages* » *différents.* »

80. Après nous être expliqué sur l'étendue du privilége des voituriers, voyons à quelles conditions peut être exercé ce privilége, et quel rang doit lui être attribué.

La question de savoir si ce privilége est subordonné à la possession, par le voiturier, de la chose voiturée, a été l'objet de vives et longues controverses. De nombreux auteurs ont soutenu que le privilége subsiste même après que le voiturier s'est dessaisi de la chose et l'a remise au destinataire. C'est ce qu'enseignent notamment MM. Troplong (n° 207), Pardessus (t. IV, n° 1205), Mourlon (n° 144) et Duverdy (n° 131 et suiv.).

A l'appui de ce système, on invoque un arrêt de la cour impériale de Paris du 2 août 1809 (Sirey, 10, 2, 168), et l'on fait valoir diverses considérations tirées de la difficulté qu'aurait le voiturier à réclamer et à exiger immédiatement son payement, et de la rigueur extrême de la déchéance qu'encour-

rait le voiturier au moment même où il se dessaisi-
rait de la chose transportée.

M. Duverdy ajoute que le privilége est accordé
au voiturier « comme représentation de la *plus-value*
» qu'il a donnée aux marchandises, en les amenant
» sur une place où elles se vendront plus cher que
» dans le lieu de production ou dans le lieu d'en-
» trepôt ».

Cet auteur invoque d'ailleurs les dispositions des
articles 306 et 307 du Code de commerce, relatives
au capitaine de navire, et l'autorité de Pothier
(*Procédure civile*, partie IV, chap. II, article 7,
paragraphe 2).

81. Ce système est-il exact en droit? Nous ne le
croyons pas.

Les considérations tirées de la situation du voiturier et de la rigueur de la déchéance n'ont rien de
juridique. On pourrait faire valoir des considérations analogues en faveur du privilége de l'aubergiste (article 2102, 5°), et cependant la jurisprudence et la doctrine reconnaissent unanimement
que ce dernier privilége cesse au moment où l'aubergiste s'est dessaisi des objets apportés dans son
auberge. D'un autre côté, l'action de l'expéditeur
ou du destinataire contre le voiturier est elle-même
exposée, ainsi que nous le verrons plus loin (chap. VII)
à des déchéances et à des prescriptions rigoureuses,
et par réciprocité, il n'y a rien d'inique ni d'étrange

à ne pas faire survivre un privilége exorbitant à la livraison des objets voiturés.

L'argumentation de M. Duverdy ne nous touche pas davantage.

Les articles 306 et 307 du Code de commerce sont spéciaux au droit maritime et n'ont rien à faire dans cette question. S'ils pouvaient être invoqués, loin d'être favorables à la thèse que nous combattons, ils fourniraient contre elle un puissant argument *à contrario*. L'article 306, en effet, refuse au capitaine le droit de *rétention* sur les marchandises, droit que M. Duverdy reconnaît au contraire en faveur du voiturier (n° 129).

Le passage de Pothier, invoqué par le même auteur, prête à l'équivoque, et est entendu par M. Persil dans un sens diamétralement opposé (*Régime hypothécaire*, art. 2102, paragraphe 6, n° 1).

Quant à l'explication consistant à dire que le privilége est accordé au voiturier « comme *repré-* » *sentation de la plus-value qu'il a donnée aux mar-* » *chandises, en les amenant sur une place où elles se* » *vendront plus cher que dans le lieu de production* » *ou dans le lieu d'entrepôt* », si cette explication est ingénieuse, à coup sûr elle n'est pas exacte. Tous les jours, on voit, dans le commerce, des marchandises qui ont été transportées d'une place à une autre se vendre moins avantageusement dans cette dernière place qu'elles ne se seraient vendues antérieurement, au lieu où elles ont été chargées. Dira-t-on qu'en ce cas le voiturier n'a pas de privilége, puisqu'il n'y a pas de *plus-value?*

Autre exemple : je fais transporter de Paris à ma maison de campagne mes meubles, mes livres ; il est certain que ces objets n'auront rien gagné à être ainsi voiturés, et qu'en admettant même qu'ils n'aient rien perdu de leur fraîcheur ou de leur solidité, je les vendrai, si je veux m'en défaire, moins avantageusement à la campagne qu'à Paris. Et cependant le privilége du voiturier prend naissance à l'occasion d'un semblable transport comme à l'occasion de tout autre !

Ce n'est donc pas dans une prétendue *plus-value* de la chose transportée qu'il faut rechercher l'origine du privilége du voiturier. Ce privilége procède de la même idée que celui de l'aubergiste.

« Il n'en est pas autrement, en effet, » dit M. Pont (*loco citato*), « de la créance du voiturier que de celle » de l'aubergiste : elle se rattache à l'idée de *gage* » *tacite*, comme M. Troplong le reconnaît d'ailleurs » lui-même, dans son commentaire sur le nantisse- » ment. Or, selon la règle ordinaire, en matière de » gage, le créancier gagiste ne conserve son privi- » lége qu'en se maintenant en possession. Ainsi en » est-il de l'aubergiste, vis-à-vis duquel notre article » ne parle pas non plus de la nécessité de la pos- » session, et qui, cependant, de l'aveu de tous les » auteurs, est déchu de son privilége, lorsqu'il se

» dessaisit volontairement de la chose grevée. Il
» est donc raisonnable de penser que la règle doit
» agir de même vis-à-vis du voiturier. »

82. C'est en ce sens que se prononcent MM. Persil
(*loco citato*), Malleville (t. IV, p. 250), Delvincourt
(t. III, p. 442), Merlin (*Répertoire*, v° *Privilége*, section 3, paragraphe 2), Zachariæ (t. II, paragr. 261,
note 29), Valette, (*Priviléges et hypothèques*, p. 90
et suiv.), Monnier (*Droit commercial*, p. 71), Massé
(*Droit commercial*, t. VI, n° 476), Van Huffel (n° 63),
Colfavru (*Droit commercial comparé de la France et
de l'Angleterre*, p. 160), etc.

La jurisprudence est fixée dans le même sens;
à l'arrêt de Paris du 8 août 1809, on peut opposer
d'abord un arrêt de la Cour de cassation du 13 avril
1840 (Sirey, 40, 1, 289), dont M. Duverdy essaye
vainement de contester la portée (1), puis divers

____

(1) La meilleure réponse à faire ici aux observations de M. Duverdy,
c'est de rapporter le texte même de l'arrêt de 1840 :

« La Cour ; — attendu qu'il est reconnu, en fait, par le jugement
» dénoncé, qu'après l'écoulement dans les ruisseaux en flots particu-
» liers ou généraux, après le tirage et l'empilage sur les ports, opera-
» tions désignées sous le nom de mise en état, et qui réclament beau-
» coup de temps, les bois restent sur les ports, véritables entrepôts
» communs, où ils sont conservés à la disposition du voiturier, pour
» l'exercice de son privilége, et du propriétaire ou marchand, pour la
» mise en vente ;

» Attendu qu'aux termes de l'article 2102 Code civil, paragraphe 6,
» les frais de voiture et les dépenses accessoires constituent une créance
» privilégiée sur la chose voiturée, que, s'il est vrai, en conférant
» cette disposition avec l'article 2076, le paragraphe 2 de l'article 2102
» Code civil, et l'article 307 Code de commerce, que le privilége ne peut

arrêts des cours impériales que ce même auteur passe sous silence. (Rouen, 23 mars 1844, Sirey, 45, 2, 137 ; Paris, 29 août 1855, Sirey, 56, 2, 109.)

83. Il faut donc tenir aujourd'hui pour certain que le privilége du voiturier cesse de pouvoir être exercé lorsque celui-ci s'est dessaisi de la chose transportée.

Le système contraire conduirait tout droit à l'arbitraire, et rien, suivant nous, n'est pire que l'arbitraire.

Mais il faut, bien entendu, pour l'extinction d'un privilége : d'une part, que le voiturier se soit dessaisi *volontairement* (M. Pont, *loco citato*) ; et, d'autre part, que ce dessaisissement soit complet et défi-

---

» plus s'exercer lorsque le gage n'est plus en la possession du créancier,
» et surtout lorsqu'il a passé en main tierce, le tribunal de Clamecy
» a pu néanmoins, dans l'espèce, juger que le bois, quoique vendu
» aux sieurs Vassal et compagnie, n'avait pas cessé d'être en la posses-
» sion de la société des transports ; en effet, la vente était sans doute
» parfaite entre les vendeurs et les acheteurs ; mais le bois vendu
» n'était pas déplacé, il était encore sur le port, c'est-à-dire dans l'en-
» trepôt commun, et par conséquent soumis encore au privilége ac-
» cordé aux frais de transports, privilége qui ne pouvait être perdu
» que par le déplacement et l'enlèvement des bois ;
» Attendu, relativement à la saisie, que c'est moins par une quali-
» fication inexacte que par l'espèce et la nature des actes, que le véri-
» table caractère doit en être déterminé ; d'où il résulte que, sans violer
» aucune loi, le tribunal de Clamecy a pu maintenir une saisie qui n'é-
» tait réellement qu'une juste opposition à l'enlèvement du bois déposé
» sur le port, au préjudice du privilége de la créance résultant du trans-
» port ; rejette, etc .... »

nitif. Le privilége ne serait pas éteint par cela seul que le voiturier aurait déchargé la marchandise dans un entrepôt public, par exemple, où cette marchandise resterait à sa disposition tant que le destinataire ne l'aurait pas enlevée. C'est ce qu'a jugé l'arrêt précité du 13 avril 1840, dont M. Pont approuve la doctrine (1).

84. Si l'existence du privilége du voiturier est, comme nous l'avons établi, subordonnée à la possession, par le voiturier, de la chose transportée, il ne saurait y avoir de difficulté sérieuse quant au rang à assigner à ce privilége.

Il primera d'abord les priviléges *généraux* sur les meubles (Code Napoléon, article 2101).

Telle est, en effet, suivant nous, la règle qui doit être suivie, en cas de concours entre des priviléges généraux sur les meubles et des priviléges spéciaux sur certains meubles. Préférence doit être donnée à ces derniers. C'est ce qu'a décidé la Cour suprême, par deux arrêts en date du 20 août 1821 (*Journal du Palais,* à la date) et du 20 mars 1849 (Sirey, 50, 1,106). Ce dernier arrêt déclare formellement « qu'il » est de principe que les priviléges spéciaux l'empor- » tent sur les priviléges généraux, par suite de la » règle *generi per speciem derogatur* (2) ».

____

(1) *Sic*, MM. Troplong, *Hypothèques*, t. Ier, p. 207 ; Van Huffel, nº 64.

(2) Dans ce sens : MM. Pothier, *Introduction à la Coutume d'Orléans*.

Il est vrai qu'un arrêt plus récent de la Cour de cassation, en date du 25 avril 1854 (Sirey, 54, 1, 369, affaire Villefranque), sans avoir tranché la question même, porte dans un de ses motifs que « le privilége des frais de justice doit primer tous » les autres priviléges généraux ou spéciaux, non-» seulement sur les meubles, mais encore sur les » immeubles à défaut du mobilier ».

En sorte que la question n'a pas cessé d'être des plus controversées.

Mais lors même qu'on n'adopterait pas la thèse absolue qui fait prédominer les priviléges spéciaux sur les priviléges généraux, toujours est-il qu'à raison de sa nature et de l'idée de *gage* d'où il dérive, le privilége du voiturier doit primer les priviléges généraux de l'article 2101. C'est ce que reconnaissent plusieurs des partisans même du système absolu qui fait, contrairement à notre opinion, prévaloir les priviléges généraux sur les spéciaux.

n° 20; Pigeau, *Procédure civile*, t. II, p. 192; Persil, article 2101; Dalloz, v° *Hypothèques*, chapitre 1er, section III, article 1er, paragraphe 1er, n° 10; Sevin, *Revue critique de jurisprudence*, t. XVI, p. 502; Valette, *Priviléges*, n° 119, etc.—Paris, 27 novembre 1814, Sir., 16, 2, 205; Rouen, 17 juin 1826, Sir., 27, 2, 5; Paris, 25 février 1822, Sir., 32, 2, 299; Lyon, 1er avril 1841, *Journal du palais*.

Contrà : MM. Troplong, n° 74; Pont, n° 178; Malleville, sur l'article 2102; Tarrible, *Répertoire* de Merlin, v° *Privilége*, section III, paragraphe 1er; Grenier, *Priviléges et hypothèques*, t. II, n° 298; Zachariæ, annoté par MM. Massé et Vergé, t. V, p. 250, etc. — Rouen, 12 mai 1828 (Sir., Collection nouvelle, t. IX, 2, 79); Poitiers, 30 juillet 1830 (t. IX, 2, 478);|Rouen, 30 janvier 1851 (Sir., 51, 2, 281); Bordeaux, 12 juillet 1853 (Sir., 53, 2, 444).

Ainsi, M. Grenier (*loco citato*) admet une exception en faveur du *créancier gagiste*, et **M.** Pont admet également une exception, en ce qui concerne le privilége de certains frais de justice, au profit du *créancier gagiste* et du *voiturier*. Ce sont cependant les frais de justice qui, d'après l'article 2101 et d'après l'arrêt de 1854 précité, devraient venir au premier rang.

Un arrêt de la Cour de cassation du 19 janvier 1864 (Sirey, 64, 1, 60, affaire Boitel) a, au surplus, jugé que la préférence à établir entre les priviléges généraux sur les meubles et les priviléges spéciaux sur certains meubles doit être déterminée d'après les différentes qualités de ces priviléges, en faisant prédominer le droit qui dérive d'un gage exprès ou tacite.

Le même principe devra assurer la préférence au privilége du voiturier, par rapport aux autres priviléges spéciaux sur certains meubles énumérés dans l'article 2102 du Code Napoléon. C'est ce qu'enseigne M. Pont (n° 182).

Si donc le voiturier ne s'est pas dessaisi de la chose voiturée, le prix de cette chose devra être en premier lieu affecté au payement des frais du transport et des dépenses accessoires.

85. Pour assurer l'exercice de ce privilége, l'article 106 du Code de commerce a, comme nous l'avons vu, autorisé, en faveur du voiturier, la vente

des objets transportés, jusqu'à concurrence du prix de la voiture.

Un arrêt de la cour impériale de Paris du 8 mai 1857 (affaire Delangue et Vanacker contre Chemin de fer du Nord, Sirey, 57, 2, 526) a décidé que l'ordonnance du juge autorisant le voiturier à vendre les marchandises par lui transportées et refusées par le destinataire n'a pas besoin d'être signifiée à l'expéditeur avant la vente, et qu'il n'est pas nécessaire, pour la validité de cette vente, de mettre préalablement le destinataire en demeure de prendre livraison.

Nous aurons à nous expliquer, lorsque nous examinerons les règles de procédure applicables en matière de transport (*infrà*, chapitre XI, n° 198) sur le mérite de cet arrêt, dont nous donnerons alors le texte.

86. Ajoutons qu'en cas d'insuffisance du prix de la vente pour couvrir le voiturier de ce qui lui est dû, celui-ci n'en conserverait pas moins son action personnelle en payement contre l'expéditeur ou le destinataire, suivant les distinctions établies sous le n° 70 du précédent chapitre, et, dans tous les cas, son recours contre l'expéditeur, s'il s'était vainement adressé au destinataire (1).

Il en serait de même dans le cas où le voiturier aurait perdu son privilége, en se dessaisissant de la

---

(1) Voir l'ouvrage de M. Van Huffel, n° 65.

chose transportée. Il conserverait toujours son action en payement. Toutefois son recours contre l'expéditeur serait difficilement admissible, dans le cas où, d'après la convention, le destinataire devait être chargé du payement du prix. L'expéditeur pourrait alors à bon droit reprocher au voiturier sa négligence ou son incurie, et soutenir que ce voiturier n'aurait pas dû opérer la livraison des objets transportés, sans s'être assuré du payement de ce qui lui était dû. Mais un pareil débat serait, on le comprend, dominé par une question d'interprétation de convention, dont la solution rentre dans le domaine souverain du juge du fait.

87. Ajoutons, pour en terminer sur ce point, que dans le cas où le prix convenu n'aurait été stipulé que par suite de l'erreur dans laquelle le voiturier aurait été induit, à raison d'une fausse déclaration faite par l'expéditeur, ce voiturier ne serait pas tenu de se contenter du prix stipulé, mais qu'il aurait au contraire action contre l'expéditeur, soit en payement du prix total afférent à la nature des objets transportés, soit même en payement de dommages-intérêts, si la fausse déclaration avait été, pour le voiturier, l'occasion d'un préjudice.

Le privilége sur la chose transportée garantirait le payement de ce prix tout entier; mais il ne saurait garantir le payement des dommages-intérêts, à l'égard desquels le voiturier se trouverait placé dans les conditions ordinaires.

CHAPITRE SIXIÈME.

COMMENT PREND FIN LE CONTRAT DE TRANSPORT.

SOMMAIRE.

88. Le contrat de transport prend fin par la remise de la chose transportée et par le payement du prix.

Quelques auteurs enseignent que le contrat prend encore fin par la *rupture du voyage* (1) ; ce qui revient à dire qu'il y a inexécution du contrat de la part de l'un des deux contractants.

Il n'y a donc pas d'intérêt sérieux à envisager cette variété d'inexécution à un point de vue spécial. Les principes exposés précédemment (chap. III et V) reçoivent ici toute leur application.

____

(1) MM. Pouget, no 721 ; Bédarrides, nos 377 et suivants.

Voici toutefois ce que dit à cet égard M. Pouget, dans son *Traité des droits et des obligations des divers commissionnaires*, t. IV, n° 721 :

« Le contrat peut être résilié par la rupture du
» voyage, ou par suite de faits arrivant pendant le
» voyage...

» Il y a lieu de distinguer... s'il existe un fait
» imputable à l'expéditeur ou au voiturier, que le
» voyage soit commencé ou qu'il ne le soit pas.

» Si l'expéditeur est responsable, et lorsque le
» voyage est commencé, il doit tout le prix ; lorsque
» le voyage n'est pas commencé, les parties sup-
» portent leurs frais respectifs. L'expéditeur ne doit
» au voiturier aucuns dommages-intérêts, lorsque
» la rupture du voyage a lieu par suite de force
» majeure.

» Dalloz (n° 440), Pardessus (t. II, n° 552) pen-
» sent que l'expéditeur qui a chargé de Bordeaux
» à Paris ne doit que le prix de la route jusqu'à
» Angoulême, s'il arrête la marchandise dans cette
» ville. Il en serait autrement, suivant ce dernier
» auteur, s'il s'agit d'une administration faisant le
» service régulier. Cette distinction du savant juris-
» consulte ne nous paraît pas admissible, car l'en-
» trepreneur qui s'est chargé d'un transport de
» Bordeaux à Paris a pu compter sur un charge-
» ment en retour, que peut-être il ne rencontrera
» pas à Angoulême.

» L'on voit donc qu'il peut être dû, suivant les
» cas, le prix total du transport au voiturier.

» Si un expéditeur a fait un marché pour aller
» chercher des marchandises dans un lieu où elles
» ne se trouvent pas et que le voiturier soit parti,
» il est dû au voiturier le prix du transport con-
» venu, alors même que ces marchandises auraient
» péri par cas fortuit...

» L'expéditeur qui devait faire transporter les
» marchandises plus loin que le lieu où elles ont
» péri par un cas fortuit ne doit le prix du trans-
» port que jusqu'à ce lieu.

» Lorsque la résiliation du contrat de transport
» a lieu par le fait du voiturier, il peut être soumis
» à des dommages-intérêts vis-à-vis de l'expédi-
» teur; mais si la force majeure tombe sur le voi-
» turier, le prix du transport seulement n'est pas
» dû. »

Ces règles peuvent être bonnes à consulter; mais
elles n'ont rien d'obligatoire pour les tribunaux. Le
juge n'a qu'une chose à rechercher : à qui est imputable l'inexécution du contrat; puis, cette constatation une fois faite, il arbitre, en vertu de son
pouvoir souverain d'appréciation, le montant des
dommages-intérêts à supporter par la partie en
faute.

A coup sûr, un pourvoi en cassation fondé sur
l'inobservation des prétendus usages ci-dessus exposés par M. Pouget serait immédiatement rejeté,
et la Cour suprême ne s'arrêterait pas un instant
devant l'allégation de l'existence de ces règles.

89. Revenons donc purement et simplement à notre première proposition.

Le contrat de transport prend fin par la remise de la chose transportée et par le payement du prix.

S'il s'agit d'un transport de voyageurs, le prix est souvent payé à l'avance, et dès que le voyageur est rendu à destination sans accident et dans le délai déterminé, dès que les bagages qui l'accompagnaient sont mis à sa disposition, tout se trouve terminé.

90. S'il s'agit du transport des choses, la remise des objets voiturés doit être faite au destinataire.

C'est au destinataire indiqué, et à lui seul, que le voiturier doit remettre la marchandise transportée. Il y aurait faute de sa part, et conséquemment lieu à responsabilité, si ce voiturier les remettait à une autre personne, en se laissant induire en erreur par des analogies de noms ou autres de même nature. (Cour de cassation, 25 avril 1837, Sirey, 37, 1, 401 ; Cour de cassation, 15 avril 1846, Sirey, 46, 1, 343.)

Mais en certains cas cette remise peut donner lieu à quelques difficultés.

On peut se demander d'abord si la chose transportée doit être livrée au domicile même du destinataire, ou s'il suffit que cette chose soit mise à la disposition de celui-ci dans les entrepôts, bureaux ou magasins des voituriers, ou dans les gares de chemins de fer.

C'est la convention intervenue qui doit servir de règle ; il est bien évident que si, d'après la convention, la marchandise doit être transportée en *gare* du chemin de fer ou dans les *magasins* des messageries, c'est là que le destinataire doit venir en prendre livraison, à charge par le voiturier, bien entendu, d'avertir ce destinataire de l'arrivée des marchandises.

Il est bien évident encore que, si le destinataire vient se livrer lui-même des marchandises en *gare* ou dans les magasins, alors même que ces marchandises étaient adressées à domicile, le mandat du voiturier se trouve accompli par cette remise faite au destinataire. Le voiturier aurait mauvaise grâce, en pareil cas, si l'identité du destinataire est constante, à refuser la livraison, afin de transporter la marchandise jusqu'au domicile du destinataire et de percevoir un salaire pour ce transport exécuté contrairement à la volonté du destinataire. Nous comprendrions parfaitement que le voiturier refusât de subir une diminution proportionnelle du prix convenu, si la convention fixait en bloc et moyennant une somme unique le prix du transport depuis le lieu de chargement jusqu'au domicile du destinataire.

Mais si le transport (camionnage ou factage) de la marchandise depuis le lieu du déchargement jusqu'au domicile du destinataire doit donner lieu à une perception distincte et spéciale, au préjudice du destinataire, il paraît rationnel et équitable de permettre à celui-ci de transporter lui-même sa marchandise du lieu de l'arrivée à sa maison. La remise faite au destinataire met à couvert le voiturier de toute responsabilité et satisfait à l'exécution du contrat. Imposer au destinataire les frais inutiles d'un camionnage, sous le seul prétexte que l'expéditeur aurait déclaré la marchandise livrable à domicile, ce serait une exigence injustifiable qui, inspirée uniquement par un esprit de lucre, devrait être condamnée par les tribunaux.

91. Cependant les compagnies de chemins de fer sont allées bien plus loin encore dans leurs prétentions. Elles ont voulu imposer au destinataire le camionnage exécuté par leurs agents, à l'exclusion de tous autres, non-seulement alors que la marchandise était adressée *à domicile*, non-seulement lorsque la convention était muette sur le mode de livraison, mais alors que la marchandise était formellement adressée *en gare*.

Le destinataire, en conséquence de cette convention, venait pour se livrer de sa marchandise en gare ; il amenait avec lui les gens et les véhicules nécessaires pour enlever cette marchandise. La compagnie du chemin de fer refusait la livraison ; elle refusait de laisser enlever les marchandises, bien que l'identité du destinataire fût incontestée, et imposait à celui-ci une livraison à domicile avec frais de camionnage au profit de la compagnie.

On aurait peine à croire que de semblables énormités aient pu être soutenues, si l'on ne trouvait dans les recueils de jurisprudence la preuve que des arrêts ont été obligés de discuter et de condamner de pareils écarts.

C'est ainsi qu'un arrêt de la Cour de cassation du 27 juillet 1852 (Sirey, 52, 1, 829, affaire Chemin de fer de Tours à Nantes contre Duvergier) a condamné la prétention d'imposer le camionnage au destinataire, alors même que la marchandise n'était pas stipulée livrable à domicile.

Depuis, la Cour de cassation a également condamné cette prétention pour le cas où la lettre de voiture mentionnait la livraison à domicile; voici en ce sens deux arrêts du 17 juillet 1861 (Sirey, 61, 1, 872 et 873, affaire Chemin de fer du Midi contre Bardou et Chemin de fer de Lyon contre Prévoton) auxquels il est bon de joindre un arrêt de Montpellier du 1er juillet 1860 (Sirey, 60, 2, 388) :

« La Cour, attendu qu'aux termes de l'article 52 » du cahier des charges qui régit la compagnie des » chemins de fer du Midi, et qui établit pour l'ex- » ploitation des voies ferrées un droit spécial, les » expéditeurs et les destinataires restent libres de » faire eux-mêmes, et à leurs frais, le factage et le » camionnage de leurs marchandises; qu'ils peu-

» vent renoncer à ce droit par des conventions par-
» ticulières et charger la compagnie du chemin de
» fer d'opérer le factage ou le camionnage ; mais
» qu'il faut que cette convention soit reconnue ou
» prouvée ; qu'elle doit être faite par l'expéditeur ou
» le destinataire, chacun pour ce qui le concerne,
» l'article précité du cahier des charges accordant
» à chacun d'eux un droit distinct, et l'expéditeur
» ne pouvant être considéré comme mandataire
» forcé pour l'exercice d'un droit purement facul-
» tatif au destinataire et à lui réservé en vue de ses
» convenances personnelles ; que si l'expéditeur a
» été autorisé par le destinataire, ou si le transport
» est à sa charge, ou s'il est par quelque autre cause
» en droit d'en régler les conditions, il peut traiter
» du camionnage avec la compagnie du chemin de
» fer ; mais que la compagnie qui veut se prévaloir
» d'une manière absolue de cette convention contre
» le destinataire doit, à défaut de son approbation
» expresse ou tacite, prouver que l'expéditeur avait
» le droit de l'engager ; que, hors de ces cas exception-
» nels, la mention de la livraison à domicile, faite sur
» les feuilles d'expédition, par la compagnie d'accord
» avec l'expéditeur, n'est qu'une simple indication de
» la volonté présumée du destinataire, indication qui
» autorise la compagnie à présenter la marchandise
» à domicile, mais qui devient sans effet par la ma-
» nifestation de la volonté contraire, lorsque le des-
» tinataire a fait connaître, en temps opportun, son

» intention de recevoir lui-même ou de faire rece-
» voir la marchandise à la gare; et attendu, en fait,
» qu'il est reconnu, dans la cause, qu'aucune con-
» vention n'est intervenue entre la compagnie du
» chemin de fer du Midi et les défendeurs pour le
» camionnage des marchandises destinées à eux ou
» à leurs mandants; qu'il n'a pas été articulé que les
» expéditeurs eussent été autorisés à traiter pour leurs
» destinataires; qu'il est même établi par l'arrêt atta-
» qué qu'il n'y a eu à cet égard aucun contrat entre
» les expéditeurs et la compagnie, les feuilles d'ex-
» pédition dont elle se prévaut étant l'œuvre exclu-
» sive de ses agents et ne portant aucune signature
» d'expéditeur; attendu enfin que Bardou et Prax,
» ou leurs mandants, avaient fait connaître à l'a-
» vance à la compagnie du chemin de fer leur vo-
» lonté de recevoir en gare toutes les marchandises
» qui leur étaient adressées, et d'en faire eux-
» mêmes le camionnage; que, dans ces circonstan-
» ces, la compagnie ne pouvait les priver, contre
» leur gré, du droit qui leur a été réservé par le ca-
» hier des charges, ni surtout écarter l'application
» de l'article 52 précité par de simples énonciations
» émanées de sa seule volonté; rejette... »

Voici le texte du second arrêt :

« La Cour, attendu qu'il est constaté par l'arrêt
» attaqué (rendu par la cour de Riom, le 18 juin
» 1860), que le défendeur a refusé, le 6 novembre
» 1858, de recevoir de la compagnie du chemin de

» fer de Paris à Lyon un colis de marchandises qui
» lui était adressé sous la simple désignation de
» Prévoton, négociant à Moulins, et que ce refus
» était fondé sur ce que la compagnie ne voulait
» consentir la remise du colis que contre le paye-
» ment du camionnage de la gare au domicile du
» défendeur, tandis que celui-ci entendait se ré-
» server, au contraire, le droit de faire lui-même
» et à ses frais ce camionnage ; attendu que ce même
» arrêt constate encore que, le 6 septembre précé-
» dent, et antérieurement aux frais du procès, le
» défendeur a fait sommation au chef de gare de
» Moulins « de tenir à sa disposition toutes les mar-
» chandises qui lui seraient adressées, même celles à
» domicile, lui déclarant qu'il ne voulait pas que le
» camionnage de ses marchandises fût fait par la
» compagnie » ; attendu qu'en cet état des faits, la
» cour impériale de Riom était appelée à décider, en
» principe, si l'article 52 du cahier des charges, an-
» nexé au décret du 19 juin 1857, était applicable au
» cas où les marchandises sont adressées au domicile,
» aussi bien qu'à celui où elles sont adressées en gare ;
» attendu que cet article dispose d'une manière gé-
» nérale et absolue que les expéditeurs et les desti-
» nataires resteront libres de faire eux-mêmes, et à
» leurs frais, le factage et le camionnage des mar-
» chandises, et crée ainsi au profit de ces derniers
» un droit propre et distinct ; d'où il suit, qu'en
» l'absence de toute convention particulière ou de

» toute reconnaissance de la part du destinataire,
» procédant d'un fait d'exécution ou de toute autre
» cause, il n'y a lieu de régler le point de difficulté
» existant entre les parties par les dispositions de
» l'article 101 du Code de commerce, et qu'au con-
» traire l'article 52 précité du cahier des charges
» conserve à cet égard sa pleine et entière autorité;
» attendu, dès lors, qu'en le jugeant ainsi, la cour
» impériale de Riom, loin de violer les lois invo-
» quées, en a fait au contraire une juste et saine
» application; rejette... etc. »

Rien de plus formel que ces arrêts, et la jurisprudence est fixée en ce sens que les compagnies ne
sauraient imposer le camionnage aux destinataires,
sous prétexte que les marchandises seraient adressées *à domicile,* si d'ailleurs ces destinataires ont réclamé la livraison *en gare* au premier avis qu'ils ont
eu de l'arrivée des marchandises, ou s'ils ont prévenu à l'avance les compagnies qu'ils entendaient
se livrer en gare de toutes les marchandises qui leur
seraient adressées, même avec l'indication *à domicile.*

Ainsi se trouve condamnée la thèse contraire,
soutenue par M. Duverdy (n° **228**), sur l'autorité
d'un arrêt de la chambre des requêtes du 13 juillet
1859 (Sirey, 59, 1, 841), dont cet auteur a exagéré et généralisé la portée, sans assez tenir compte
des circonstances d'espèce dans lesquelles est intervenu cet arrêt de rejet.

92. A la vérité, les arrêts précités de la Cour suprême se fondent entre autres motifs sur l'article 52 des cahiers des charges des chemins de fer français, article qui réserve aux expéditeurs et aux destinataires la faculté de faire eux-mêmes le factage et le camionnage de leurs marchandises.

Mais la solution devrait être la même en l'absence de la réserve stipulée aux cahiers des charges. Les principes du droit commun le veulent ainsi; et il suffit qu'une clause expresse n'enlève pas cette faculté aux expéditeurs ou destinataires pour que les voituriers ne puissent leur en refuser l'exercice et leur imposer leurs agents avec frais de factage et de camionnage.

Le monopole des chemins de fer ne saurait être étendu au delà du parcours de la voie ferrée, et les tentatives faites en sens contraire par les compagnies doivent trouver, de la part des tribunaux, une légitime et salutaire répression.

C'est ce qu'a préjugé la Cour de cassation par un arrêt récent de la chambre des requêtes qui a admis, en ce sens, par arrêt du 17 août 1864, le pourvoi de M. Tiollier contre un arrêt de Chambéry du 13 mai 1864, rendu au profit de la compagnie du chemin de fer Victor-Emmanuel. (*Gazette des Tribunaux* du 18 août 1864.)

Il faut donc généraliser cette solution, et reconnaître que les voituriers prévenus en temps utile que le destinataire veut se livrer de la marchandise au lieu de déchargement, et non pas à domicile, ne peuvent refuser livraison au destinataire qui se présente pour enlever sa marchandise, ni lui imposer les frais de factage et de camionnage.

93. Si le voiturier est libéré par la remise faite au destinataire, il ne l'est en principe que par cette remise. (M. Van Huffel, p. 104, n°s 30 et 31), et le destinataire a, pour obtenir cette remise, la contrainte par corps contre les voituriers de profession, qui sont tous alors des commerçants, et font acte de commerce en se livrant au transport des marchandises. (M. Zachariæ annoté par MM. Massé et Vergé, t. IV, p. 409.) « Les voituriers par terre et par » eau, » dit cet auteur, « peuvent être contraints, » même par corps, à la remise des choses qui leur » ont été confiées et au payement des dommages- » intérêts par eux dus. »

Mais cette remise peut offrir parfois des difficultés. Il peut se faire, par exemple, qu'on ne trouve pas le destinataire. Que faire en pareil cas?

Le voiturier devra se conformer à la marche tracée par l'article 106 du Code de commerce, comme s'il s'agissait d'un refus ou d'une contestation pour la réception des marchandises.

Cet article, dont il est bon de rappeler encore le texte, porte ;

« En cas de refus ou contestation pour la ré- » ception des objets transportés, leur état est vé-

» rifié et constaté par des experts nommés par le
» président du tribunal de commerce, ou, à son
» défaut, par le juge de paix, et par ordonnance
» au pied d'une requête. Le dépôt ou séquestre, et
» ensuite le transport dans un dépôt public, peut
» en être ordonné. La vente, etc... »

Pour mettre sa responsabilité à couvert, le voiturier devra donc, s'il ne peut trouver le destinataire, consigner les objets transportés dans un dépôt public, après avoir rempli les diverses formalités prescrites par l'article précité. C'est ce qu'a jugé la Cour de cassation le 25 avril 1837. (Sirey, 37, 1, 401.)

Le voiturier devra en outre prévenir l'expéditeur (MM. Van Huffel, n° 34; Duverdy, n° 26 , mais il ne saurait être tenu de réexpédier la marchandise à l'expéditeur (Cour de cassation, 21 mars 1848; Sirey, 48, 1, 271) (1).

« Attendu en droit, » porte cet arrêt, « que dans la
» circonstance déclarée par le jugement, le devoir de
» l'administration des *Jumelles* était tracé par l'ar-
» ticle 106 du Code de commerce, qui est la *règle à*
» *suivre* dans tous les cas où, par quelque raison que
» ce soit, le destinataire n'a pas été trouvé; que le
» commissionnaire doit alors garder par devers lui
» l'objet qu'il avait été chargé de transporter, ou le
» déposer dans le lieu indiqué par la justice; qu'il a

---

(1) sic, M. Pouget, t. IV, n° 761.

» le choix libre entre ces deux obligations, *les seules*
» *qui lui soient alternativement imposées;* que le
» mandat commercial ne lui prescrit point le devoir
» de renvoyer ces objets à l'expéditeur, qu'une telle
» rigueur ne résulte d'aucun texte de loi, et qu'elle
» est même repoussée par la disposition de l'ar-
» ticle 1er du décret du 12 août 1810, rendu pour
» l'exécution des articles 106 et suiv. du Code de
» commerce, laquelle disposition est évidemment
» exclusive de l'obligation de réexpédier à l'expé-
» diteur, puisqu'elle ordonne que, après six mois,
» les objets non réclamés seront vendus aux en-
» chères publiques; d'où il suit que le jugement
» attaqué (du tribunal de commerce de Lisieux du
» 15 décembre 1843), en décidant que la messa-
» gerie des *Jumelles* aurait dû retourner à l'expédi-
» teur le sac d'argent, a violé, etc.; casse...

94. En indiquant la marche à suivre pour suppléer à la remise des objets transportés, dans le cas
où le destinataire ne peut être trouvé, nous avons
exposé, par cela même, avec l'article 106 du Code
de commerce, la marche à suivre si la réception est
refusée ou contestée.

Ajoutons seulement que le voiturier est tenu de
laisser vérifier l'état des marchandises ou des colis
par le destinataire, avant de recourir à une expertise et d'agir conformément à l'article 106 précité.

M. Van Huffel (n° 73) paraît s'opposer à une vérification détaillée, si les caisses ou ballots sont en bon état extérieur. Mais la jurisprudence a depuis longtemps et avec raison condamné cette restriction au droit du destinataire, pour reconnaître à celui-ci le droit de vérifier, avant réception et payement, le contenu des colis qui se trouvent même en bon état de conditionnement intérieur Cour de cassation, 27 décembre 1854, Sirey, 55, 1, 261, affaire Chemin de fer d'Orléans; Cour de cassation, 5 février 1856, Sirey, 56, 1, 686; Cour de cassation, 20 novembre 1860, Sirey, 61, 1, 451; Cour de cassation, 16 janvier 1861, Sirey, 61, 1, 454, affaire Chemin de fer de l'Est; Cour de cassation, 14 août 1861, Sirey, 62, 1, 45, etc.) 1).

Voici comment s'exprime sur ce point l'arrêt du 16 janvier 1861 :

« ... Attendu qu'aux termes de l'article 103 du » Code de commerce, le voiturier est garant des » avaries autres que celles qui proviennent du vice » propre de la chose ou de la force majeure; qu'aux » termes de l'article 105, la réception des objets » transportés et le payement de la lettre de voiture » éteignent toute action contre le voiturier; attendu » qu'une conséquence nécessaire de ces disposi- » tions est que le destinataire, avant de recevoir les » objets et de payer le prix de leur transport, a le

---

1. Voir aussi le *Traité de la responsabilité*, de M. Sourdat, n°s 1095 et 1091

» droit, alors même que les colis se trouvent en état
» de bon conditionnement extérieur, de vérifier
» leur contenu, à l'effet de s'assurer qu'il n'existe
» pas à l'intérieur quelque avarie engageant la res-
» ponsabilité du voiturier, et que cette vérification
» ne met pas obstacle à ce que le voiturier ne prenne,
» dans son intérêt, les précautions utiles à l'exer-
» cice de son recours, en cas de besoin, contre les
» personnes de qui il tient les objets qu'il s'est chargé
» de transporter; attendu que l'article 106 n'exige
» certaines formalités spéciales qu'en cas de refus
» ou de contestation pour la réception des objets
» transportés et qu'il ne serait pas juste d'obliger
» le destinataire à avancer les frais de ces formalités
» et à risquer d'en rester définitivement chargé,
» *alors qu'il ne fait que rechercher s'il y aura lieu*
» *de sa part à contestation ou à refus...* »

L'arrêt de cassation rendu le 14 août 1861, dans
l'affaire Paillet-Tullard, n'est pas moins formel :

« Vu les articles 105 et 106 du Code de com-
» merce, » porte cet arrêt, « attendu que la dispo-
» sition de l'article 105 qui déclare éteinte toute
» action du destinataire contre le voiturier par
» la réception des objets transportés et le paye-
» ment de la lettre de voiture, implique la faculté
» pour le destinataire de vérifier, avant la ré-
» ception et le payement, *l'état intérieur comme l'état*
» *extérieur des colis ; attendu que cette vérification*
» *préalable et amiable ne doit pas être confondue*

» *avec la vérification par expert, prévue par l'ar-*
» *ticle* 106, *puisque la première a précisément pour*
» *objet de reconnaitre s'il y a lieu ou non de recourir à*
» *la seconde;* attendu, d'ailleurs, que refuser au des-
» tinataire la vérification amiable, ce serait lui im-
» poser, en prévision d'une éventualité qui peut ne
» se produire que très-rarement, la nécessité et les
» frais d'un mode de procédure applicable, d'après la
» loi, seulement au cas exceptionnel de refus et de
» contestation; attendu qu'en décidant le contraire
» et en refusant à Paillet-Tullard le droit de vérifier
» préalablement l'état intérieur des colis à lui pré-
» sentés par la compagnie du chemin de fer de
» l'Est, sous prétexte que le conditionnement exté-
» rieur de ces colis était intact, le tribunal de com-
» merce de Provins a faussement appliqué et par
» suite violé les articles 103 et 106 du Code de
» commerce précité; casse... »

95. Voilà pour ce qui concerne la remise des
marchandises; leur réception, ainsi que nous l'ex-
poserons plus longuement tout à l'heure, crée une
fin de non-recevoir contre l'action en responsabilité,
tout au moins si elle est jointe au payement du prix
du transport. (Voir chap. VII, *Des actions qui dérivent*
du contrat de transport.)

Quant au mode de payement du prix, il dépend
de la convention des parties. A défaut de convention, M. Duverdy (n° 128) enseigne « qu'on devra

» se régler d'après l'usage général, c'est-à-dire dé-
» cider que le payement doit être fait à destination,
» lors de la réception de la marchandise, soit par
» l'expéditeur, s'il s'est adressé la marchandise à
» lui-même, soit par le destinataire. »

96. Nous avons mené jusqu'à fin le contrat de transport; nous l'avons suivi dans toutes les phases de son exécution. Il nous reste à examiner comment s'exercent les actions qu'engendre l'inexécution totale ou partielle de ce contrat, et à rechercher les conditions et les limites dans lesquelles ces actions peuvent se faire jour.

Auparavant, nous devons dire quelques mots, toutefois, du sort des objets non réclamés ou abandonnés dans les bureaux ou magasins des voituriers, commissionnaires et entrepreneurs de transports.

Ce que nous dirons à cet égard s'appliquera également aux objets confiés aux compagnies de chemins de fer et non réclamés ou perdus.

Depuis très-longtemps, la vente de ces objets au profit de l'État a été consacrée par la législation.

On peut consulter à cet égard le répertoire de M. Merlin, v° *Épaves*, où on lit notamment ce qui suit :

« ..... Un meuble qui n'est pas revendiqué est
» regardé comme une *épave*, et, en conséquence,
» il appartient au seigneur haut justicier, aujourd'hui
» à l'État... Tous les effets, paquets, balles et bal-

» lots qui se trouvent dans les bureaux des car-
» rosses, coches et messageries, et maisons où se
» tiennent des voitures publiques, tant par terre que
» par eau, qui n'ont point été réclamés pendant
» l'espace de deux ans révolus et dont on ne con-
» naît point les propriétaires, appartiennent au roi
» à titre d'épaves. Il faut observer à cet égard que,
» suivant la déclaration du 20 janvier 1669, les
» propriétaires n'ont que le délai de deux ans pour
» réclamer leurs paquets, ballots et effets dans les
» bureaux des douanes et messageries, passé lequel
» temps, la vente en peut être valablement faite,
» mais au profit du Domaine comme épave, et à la
» requête du régisseur des Domaines, sans que les
» fermiers des douanes et messageries puissent op-
» poser aucune fin de non-recevoir tirée du laps de
» temps ; parce que le délai des deux années, à
» compter du jour du dépôt, n'est relatif qu'au pro-
» priétaire, et ne peut profiter au dépositaire, qui ne
» peut être déchargé du dépôt qu'en justifiant qu'il
» l'a remis... »

Un décret du 13 août 1810 a modifié cette disposition, en déclarant que les effets confiés aux roulages et aux messageries, qui ne sont pas réclamés
dans les six mois de l'arrivée à destination, sont
vendus par voie d'enchères publiques, à la diligence de la régie de l'Enregistrement.

Ce décret est applicable, comme nous l'avons dit,
aux objets confiés aux chemins de fer, aussi bien

qu'à ceux confiés à toute autre entreprise de transports.

Ses articles 2, 3 et 4 tracent les formes à suivre
pour les ventes.

Son article 5 ajoute :

« Il sera fait un état séparé du produit de ces
» ventes, pour le cas où il surviendrait dans un
» nouveau délai de deux ans, à partir du jour de la
» vente, quelque réclamation susceptible d'être ac-
» cueillie. »

Son article 6 et dernier charge les préposés des
régies de l'Enregistrement et des droits réunis de
vérifier les registres qui doivent être tenus par les
entrepreneurs de messagerie ou de roulage.

97. Bien que les effets confiés aux entrepreneurs
de transports et non réclamés puissent être vendus
au bout de *six mois* depuis leur arrivée à destination (comparer l'article 108 du Code de commerce),
le prix de la vente n'est acquis à l'État qu'à l'expiration de deux ans à dater de cette vente. Ainsi que
le fait remarquer M. Duverdy (n° 238), le législateur était autorisé, par l'article 717 du Code Napoléon, à établir, en matière d'objets perdus, une
prescription spéciale, et c'est en s'inspirant de la
précédente législation qu'il a choisi le délai de deux
ans.

Il résulte, on le voit, de l'économie de ce décret,
que le propriétaire des objets confiés aux entrepre-

neurs de transports a le droit de les réclamer *en nature* (sauf une exception pour les objets de consommation qui se détérioreraient immédiatement), pendant six mois à partir de leur arrivée à destination;

Qu'après la vente de ces effets, il peut encore en réclamer le prix pendant deux ans, à dater de cette vente ;

Qu'enfin, après l'expiration de ce délai, le prix de ces objets est définitivement acquis à l'État.

98. Quant aux voituriers, ils ont le droit d'obtenir, sur le produit de cette vente, 1° le prix du transport, 2° le remboursement des frais et accessoires relatifs à ce transport, 3° le payement de droits de magasinage, à moins qu'il ne s'agisse de ces menus bagages que les voyageurs conservent avec eux (1), ou à moins que ces objets n'aient été perdus par la faute des entrepreneurs de transports ou de leurs agents.

Comment seront réglés ces derniers droits? Est-ce d'après l'usage local, est-ce d'après les tarifs arrêtés à l'avance, ainsi que cela existe pour les chemins de fer?

M. Duverdy enseigne que, lorsqu'il existe des tarifs réguliers, homologués par l'administration supérieure, comme pour les chemins de fer, ces tarifs

----

(1) M. Duverdy, n° 240.

doivent être appliqués au regard de la régie comme ils le seraient au regard du destinataire. Les droits de magasinage ne devraient être réglés par l'usage local qu'à défaut de semblables tarifs (1).

Le même auteur rapporte le texte d'un jugement du tribunal de la Seine du 24 janvier 1860 qui consacre, en effet, cette distinction. Et, pour notre part, cette solution nous semble aussi rationnelle qu'équitable. (Voir le traité de M. Duverdy, n° 241.)

---

(1) A Paris, le droit alloué par l'usage est de 2 p. 100 du prix de vente. — Dans les départements, il est de 1 1/2 p. 100, quelle qu'ait été la durée de la garde.

CHAPITRE SEPTIÈME.

DE L'EXERCICE DES ACTIONS DÉRIVANT DU CONTRAT DE TRANSPORT. — DÉCHÉANCE. — PRESCRIPTION.

SOMMAIRE.

99. L'étendue et la rigueur de la responsabilité imposée au voiturier, la multiplicité des opérations de transports, la nécessité de promptes constatations en cas de pertes ou d'avaries, enfin les intérêts du commerce, demandaient que l'exercice de l'action en responsabilité fût limitée à une courte durée.

De là une déchéance et une prescription spéciales édictées par le Code de commerce.

Établies au profit du voiturier, elles peuvent être invoquées par lui contre tout destinataire ou expéditeur même *non commerçant;* il suffit que le voiturier soit commerçant ou ait fait acte de commerce; et le contrat de transport n'a pas besoin d'être commercial au regard de l'une et de l'autre des deux parties, pour justifier l'application de la déchéance ou de la prescription.

Mais celles-ci ne sont établies qu'au profit du voiturier commerçant, et si le contrat n'a rien de commercial, même à son égard, on retombe dans le droit commun.

Il n'a jamais été contesté sérieusement que la déchéance écrite dans l'article 105 du Code de commerce ne fût opposable par le voiturier, ayant la qualité de commerçant, au destinataire même *non commerçant,* qui paye le prix du transport et reçoit sans aucune réserve l'objet transporté. (Voir un arrêt de Paris du 27 août 1847, Sirey, 47, 2, 511, et Cour de cassation, 9 novembre 1829, Sirey, 29, 1.

411 ; MM. Pouget, t. IV, n° 707 ; Bédarrides, *Des commissionnaires*, n°˙ 436 et 437.)

100. Mais la question est plus controversée en ce qui concerne la prescription. C'est ainsi qu'un arrêt déjà ancien de la Cour de cassation a jugé que la prescription de l'article 108 du Code de commerce n'est pas opposable à un expéditeur *non commerçant*. (Cour de cassation, 4 juillet 1816, Sirey, 17, 1, 300) (1). MM. Troplong, *Du louage*, t. III, n° 928 ; Zachariæ, t. III, paragraphe 373, et Hilpert, p. 230, professent la même opinion.

Malgré ces autorités, nous persistons à penser que la règle pour la prescription est la même que pour la déchéance; que c'est à la nature du contrat par rapport au voiturier et à la qualité du voiturier qu'il faut s'attacher pour savoir si celui-ci peut ou non invoquer la prescription du Code de commerce; et que la solution contraire créerait, contre le vœu du législateur, des difficultés sans nombre à l'industrie des transports.

(1) Il ne faudrait pas attribuer à cet arrêt de rejet prononcé par la chambre des requêtes le 4 juillet 1816 une portée doctrinale trop étendue. On en jugera par les termes mêmes de cette décision :

« Attendu que l'article 108 du Code de commerce est inapplicable au » transport d'une malle qu'un particulier confie à un commissionnaire » de roulage pour la faire parvenir à sa destination, et que ce particu- » lier a évalué la valeur des objets que cette malle contient, sans que » le commissionnaire ait contesté ou fait vérifier la sincérité de la dé- » claration; -- attendu que la malle était adressée à une maison de » commerce qui a déclaré n'avoir reçu ni la malle, ni aucun avis; — rejette... »

Le texte de l'article 108 ne répugne nullement à cette interprétation ; bien au contraire, car cet article est conçu en termes généraux et absolus. Aussi la grande majorité des auteurs et plusieurs arrêts déclarent-ils que l'article 108 est opposable même à l'expéditeur ou au destinataire non commerçant (1).

101. Cette question générale résolue, examinons successivement la déchéance et la prescription re-

_____

(1) MM. Duvergier, *Louage*, t. II, n° 332 ; Vazeille, *Prescription*, t. II, n° 745 ; Van Huffel, n° 38 ; Duverdy, n° 111 ; Rennes, 25 juillet 1810, Sir., collect. nouvelle, 6, 2, 294. — *Idem*, 25 mars 1852, Sir., 52, 2, 174.

« Considérant » porte ce dernier arrêt « au fond et en droit que, » d'après l'article 108 du Code de commerce, toutes actions contre le » commissionnaire ou le voiturier, à raison de la perte de la marchan- » dise, sont prescrites, pour les expéditions faites dans l'intérieur de la » France, après six mois à compter du jour où le transport aurait dû » être effectué ; — que ces expressions sont tellement générales qu'elles » comprennent tous les cas, sans autre exception que ceux de fraude ou » d'infidélité, quels que soient les expéditeurs ; — que l'intention évi- » dente du législateur a été de venir au secours d'une branche d'indus- » trie aussi importante que celle des transports, qui, chargée d'opéra- » tions innombrables et journalières, ne pourrait subsister si elle pouvait » être exposée pendant trente années, terme ordinaire des prescriptions, » à des réclamations d'objets dont le transport lui aurait été confié, et » dont il lui deviendrait impossible après un long temps de retrouver » les traces ; — qu'il n'y a donc pas à distinguer entre le cas où l'expé- » diteur est un commerçant et celui où c'est un particulier non com- » merçant ; — qu'une entreprise de transport, telle que l'est l'entre- » prise des messageries nationales, fait tout aussi bien un acte de son » commerce dans un cas comme dans l'autre ; — que la généralité des » expressions de l'article les comprend également, qu'il n'y avait d'ail- » leurs pour le législateur aucune raison d'admettre à cet égard une » distinction qu'en réalité il n'a pas faite. »

latives à l'action en responsabilité contre le voiturier.

L'article 105 du Code de commerce est ainsi conçu :

« La réception des objets transportés et le paye-
» ment du prix de la voiture éteignent *toute action*
» contre le voiturier. »

Cette disposition est absolue, et s'applique à toute action contre le voiturier ; et lorsque ces deux circonstances se trouvent réunies, à savoir : *réception des objets* et *payement du prix*, l'expéditeur ou le destinataire se trouve déchu de tout recours contre le voiturier.

A l'inverse, la présence d'une seule de ces conditions n'emporterait aucune déchéance. C'est dans leur concours simultané que le législateur a vu une présomption de la reconnaissance, par le destinataire, que le transport avait été régulièrement et convenablement effectué et une renonciation de la part de ce destinataire à toute réclamation contre le voiturier.

Le législateur n'a pas attaché la même importance au fait isolé de la réception de la marchandise, ou du payement du prix du transport. En ce cas, plus de présomption, et partant plus de déchéance ; le voiturier pourra être actionné.

La doctrine et la jurisprudence sont parfaitement fixées en ce sens.

Parmi les auteurs, on peut citer MM. Van Huffel

(n° 40), Pardessus (n° 547), Locré (t. Ier, p. 532), Duverdy (n° 94), Colfavru (p. 160), etc...

Quant aux arrêts, on peut citer notamment un arrêt d'Aix, du 25 mars 1854 (Sirey, 54, 2, 725, affaire Roux), qui a jugé que la réception des marchandises *sans payement* n'éteint pas l'action du destinataire; un arrêt de Bordeaux du 5 juillet 1839 (Sirey, 39, 2, 522), et deux arrêts de la Cour de cassation des 2 août 1842 (Sirey, 42, 1, 723) et 24 juillet 1850 (Sirey, 50, 1, 784).

Il en serait de même bien qu'une partie du prix eût été payée au voiturier, surtout s'il y avait eu des réserves de la part du destinataire. (En ce sens, arrêt de Bordeaux du 26 avril 1849, Sirey, 50, 2, 407.)

Enfin un arrêt de la Cour suprême du 26 février 1855 (affaire Cazenave, Sirey, 57, 1, 197) a décidé que la réception de l'objet transporté, faite *sans paye-ment*, n'éteint pas l'action contre le voiturier, alors même qu'au cours de l'action en responsabilité, le destinataire ou son représentant aurait vendu la chose pour éviter la perte qui résulterait de sa détério-ration et dans l'intérêt de la conservation des droits de tous.

Voici ceux des motifs de cet arrêt relatifs à la question que nous examinons :

« Attendu qu'aux termes de l'article 105 du Code » de commerce, l'action contre le voiturier *n'est* » *éteinte qu'à la double condition de la réception de la* » *marchandise et du payement du prix de la voiture;*

» que si l'arrêt attaqué reconnaît et constate en fait
» que la marchandise a été reçue, il n'est point établi
» que le destinataire ait payé le prix de la voiture ;
» qu'en décidant, dans l'état des faits, que la récep-
» tion et la vente de l'un des colis expédiés dans les
» termes et sous les conditions où cette réception et
» cette vente ont été effectuées n'avaient point éteint
» l'action contre le voiturier ledit arrêt n'a pas con-
» trevenu aux articles précités (articles 103 et 105
» du Code de commerce) ; rejette... »

102. On s'accorde également à reconnaître que
le payement du prix du transport, *fait à l'avance*,
ne rentre pas dans la prévision de l'article 105 du
Code de commerce, et que ce payement ne peut être
opposé au destinataire, s'il est antérieur à la réception des marchandises. (Paris, 27 août 1847, Sirey,
47, 2, 514 ; Metz, 29 août 1855, Sirey, 55, 2,
721 ; Caen, 7 février 1861, Sirey, 61, 2, 475. Voir
aussi Cour de cassation, 5 février 1856, Sirey, 56,
1, 686.)

103. Lorsque les deux conditions de réception
de marchandises et de payement ultérieur ou simultané du prix du transport se trouvent réunies, l'action en responsabilité contre le voiturier est-elle dans
tous les cas et fatalement éteinte ? ou bien la règle
tracée par l'article 105 du Code de commerce com-
porte-t-elle quelques exceptions ?

Il faut reconnaître que cet article cesse d'être

applicable toutes les fois que la réception des objets transportés a été déterminée par la fraude du voiturier ; il est, en effet, de principe qu'en cas de fraude, il y a dérogation à toutes les règles. Lors donc que le voiturier aura masqué, par exemple, la perte ou l'avarie, l'action du destinataire survivra à la réception de la marchandise et au payement du prix. (MM. Van Huffel, n° 42 ; Duverdy, n° 96 ; Cour de cassation, 16 mars 1859 et 26 avril 1859, Sirey, 59, 1, 454 et 461 ; Montpellier, 21 avril 1860, Sirey, 60, 2, 533.)

A la fraude, il faut, bien entendu, assimiler l'infidélité du voiturier. C'est ce qui résulte des ouvrages et des arrêts qui viennent d'être cités.

104. Il en sera de même lorsque le voiturier aura, par son fait, rendu impossible ou même entravé la vérification des colis. Nous avons vu, en effet (*suprà*, n° 85), que le destinataire a toujours le droit de vérifier les objets transportés et d'ouvrir les colis avant de recevoir ces objets. Si, par le fait du voiturier, le destinataire a dû recevoir les objets transportés sans pouvoir procéder à cette vérification préalable, la réception n'emporte aucune présomption contre ce destinataire.

C'est ce qu'a jugé la Cour suprême, notamment par arrêt du 5 février 1856 (Sirey, 56, 1, 687). Voir aussi un arrêt du 25 mars 1863 (affaire Chemin de fer de Lyon, Sirey, 63, 1, 445).

La Cour de cassation décide même qu'une compagnie de chemin de fer ne peut invoquer l'article 105, à l'égard d'objets renfermés dans des caisses et ballots, lorsque l'avarie n'était pas visible à l'extérieur, et n'a pu se révéler qu'ultérieurement lors de l'ouverture de ces colis. (Arrêt du 7 juin 1858, Sirey, 59. 1, 56. Voir aussi un arrêt de la Cour de cassation du 5 février 1856, Sirey, 56, 1, 687.) Cette jurisprudence pourrait paraître d'une rigueur exagérée, si elle ne s'expliquait par cette circonstance que les compagnies de chemins de fer dont il s'agissait, dans les deux espèces jugées par les arrêts de 1856 et de 1858, avaient, *par leur fait,* rendu impossible ou tout au moins difficile une vérification antérieure à l'entrée de la marchandise dans le domicile du destinataire.

Le texte de l'arrêt du 5 février 1856 mérite d'être rapporté :

« Attendu, en droit, qu'à la vérité les compagnies » de chemins de fer ont, comme toutes les autres en- » treprises de transports, le droit incontestable d'in- » voquer, à leur profit, la fin de non-recevoir résul- » tant de l'article 105 du Code de commerce, lors- » qu'elles peuvent opposer à l'action dirigée contre » elles les deux circonstances indiquées dans ledit » article, comme conditions indivisibles de son appli- » cation, à savoir le payement du prix de transport » et la réception des objets transportés ; mais que, » pour obtenir le bénéfice dudit article, *il est indis-*

» *pensable que lesdites entreprises fournissent aux des-*
» *tinaires des objets transportés toutes les facilités né-*
» *cessaires pour rendre possible et utile, s'ils jugent à*
» *propos de la faire, la vérification tant extérieure*
» *qu'intérieure des colis avant la réception;* cette fa-
» culté de vérification étant la seule base de la pré-
» somption, établie par ledit article, que la marchan-
» dise est arrivée en bon état, lorsqu'aucune récla-
» mation n'est faite avant la réception et le payement
» du prix du transport;

» Attendu, en fait, qu'il est suffisamment établi,
» dans les motifs des jugements attaqués, d'une part,
» que, dans l'espèce, la vérification des marchandises
» avant leur enlèvement avait été rendue impossi-
» ble par le fait même de la compagnie et de ses
» agents, et de l'autre que l'avarie dont le rem-
» boursement était demandé existait en gare avant
» la réception et le payement du prix de voiture;
» d'où, il suit, etc.; rejette... »

105. L'article 105 cesse encore d'être applicable
si la réception des marchandises et le payement du
prix, ou bien même l'un ou l'autre seulement, a été
accompagné de *réserves* (1).

En pareil cas, en effet, la présomption sur laquelle repose l'extinction de l'action, à savoir, la
reconnaissance que les marchandises sont arrivées

---

(1) M. Van Huffel, n° 11; Bordeaux, 26 avril 1849 Sir., 50, 2,
107, etc..

en bon état et dans le délai normal, cette présomption ne peut plus être invoquée par le voiturier, qui ne peut plus opposer à l'action en responsabilité la déchéance édictée par l'article 105.

Mais, hors ces divers cas exceptionnels, la présomption de l'article 105 reprend toute sa force et doit être appliquée, malgré l'offre de toute preuve contraire. C'est ce qu'enseigne M. Alauzet, t. Ier, n° 442, et ce qui résulte de l'arrêt précité de la Cour suprême du 25 mars 1863.

106. On s'est demandé si l'article 105 est applicable lorsque, par suite d'une substitution de marchandises, le destinataire n'a pas reçu les marchandises qui lui appartenaient, mais d'autres en leur lieu et place (1).

La négative ne nous paraît pas douteuse, et nous avons peine à comprendre que le contraire ait pu être enseigné par M. Van Huffel. En pareil cas, il n'y a pas réellement réception de la part du destinataire, et nous ne voyons pas à quel titre on pourrait invoquer contre lui la déchéance de l'art. 105. Cependant un arrêt de Paris du 18 décembre 1830 (Sirey, 31, 2, 224), tout en reconnaissant que l'action du destinataire subsiste contre le commissionnaire de transports à qui la substitution de marchandises est imputable, semble déclarer cette action

____

(1) M. Van Huffel, n° 43.

éteinte vis-à-vis du voiturier. C'est à nos yeux une erreur; on ne saurait faire produire aucune conséquence à une réception qui n'est qu'apparente; le destinataire se trouve dans la même situation que si l'objet transporté était perdu et n'avait pu lui être représenté, cas auquel évidemment on ne saurait invoquer l'article 105 du Code de commerce.

107. Il ne suffit pas que le destinataire ait conservé son droit d'agir contre le voiturier, en évitant de recevoir la chose sans réserves et de payer le prix, il faut encore qu'il intente cette action dans un délai très-bref.

Ainsi, à côté de la déchéance vient se placer la prescription; cette dernière a été édictée par l'article 108 du Code de commerce, qui porte :

« Toutes actions contre le commissionnaire et le » voiturier, à raison de la perte ou de l'avarie des » marchandises, *sont prescrites après six mois,* pour » les expéditions faites dans l'intérieur de la France, » et *après un an,* pour celles faites à l'étranger; le » tout à compter, pour les cas de perte, du jour où » le transport aurait dû être effectué, et pour les » cas d'avarie, du jour où la remise des marchan- » dises aura été faite, sans préjudice des cas de » fraude ou d'infidélité. » On voit combien cet article est général; il n'excepte que les cas de *fraude* et d'*infidélité* du voiturier.

108. Toutefois, cet article ne parle que du cas de *perte* ou d'*avarie* ; doit-il être étendu à d'autres cas, par analogie, ou doit-il être rigoureusement restreint aux hypothèses mêmes qu'il a expressément prévues?

Ainsi, la marchandise n'est pas perdue ; elle est seulement égarée, ou bien elle a été remise par erreur à un autre que le destinataire. Ces deux hypothèses rentrent dans celle qu'a prévue le législateur dans le cas de perte, et la prescription de l'article 108 peut être invoquée par le voiturier. (Cour de cassation, 18 juin 1838, Sirey, 38, 1, 635 ; *idem*, 18 juin 1827, Sirey, 27, 1, 460 ; Colmar, 10 juillet 1832, Sirey, 33, 2, 20.) Et, en effet, lorsque les marchandises expédiées sont mises en route et n'arrivent pas au destinataire, il est évident que relativement à celui-ci il y a perte de ces marchandises. On se trouve donc en réalité dans l'un des cas prévus expressément par l'article 108 ; il n'y a qu'une nuance de détail insignifiante en droit.

109. Doit-on assimiler aussi à la *perte* le *défaut d'envoi* de la marchandise confiée au voiturier pour en opérer le transport?

On serait tenté de le croire au premier abord, et nous pensons qu'on aurait pu sans inconvénient le décider ainsi. Mais la jurisprudence s'est prononcée en sens contraire. Elle a, sans doute, considéré qu'en pareil cas le voiturier n'avait couru aucun

risque de route, qu'il avait commis une faute en
conservant la marchandise dans ses magasins, et
qu'il ne devait pas jouir de la disposition favorable
de l'article 108. En pareil cas, l'action en responsabilité ne devra donc être prescrite que dans le
délai ordinaire, ou, en d'autres termes, elle durera
trente ans (1). (Voir, en ce sens, Cour de cassation,
21 janvier 1839 (2), Sirey, 39, 1, 439). Toutefois,
le contraire a été jugé le 25 mars 1852 par la cour
impériale de Rennes, Sirey, 52, 2, 174; et nous
serions tenté de préférer cette solution, surtout en
présence de la jurisprudence qui dispense le voiturier de prouver qu'il y a eu perte, pour pouvoir
invoquer le bénéfice de l'article 108 du Code de
commerce. (Cour de cassation, 8 mars 1849, Sirey,
49, 1, 333; M. Van Huffel, n°ˢ 38 et 39.) Assujettir le voiturier à prouver que la marchandise a
été mise en route, n'est-ce pas indirectement lui
imposer la preuve que la marchandise a été perdue
ou égarée?

A nos yeux, si la perte doit être envisagée non pas
à un point de vue absolu, mais relativement au destinataire, la situation de celui-ci est la même toutes

____

(1) MM. Van Huffel, n° 42; Locré, *Esprit du Code de commerce*,
t. Iᵉʳ, p. 136; Duverdy, n° 112; Pouget, n°ˢ 663; Bédarrides, n° 439.

(2) Cet arrêt ne donne aucune raison pour le décider ainsi. — Il se
borne à dire que les commissionnaires intermédiaires, dans l'espèce,
ne justifient pas que le ballot litigieux soit sorti de leurs mains; « qu'il
ne s'agit ainsi ni de perte, ni d'avarie, mais de non-envoi de marchandises. »

les fois que les marchandises ne lui sont pas représentées, et nous ne voyons pas la nécessité de lui accorder dans un cas trente ans pour agir, lorsque dans un autre on ne lui accorde que six mois.

Dans tous les cas, si le destinataire actionne le voiturier en responsabilité pour *perte* de la marchandise, le voiturier doit pouvoir répondre en opposant la prescription de l'article 108, sans être tenu d'aucune preuve.

110. Une autre question se lie à celle que nous venons d'examiner : c'est la question de savoir si la prescription de six mois peut être invoquée en cas de *retard*. Tous les motifs qui ont fait établir cette courte prescription, pour les cas de perte et d'avarie, s'appliquent également à l'action en responsabilité pour retard, et l'opinion contraire ne peut invoquer autre chose que la lettre de l'article 108 et un argument *à contrario*, tiré de ce que cet article ne mentionne que la perte, l'avarie et non le retard. Néanmoins, la Cour de cassation, après avoir été partagée sur cette question, a consacré cette dernière opinion par un arrêt du 26 juillet 1839. (Sirey, 39, 1, 838.)

« Attendu que les lois qui établissent des prescriptions ou des déchéances sont de droit étroit et ne peuvent pas être étendues, par analogie, d'un cas à un autre; qu'en particulier, la disposition de l'article 108 Code de commerce, qui limite à six mois la durée de l'action contre le commissionnaire ou voiturier à raison de la perte ou de l'avarie des marchandises, en prenant soin de fixer d'une manière spéciale pour chacun de ces deux cas le point de départ de la prescription, doit être restreinte dans son application aux cas qu'elle a ainsi spécifiés; et qu'en décidant que l'article 108 n'est point applicable à l'action intentée dans un cas différent, celui du retard dans le transport des marchandises, la cour impériale de Douai n'a violé ni ledit article, ni aucune loi..... Rejette. (Affaire chemin de fer du Nord.)

Nous admettrons plus volontiers, avec M. Van Huffel (n° 41) et avec M. Bravard-Veyrières (n° 200), que la prescription de l'article 108 s'applique également au cas de retard, et nous ne croyons pas que la Cour suprême ait dit son dernier mot sur cette difficulté (1).

111. Lorsque les marchandises sont expédiées à l'étranger, le temps requis pour prescrire est un an au lieu de six mois. Mais il a été jugé, avec raison, que la prescription de six mois (et non d'un an) s'applique même au cas où les marchandises ont été expédiées à l'étranger, si, d'ailleurs, le voiturier n'avait été chargé que d'un transport à l'intérieur. (Bruxelles, 31 août 1814; Sirey, *Collection nouvelle*, 4, 2, 409.)

---

1) *Contrà*. MM. Pouget, t. IV, n° 664; Duverdy, n° 113.

112. Il a aussi été jugé que la prescription de l'article 108 Code de commerce ne s'applique pas à l'action intentée contre une entreprise de messageries qui, après s'être chargée du recouvrement d'un effet de commerce, n'en a pas remis le montant au destinataire.

Peu importerait que la compagnie eût recouvré, en réalité, l'effet et que le montant en eût été perdu en route; il y a un mandat afin de *recouvrer* et non afin de transporter, mandat qui ne saurait être accompli que par la remise aux mains du destinataire du montant de l'effet. En conséquence, une pareille action n'est prescriptible que d'après les règles ordinaires du Code Napoléon. (Cour de cassation, 16 décembre 1850, Sirey, 51, 1, 343; affaire Caillard et Compagnie.)

113. Voyons maintenant quel est le point de départ de la prescription édictée en faveur des voituriers. L'article 108 s'en est expliqué :

En cas de *perte*, le délai court du jour où le transport aurait dû être effectué.

Il en serait de même en cas de retard, si l'on devait admettre que la prescription de l'article 108 fût également applicable à l'action en responsabilité pour retard.

En cas d'*avarie*, le délai court à partir de la remise des marchandises, ou plutôt à partir de leur présentation au destinataire, car le refus de réception, de la part de ce destinataire, n'empêcherait pas la prescription de courir.

Ajoutons que le point de départ de la prescription étant calculé à partir de la remise, où à partir du jour où le transport aurait dû être effectué, il reste le même vis-à-vis du destinataire ou de l'expéditeur, soit que le transport ait été exécuté par un seul voiturier, soit qu'il ait été effectué par plusieurs. Le destinataire ou l'expéditeur a toujours six mois pour exercer son action à partir de l'une des deux dates ci-dessus indiquées, lors même qu'un premier voiturier aurait remis la marchandise à un deuxième voiturier, chargé d'achever le transport, depuis plus de six mois avant l'époque où l'action est introduite. Quant aux recours des voituriers entre eux, nous en parlerons dans le chapitre suivant en traitant des auxiliaires ou agents intermédiaires du transport.

114. Lorsque le délai dans lequel doit être effectué le transport n'a pas été fixé par la convention et ne résulte pas, d'ailleurs, d'une clause générale stipulée à l'avance, comme pour les chemins de fer par exemple, de quel jour courra la prescription en cas de perte?

Un arrêt de Pau, du 16 décembre 1814 (Sirey, 16, 2, 62), a jugé qu'en pareil cas et à défaut de mention du délai sur la lettre de voiture, la *prescription ne court pas* et que l'article 108 cesse d'être applicable.

Cette solution ne nous paraît pas juridique; et à défaut de stipulation d'un délai pour effectuer le transport, nous pensons, avec M. Duverdy (n° 116), qu'il faut déterminer, d'après les usages du commerce, le jour où le transport aurait dû être effectué.

115. Voilà pour ce qui concerne l'exercice de l'action en responsabilité, appartenant à l'expéditeur ou au destinataire contre le voiturier.

Quant à l'exercice de l'action en payement appartenant au voiturier, il n'est soumis à aucune règle particulière, à aucune prescription exceptionnelle.

Bornons-nous à dire, sur ce point, que la remise des marchandises faite au destinataire n'établit, au profit de celui-ci, ni une preuve, ni une présomption de payement du prix du transport. C'est ce qu'a jugé la Cour suprême par arrêt du 20 juin 1834. (Sirey, 34, 1, 631.)

« Attendu », porte cet arrêt, « que s'il résulte
» des articles (105 et 106) du Code de commerce
» que la réception des objets transportés et le paye-
» ment du prix de la voiture éteignent toute action
» contre le voiturier, et qu'en cas de refus ou con-
» testation pour la réception, le dépôt ou séquestre
» et même la vente des marchandises peut être or-
» donnée, on ne saurait induire de ces articles,
» étrangers à l'obligation du destinataire, que la

» réception des marchandises établisse, en sa fa-
» veur, une preuve, ni même une présomption de
» payement par lui fait des frais de transport; que
» cette preuve ne peut résulter que de la représen-
» tation de la lettre de voiture acquittée, ou de la
» quittance à lui donnée par le voiturier ou le com-
» missionnaire de roulage. »

Cet arrêt refuse, avec raison, de voir une preuve
ou même une présomption de payement dans la
réception de la marchandise, mais il ne faudrait pas
le prendre à la lettre dans sa dernière partie, lorsqu'il paraît exclure la preuve testimoniale, toujours
admise en matière commerciale et admise même en
matière civile jusqu'à concurrence de 150 francs (1).

116. Si la remise de la lettre de voiture ne peut
être invoquée par le destinataire comme preuve ou
présomption de ce payement, toujours est-il que ce
destinataire agira prudemment en ne payant que
contre cette remise. Le défaut de remise de la lettre
de voiture fait, jusqu'à preuve contraire, présumer
le non-payement vis-à-vis du commissionnaire et
du voiturier, et permet au porteur de ce titre d'exiger de nouveau le payement qui, vis-à-vis de lui,
n'a pu être libératoire. (M. Bédarrides, n° 338.)

---

(1) Voir dans le même sens le commentaire de M. Bédarrides,
n° 337.

CHAPITRE HUITIÈME.

DES AUXILIAIRES DU TRANSPORT.

SOMMAIRE.

117. Jusqu'à présent, pour plus de clarté, nous avons raisonné comme si le transport, dans tout son parcours, était effectué par un seul et même voiturier, avec qui l'expéditeur aurait traité directement.

Les choses ne se passent pas toujours ainsi. Souvent la marchandise, avant d'arriver à destination, est remise successivement à plusieurs voituriers qui font chacun une partie seulement du parcours total. Il se voit même tous les jours que la marchandise emprunte successivement, pour parvenir au destinataire, la voie ferrée, la route de terre, et la rivière ou le canal.

Souvent aussi on traite du voiturage des marchandises à l'aide d'agents intermédiaires connus sous le nom de *Commissionnaires de transport.*

Quelles sont les conséquences de ces diverses situations au point de vue de l'application des règles exposées précédemment?

118. Parlons d'abord du cas où plusieurs voituriers sont successivement employés au transport d'un objet.

Si l'expéditeur traite distinctement et directement avec chacun de ces voituriers, pour chaque fractionnement de parcours, il est évident qu'on retombe dans le cas ordinaire du transport effectué par un seul voiturier; il y a, en effet, autant de transports distincts, autant de contrats séparés, que de voituriers, dans cette hypothèse, et l'on n'aura qu'à appliquer à chacun de ces contrats les règles tracées dans les précédents chapitres (1).

___

(1) MM. Pardessus, n° 576 ; Delamarre et Lepoitvin, *Traité de la commission*, t II, p. 63.

Mais si l'expéditeur n'a traité qu'avec un seul voiturier ou entrepreneur de transport pour le parcours tout entier, et que ce voiturier ou entrepreneur ait employé pour certaines fractions de ce parcours des agents intermédiaires ou des auxiliaires, quels sont alors les droits de l'expéditeur et du destinataire?

Ces droits restent les mêmes, vis-à-vis du voiturier ou de l'entrepreneur avec qui ils ont traité, que si le transport n'avait pas été fractionné. L'expéditeur et le destinataire peuvent s'adresser directement à lui, sans se préoccuper de la présence ou des agissements des agents intermédiaires, et le rendre personnellement responsable de toute inexécution du contrat de transport; en d'autres termes, ce voiturier, vis-à-vis de l'expéditeur ou du destinataire, répond personnellement de la perte, de l'avarie et du retard; il répond des actes de tous les agents intermédiaires qu'il s'est substitués (1). Ce que dit, à cet égard, du commissionnaire, l'article 99 du Code de commerce : « *Il est garant des faits du commis-* » *sionnaire intermédiaire auquel il adresse les mar-* » *chandises* », s'applique également à l'entrepreneur de transport ou au voiturier principal et aux voituriers intermédiaires.

Cette responsabilité a été reconnue par de nombreux arrêts. (Voir notamment Paris, 5 mars 1812,

____

(1) MM. Duverdy, n° 121; Troplong, *Du mandat,* n° 458; Delamarre et Lepoitvin, t. II, n° 63.

Sirey, 13, 2, 17; Cour de cassation, 1ᵉʳ août 1820, Sirey, 21, 1, 301; Cour de cassation, 20 juin 1853, affaire Chemin de fer du Havre, Sirey, 53, 1, 647.)

Le voiturier, commissionnaire ou entrepreneur de transport répondrait de l'agent intermédiaire alors même que celui-ci lui aurait été désigné par l'expéditeur, si ce voiturier s'était chargé de surveiller et de suivre les marchandises jusqu'à destination. (Cour de cassation, 29 décembre 1845, Sirey, 46, 1, 230.)

119. L'expéditeur ou le destinataire n'a pas seulement une action directe contre le voiturier avec lequel il a traité, il a également une action directe contre tous les agents intermédiaires que le premier voiturier s'est substitués, et il peut diriger son action contre tel ou tel à son choix. C'est ce qu'enseignent MM. Van Huffel (nᵒˢ 36 et 37) et Pardessus (t. II, nᵒ 545), et ce qu'ont jugé de nombreux arrêts. (Voir notamment Cour de cassation, 7 juillet 1814, Sirey, 15, 1, 13; Paris, 12 juillet 1845, Sirey, 45, 2, 472; Grenoble, 20 juin 1849, Sirey, 50, 2, 399.)

120. Quant au point de départ de la prescription pour l'action en responsabilité exercée par le destinataire ou l'expéditeur, il sera le même vis-à-vis de tous les voituriers. L'article 108 du Code de commerce s'appliquera exactement comme nous

l'avons expliqué précédemment sous le n° 113. Quel que soit le voiturier ou l'agent intermédiaire à qui s'attaque le destinataire ou l'expéditeur, l'action reste la même et le point de départ de la prescription court toujours de la remise de la marchandise, au cas d'avarie, du jour où le transport aurait dû être effectué, au cas de perte (1).

121. Si tous les voituriers ou commissionnaires ayant concouru à un même transport peuvent être ainsi actionnés par l'expéditeur et le destinataire, c'est à la condition, bien entendu, qu'ils auront un recours les uns contre les autres, afin de se faire garantir des conséquences de l'action en responsabilité par ceux-là mêmes à qui cette responsabilité doit incomber en définitive.

Quel sera le délai de ce recours? le même, à notre avis, que celui de l'action du destinataire ou de l'expéditeur; l'article 108 est général et embrasse *toutes les actions* en garantie et en responsabilité.

Cette solution peut paraître bien rigoureuse ; car il pourra arriver que l'expéditeur exerce son action à la veille de l'expiration du délai de six mois, et trop tard pour que le défendeur à cette action puisse, dans ce même délai de six mois, actionner son garant.

De pareilles considérations doivent fléchir devant

____

1. MM. Van Huffel, n° 39 ; Duverdy, n° 118.

le texte formel de la loi ; elles doivent fléchir surtout devant l'intérêt général du commerce qui a fait édicter l'article 108 ; et dans l'hypothèse même qui vient d'être signalée comme la plus favorable au voiturier, l'action en recours de ce voiturier a été déclarée prescrite par la Cour de cassation, par un arrêt du 6 décembre 1830 (Sirey, 31, 1, 35) :

« .... Sur le deuxième moyen, tiré de la violation » de l'article 108 du Code de commerce, attendu » que cet article dispose généralement que toutes » actions contre le commissionnaire et le voiturier, » à raison de la perte ou de l'avarie des marchan- » dises sont prescrites après six mois pour les ex- » péditions faites dans l'intérieur de la France ; que » ce délai, en cas de perte, court à compter du jour » où le transport aurait dû être effectué ; que ces » dispositions, prises dans l'intérêt du commerce, » *n'admettent pas que ce délai soit prorogé pour le* » *cas où des agents intermédiaires, qui se seraient* » *substitués au premier commissionnaire, ne seraient* » *plus à temps d'exercer de recours entre eux ;* que » cette modification, qui n'a pas été faite par la loi, » ne peut être suppléée par les juges... Rejette... »

M. Duverdy (nᵒˢ 118 et 119) n'enseigne pas moins, sur l'autorité d'un arrêt de la même Cour du 5 mai 1829 (Sirey, 29, 1, 334), et comme si la question n'était pas douteuse, que les actions récursoires des voituriers et commissionnaires entre eux survivent à l'expiration du délai ci-dessus indiqué,

pourvu que dans les six mois l'action principale ait
été intentée. La prescription, suivant M. Duverdy,
se trouverait ainsi interrompue.

122. Le même auteur va plus loin encore : il
soutient que ces recours d'un voiturier à l'autre
subsistent tant que subsiste l'action principale du
destinataire ou de l'expéditeur, et prétend que l'article 108 du Code de commerce ne statue pas sur les
recours que les voituriers ou commissionnaires peuvent avoir à exercer les uns contre les autres.

Une pareille thèse a lieu de surprendre en face
du texte si précis de l'article 108 et de l'esprit qui
a fait édicter cette proposition. Qu'on hésite à appliquer l'article précité aussi rigoureusement que l'a
fait l'arrêt ci-dessus rappelé du 6 décembre 1830, lorsque l'introduction de l'action faite à la dernière heure
ne permet plus au commissionnaire ou au voiturier
actionné de recourir contre son propre garant, nous
le comprenons jusqu'à un certain point, mais soutenir que l'article 108 reste étranger à ces actions
récursoires, voilà qui renverse, à notre avis, toutes
les notions reçues !

La thèse de M. Duverdy ne saurait donc être accueillie. Condamnée déjà par un arrêt de Rennes
du 11 septembre 1819 (Sirey, *Collection nouvelle*, 6,
2, 144), elle est, de tous points, inconciliable avec
l'arrêt de la Cour suprême du 6 décembre 1830, que
cet auteur passe sous silence, ainsi qu'un autre

arrêt de la même Cour du 18 juin 1838 (affaire Sambucy, Sirey, 38, 1, 635).

123. Il faut prendre garde toutefois de se tromper sur la véritable portée de ce dernier arrêt, qu'on cite généralement comme ayant tranché la même question que celle résolue par l'arrêt du 6 décembre 1830.

L'affaire Sambucy présentait une nuance importante à saisir :

Dans cette espèce, MM. Galland frères, de Lyon, avaient remis à MM. Chénaud père et fils, commissionnaires de roulage, trois colis, l'un portant le n° 221, adressé à Périgueux, chez M. Saint-Martin, les autres portant les n°s 222 et 223, adressés à Aurillac, à M. Camecy.

Dans les six mois, MM. Galland formèrent une demande contre les commissionnaires Chénaud à raison de la perte du colis n° 221 ; ceux-ci furent condamnés par jugement du tribunal de commerce de Lyon du 31 janvier 1831, ainsi que divers commissionnaires intermédiaires, appelés en garantie en temps utile par MM. Chénaud.

Près d'un an plus tard, MM. Galland, apprenant que le colis n° 222 n'était pas non plus parvenu à destination, formèrent une nouvelle demande en payement du prix de ce colis contre MM. Chénaud, qui appelèrent, à leur tour, en garantie leurs commissionnaires intermédiaires ; et ceux-ci, à leur tour,

appelèrent en contre-garantie d'autres commissionnaires intermédiaires, MM. Sambucy et Cariol, qui
n'avaient pas figuré dans la première instance.

Ces derniers invoquèrent la prescription.

Le tribunal de commerce de Lyon, par jugement
du 24 février 1835, repoussa cette exception, en se
fondant sur ce que les trois colis avaient fait partie
d'une seule et même expédition, et sur ce que la
nouvelle instance n'était que la suite de la première,
régulièrement introduite dans les six mois.

Cette décision a été cassée par la Cour suprême,
le 18 juin 1838 ; voici la partie de l'arrêt relative à
la question actuelle :

« Attendu que l'action introduite par les frères
» Galland n'a été vraiment formée pour la répétition
» du colis n° 222 que par l'exploit introductif d'in-
» stance du 27 octobre 1835, ainsi plus d'un an
» après l'expédition des marchandises et le jour
» même où le colis répété aurait dû être remis à
» destination à Aurillac ;

» Attendu que pour refuser aux demandeurs
» l'application de l'article 108 du Code de com-
» merce et rejeter la fin de non-recevoir qui en ré-
» sultait contre l'action intentée, le jugement du
» tribunal de commerce de Lyon se fonde sur ce
» que l'action contre les demandeurs, se confondant
» avec la première action formée contre les premiers
» commissionnaires de Lyon, en 1830, pour la répé-
» tition du colis 221, celle pour la répétition du

» colis n° 222 se trouve l'appendice ou conséquence
» de cette première action, et par conséquent ne
» peut être prescrite;

» Attendu que dans cette première instance, for-
» mée directement par exploit du 4 décembre 1830
» contre les commissionnaires de Lyon, qui appelè-
» rent en garantie leurs sous-commissionnaires de la
» même ville, la maison Sambucy et Bonarme, repré-
» sentée par les demandeurs en cassation, ne fut ni
» partie, ni appelée dans cette première instance,
» terminée par un jugement définitif exécuté par les
» parties condamnées avant la nouvelle instance for-
» mée pour la répétition du deuxième colis n° 222,
» contre les demandeurs;

» Attendu qu'il n'est ni reconnu ni articulé aucun
» fait de fraude ou d'infidélité contre les deman-
» deurs en cassation;

» Attendu qu'en matière spéciale réglée par une
» disposition textuelle de la loi (le Code de com-
» merce), il ne peut s'agir d'invoquer les principes
» généraux du droit commun et les règles tracées
» par le Code civil en matière de mandat;

» Attendu qu'en rejetant la fin de non-recevoir
» résultant de l'article 108 du Code de commerce et
» en refusant d'admettre la prescription invoquée
» contre la demande des frères Galland en répéti-
» tion contre les commissionnaires de Clermont-
» Ferrand, pour le colis n° 222, faisant partie du
» transport parti de Lyon le 12 août 1830 pour être

14.

» remis à Aurillac le 2 septembre suivant, malgré
» que cette action en répétition de ce colis n'eût été
» formée que le 27 octobre 1831, plus d'un an
» après la date du jour où la remise eût dû en être
» faite à destination, sous le prétexte que cette ac-
» tion faisait suite et se liait à une autre instance
» introduite en 1830 pour la répétition du colis
» n° 221 contre les commissionnaires de Lyon (in-
» stance cependant dans laquelle, restés étrangers,
» les commissionnaires de Clermont-Ferrand n'a-
» vaient ni figuré ni été appelés), le jugement dé-
» noncé a commis vraiment un excès de pouvoir et
» par suite violé formellement l'article 108 du Code
» de commerce et faussement appliqué l'article 103
» du même Code... Casse... »

Même ramenée à sa véritable portée, cette décision de la Cour suprême n'en condamne pas moins
le système de M. Duverdy.

124. M. Bédarrides (n° 452), sans adopter ce
système, a essayé d'apporter un tempérament à la
rigueur de principes dont il ne méconnaît pas, du
moins, l'existence. Cet auteur estime, par application des articles 175 et 176 du Code de procédure
civile, que le commissionnaire actionné pourrait in-
tenter son action en recours dans la huitaine de
l'ajournement principal.

Nous croyons qu'il faut s'en tenir au texte si
formel de l'article 108. Cette disposition exception-

nelle, écrite dans un Code spécial, déroge à la règle générale en matière de garantie, et doit être appliquée telle que le législateur l'a édictée, indépendamment des principes admis pour le droit commun. La thèse de M. Bédarrides, malgré l'équité qui l'a inspirée, se trouve condamnée en droit strict, et c'est ainsi que l'a pensé la Cour de cassation lors de l'arrêt du 6 décembre 1830.

En définitive, chacun des voituriers ou commissionnaires a, pour exercer un recours, un délai plus long que celui qui est accordé à l'expéditeur ou au destinataire ; puisque le délai de six mois court pour le voiturier, non pas du jour où il remet la marchandise à un autre voiturier intermédiaire, mais seulement du jour où la marchandise est rendue à destination définitive (ou bien du jour où cette marchandise aurait dû arriver au terme du voyage).

125. Les recours des voituriers les uns contre les autres pourront être exercés en deux sens différents. Tantôt ce sera l'entrepreneur principal qui, directement actionné par le destinataire, actionnera en garantie l'agent avec lequel il a traité lui-même et auquel il a donné mandat ; celui-ci actionnera à son tour son mandataire, et ainsi de suite.

Tantôt ce sera, au contraire, le dernier voiturier chargé de la marchandise qui sera actionné par le destinataire, puis qui actionnera le voiturier ou commissionnaire antérieur, et ainsi de suite, l'action récursoire remontant cette fois du mandataire au mandant.

M. Van Huffel enseigne cependant (n° 58) que, si le dernier voiturier ou commissionnaire a fait la remise de l'objet avant de se faire payer la totalité des frais et accessoires, il n'est pas fondé à exercer son recours en remontant contre les premiers commissionnaires ou voituriers.

Quelles que soient les évolutions de ces divers recours, le principe posé par l'article 108 devra recevoir son application.

Disons toutefois que, si le recours en garantie n'est qu'une défense opposée par l'un des voituriers intermédiaires à une demande de payement du prix de la lettre de voiture, payement refusé par le destinataire, il serait difficile d'opposer à ce recours la prescription de six mois, si d'ailleurs l'action principale a été intentée dans le délai voulu par l'article 108. C'est en ce sens que s'est prononcée la Cour suprême par arrêt du 7 juin 1858 (affaire Rousselet contre le Chemin de fer d'Orléans).

Voici quelle était l'espèce :

Des marchandises avaient été remises par MM. Drapier, expéditeurs, à M. Rousselet, commissionnaire de roulage ; par celui-ci à la compagnie du chemin de fer d'Orléans, à l'adresse de M. Pérol, à Clermont-Ferrand ; par cette compagnie à MM. Deshaires et Roux, camionneurs du chemin de fer; et par ceux-ci enfin à M. Pérol, qui transporta les colis à Chadieu chez le destinataire, M. d'Arbelles.

Le destinataire refuse les colis pour cause d'avarie (octobre 1854).

Le procès s'engage par une demande en payement de la lettre de voiture, formée par MM. Deshaires et Roux contre M. Pérol (17 février 1855). Celui-ci appelle en garantie M. Rousselet (12 mars 1855).

Le tout se passe jusqu'ici dans les six mois de l'arrivée des marchandises à destination.

Mais la compagnie du chemin de fer d'Orléans n'est mise en cause qu'après l'expiration du délai de six mois (14 mai 1855).

Elle oppose à M. Rousselet, d'une part, la prescription de l'article 108; d'autre part, la déchéance tirée de l'article 105.

Condamnée par le tribunal de commerce de Clermont-Ferrand (29 juin 1856), la compagnie du chemin de fer d'Orléans se pourvoit en cassation, invoquant 1° la violation de l'article 108, 2° la violation de l'article 105 du Code de commerce.

Le pourvoi ayant été admis par la chambre des requêtes, nous soutenions notamment pour M. Rousselet, devant la chambre civile, que l'article 108 était inapplicable à l'espèce, puisque l'action récursoire de ce commissionnaire de roulage n'était qu'une défense à une action *en payement de lettre de voiture ;* qu'au surplus la compagnie et ses camionneurs ne faisaient qu'un, et que celle-ci ne pouvait invoquer une prescription que ses agents mis en cause avant l'expiration des six mois n'auraient pu opposer eux-mêmes.

Ce système de défense a prévalu et le pourvoi de la compagnie a été rejeté le 7 juin 1858 dans les termes suivants, conformément aux conclusions de M. le premier avocat général de Marnas :

« La Cour, sur le premier moyen : attendu qu'il
» résulte des faits constatés par le jugement que
» Drapier ayant expédié, le 13 octobre 1854, à d'Ar-
» belles, demeurant au château de Chadieu, treize
» colis, a confié ces objets au premier commission-
» naire Rousselet et compagnie de Paris; celui-ci
» les a remis à la compagnie du chemin de fer
» d'Orléans , en les accompagnant d'une lettre
» de voiture qui indiquait pour deuxième com-
» missionnaire Pérol et compagnie de Clermont-
» Ferrand ;

» Attendu que ce dernier ayant reçu les colis de
» Deshaires et Roux, camionneurs, et par consé-
» quent préposés de la compagnie du chemin de fer
» à Clermont, non désignés dans la lettre de voiture,
» a fait constater l'état de bris du contenu de l'une
» des caisses et a protesté de tous ses droits pour
» l'avenir ;

» Attendu qu'après l'arrivée des colis à leur des-
» tination, le destinataire a refusé d'acquitter le

» prix de la voiture, à moins qu'il ne lui fût tenu
» compte de la valeur de deux glaces brisées;

» Attendu qu'en cet état Deshaires et Roux ayant
» intenté une action en restitution du prix de la
» voiture, dont ils avaient avancé le payement, ont
» agi en cela plus encore au nom et dans l'intérêt
» de leur commettant direct, la compagnie du che-
» min de fer, laquelle avait opéré le transport de
» Paris à Clermont, que dans leur intérêt, à raison
» du service de simple camionnage qui était leur
» propre fait;

» Attendu que Rousselet, défendeur à cette ac-
» tion, a été recevable, conformément au principe
» écrit dans l'article 2257 du Code Napoléon, à sou-
» tenir, par voie d'exception, qu'il ne devait pas
» restituer le prix de la voiture, la compagnie du
» chemin de fer étant, d'après ce commissionnaire,
» responsable de l'avarie, laquelle avait motivé le
» refus du destinataire de payer le transport des ob-
» jets à lui expédiés;

» Attendu que Rousselet n'a pu être constitué en
» demeure de présenter son exception, résultant de
» l'avarie imputée par lui à la compagnie du chemin
» de fer avant que lui-même fût exposé à perdre
» les avantages du transport dont il avait été chargé
» en qualité de premier commissionnaire;

» Attendu que l'action intentée par Deshaires et
» Roux l'a été à la date du 17 février 1855; que de
» ce jour au 28 mai suivant, époque de l'assigna-

» tion en contre-garantie, il ne s'est pas écoulé six
» mois; qu'ainsi sous aucun rapport la prescription
» établie par l'article 108 du Code de commerce
» n'a pu être acquise à la compagnie du chemin de
» fer;

» Sur le deuxième moyen : attendu que si, aux
» termes de l'article 105 du même code, la récep-
» tion des objets transportés et le payement du prix
» de la voiture éteignent toute action contre le voi-
» turier, il n'y a réception de ces objets et payement
» définitif de ce prix qu'au terme du voyage, lors-
» que les choses transportées parviennent au desti-
» nataire; qu'alors seulement, en effet, s'opère le
» déballement, et par conséquent la vérification qui
» permettra de reconnaître si les voituriers succes-
» sifs ont exactement rempli leurs obligations;

» Attendu que la compagnie du chemin de fer
» présente donc à tort, comme l'ayant autorisée à se
» prévaloir de l'exception fondée sur l'article 105,
» le fait de la remise des colis par elle à ses camion-
» neurs, en cours de voyage et pour que le transport
» en fût continué;

» Attendu que, dans ces circonstances, loin d'a-
» voir violé les lois citées à l'appui du pourvoi, le
» jugement n'en a fait à la cause qu'une juste appli-
» cation; rejette, etc. »

125 bis. Notons ici que, lorsqu'il y a plusieurs actions récursoires, les juges doivent statuer sur cha-

cune d'elles, dans l'ordre où elles sont formées et qu'ils ne peuvent se borner à condamner le dernier voiturier envers le demandeur principal. (Cour de cassation, 2 décembre 1833, Sirey, 34, 1, 135.)

Voici cet arrêt :

« Vu l'article 1994 du Code Napoléon, vu aussi les articles 96, 97 et 99 du Code de commerce; attendu que ni la demande principale, ni les demandes récursoires n'ont été contestées; que toutes les parties graduellement appelées devant le tribunal de commerce se sont reconnues obligées à la garantie et passibles de l'indemnité qui devait en être la conséquence, conformément aux lois; que le jugement du tribunal de commerce d'Avignon a formellement admis toutes les garanties; mais qu'au lieu de prononcer, dans l'ordre de chaque demande non contestée, la condamnation qui devait y satisfaire, ce jugement relaxe de l'instance les cinq premiers commissionnaires de roulage et a mis exclusivement à la charge de Droguet les condamnations qu'il a prononcées; en quoi ledit tribunal a commis un excès de pouvoir et violé les lois invoquées... Casse... »

126. Maintenant, dans ces diverses hypothèses d'actions récursoires, qu'aura à prouver le voiturier qui recourt contre un commissionnaire ou contre un autre voiturier ?

Nous avons vu (chapitre III) qu'entre l'expéditeur

et le voiturier, il y a présomption que la marchandise à transporter a été remise à ce dernier en bon état, en quantité et qualité voulues.

La même présomption existe-t-elle entre les voituriers et commissionnaires? Le premier voiturier qui charge un agent intermédiaire de la continuation d'un transport pourra-t-il invoquer cette présomption à son profit? Cet agent pourra-t-il, à son tour, l'invoquer contre l'auxiliaire qu'il se substitue et ainsi de suite?

La doctrine et la jurisprudence s'accordent à repousser cette présomption, en sorte qu'on rentre dans le droit commun et que, dans leurs rapports entre eux, les voituriers ou les commissionnaires doivent apporter chacun la preuve de ce qu'ils avancent. Ainsi le premier voiturier sera obligé de faire la preuve que l'avarie ou la perte est arrivée par le fait de tel ou tel des agents intermédiaires, et la même règle s'appliquera pour le dernier voiturier si l'action récursoire s'exerce en sens inverse.

Pourquoi cette différence, suivant que l'action en responsabilité est exercée par le destinataire ou l'expéditeur, ou bien suivant qu'elle est exercée par un des voituriers ou des commissionnaires?

M. Duverdy (n° 124) l'explique ainsi :

« L'entrepreneur principal et primitif du trans-
» port peut, s'il le juge à propos, procéder à une
» constatation intérieure des colis à transporter,
» tandis qu'en cours de voyage il n'est pas permis

» par l'usage aux voituriers intermédiaires d'ouvrir
» les colis ; ce qui d'ailleurs, à cause des formalités
» à observer, entraînerait des retards toujours pré-
» judiciables aux expéditions commerciales... »

C'est aussi en ce sens que se sont prononcés plusieurs arrêts de la Cour de cassation, notamment
ceux des 15 avril 1846 (Sirey, 46, 1, 528), et 12
août 1856 (Sirey, 57, 1, 48). Voir encore Cour de
cassation, 18 avril 1831 (Sirey, 31, 1, 283), et
M. Van Huffel (n° 56).

Voici le texte de l'arrêt du 12 août 1856 :

« Vu l'article 1315 du Code Napoléon, ensemble
» les articles 97, 98 et 99 du Code de commerce ;
» attendu, en droit, que la responsabilité à laquelle
» les articles 97 et 98 du Code de commerce sou-
» mettent, en cas d'avarie, le commissionnaire de
» transport qui s'oblige à faire arriver la marchan-
» dise à destination, diffère en un point essentiel de
» celle à laquelle sont soumis les voituriers inter-
» médiaires qui se bornent à prêter leur concours à
» l'exécution du contrat de commission ; que, comme
» le premier peut toujours, avant de se charger du
» transport des colis, exiger que la vérification de
» leur contenu soit faite en sa présence, il est pré-
» sumé reconnaître, en les acceptant, que la mar-
» chandise est conforme aux énonciations de la lettre
» de voiture et en bon état ; que, par suite, il est
» garant des avaries qui sont constatées à l'arrivée,
» sans qu'on ait à prouver qu'elles proviennent

» de son fait ou de celui des commissionnaires
» intermédiaires, dont il répond, aux termes de
» l'article 99 précité; mais que cette vérification
» ne pouvant avoir lieu de la part de ces derniers,
» qui se succèdent presque sans interruption dans le
» service du transport, et qui doivent faire arriver
» au plus vite la marchandise à destination, la même
» présomption n'existe pas contre eux, et ils ne
» peuvent être déclarés responsables des avaries
» qu'autant *qu'il est prouvé qu'elles sont arrivées par*
» *leur faute;*

» Et attendu, en fait, que le jugement attaqué,
» après avoir déclaré Bourdeau responsable de la
» différence dans les degrés d'eau-de-vie qu'il s'é-
» tait chargé de faire arriver à Issoudun, lui a ac-
» cordé son recours en garantie contre le voiturier
» Delacour; qu'il a accordé à ce dernier le même
» recours contre la compagnie du chemin de fer
» d'Orléans, par le motif que rien n'établissait que
» cette différence existait avant que la marchandise
» fût livrée au chemin de fer; qu'en se fondant, pour
» prononcer cette dernière condamnation contre la
» compagnie du chemin de fer d'Orléans, sur la
» présomption du bon état de la marchandise, au
» moment où elle l'avait reçue, au lieu d'exiger du
» demandeur en garantie la preuve que l'avarie
» provenait du fait de la compagnie ou de ses pré-
» posés, le jugement attaqué a méconnu les prin-
» cipes relatifs à la responsabilité des agents inter-

» médiaires de transport et violé l'article 1315 du
» Code Napoléon... Casse... »

Toutefois un arrêt de la chambre des requêtes du
20 juin 1853 (Sirey, 53, 1, 647, affaire Chemin de
fer du Havre) a jugé que , si un voiturier intermédiaire reçoit sans protestation ni réserve une marchandise qu'un premier voiturier a reçue en bon
état et que cette marchandise sorte avariée des
mains de ce voiturier intermédiaire, l'avarie peut
être déclarée provenir du fait de ce dernier.

Il a été jugé aussi, par la même chambre, que
l'article 99 du Code de commerce établit une
présomption de faute contre le commissionnaire
primitif, mais que cette présomption cède à
toute preuve contraire. (Cour de cassation, 9 juin
1858, affaire chemin de fer de l'Ouest, Sirey, 59,
1, 56.)

Enfin, il a été jugé par la même chambre que le
commissionnaire auquel des marchandises ont été
envoyées sur l'ordre de l'expéditeur, pour les réexpédier à destination, peut, d'après les circonstances,
ne point être considéré comme un commissionnaire
intermédiaire, et rester responsable de l'avarie, en
vertu de la présomption qu'il a reçu les marchandises en bon état, tant qu'il ne prouve pas que l'a-
varie ne lui est pas imputable. (Cour de cassation,
2 juillet 1860, Sirey, 61, 1, 449.)

Ces diverses décisions peuvent s'expliquer à l'aide
de circonstances particulières d'espèce, et ne doi-

vent pas ébranler l'autorité du principe rappelé un
peu plus haut.

127. Mais bien que les commissionnaires et voituriers intermédiaires ne soient pas, en principe,
sous le coup de la présomption de réception des
marchandises en bon état, et que la preuve doive
être faite contre eux, en ce qui concerne la responsabilité de l'avarie, on voit, par les arrêts précités,
qu'il sera toujours prudent pour le voiturier intermédiaire de faire des protestations et réserves, pour
peu que l'aspect des colis ou ballots puisse lui faire
craindre l'existence d'une avarie, au moment où il
va se charger de la marchandise. Les ballots peuvent présenter quelques dégradations extérieures,
ils peuvent être mouillés ou bien encore sonner le
bris; dans tous ces cas et autres analogues, le voiturier intermédiaire agira sagement en faisant constater cet état extérieur des colis et en faisant toutes
réserves pour le cas d'avarie. Cette conduite mettra
d'abord complétement à couvert la responsabilité
de ce voiturier, puis elle permettra de découvrir
plus facilement celui des agents du transport à qui
est imputable l'avarie.

Ajoutons que pour ces constatations et réserves
le voiturier intermédiaire n'est pas obligé d'accomplir les formalités et de suivre la marche tracées par
l'article 106 du Code de commerce. (Nîmes, 19 novembre 1851, affaire Auzilly, Sirey, 52, 2, 362.)

128. Telles sont les principales questions que peut soulever l'emploi, pour un transport, d'agents intermédiaires.

Il nous reste à dire quelques mots des « commis- » sionnaires pour les transports par terre et par eau », auxquels le Code de commerce consacre une section du titre VI de son livre Ier.

On désigne sous le nom de commissionnaires de *transport* ou de *roulage* ceux qui se chargent, en traitant en leur propre nom avec des voituriers, de faire parvenir à destination les objets qui leur sont confiés par un commettant.

Ils épargnent à l'expéditeur l'embarras et l'ennui de traiter successivement et directement avec plusieurs voituriers, et se trouvent vis-à-vis de leurs commettants dans la même situation que le voiturier ou l'entrepreneur de transports qui aurait traité avec l'expéditeur pour la totalité du parcours.

En exposant les obligations et les droits des voituriers, nous avons donc par cela même exposé les obligations et les droits des commissionnaires de transport, et les articles 99 et suivants du Code de commerce se trouvent déjà expliqués.

Bornons-nous à rappeler que le commissionnaire de transport peut stipuler qu'il ne répondra pas du fait des voituriers ou agents intermédiaires qu'il emploiera (M. Van Huffel, n° 20), et qu'il ne sera pas responsable des avaries ou pertes imputables au voiturier (article 98).

129. Au surplus, nous transcrivons ici les articles du Code de commerce relatifs au commissionnaire de transport :

« Article 96. Le commissionnaire qui se charge » d'un transport par terre ou par eau est tenu d'in- » scrire sur son livre-journal la déclaration de la na- » ture et de la quantité des marchandises, et, s'il en » est requis, de leur valeur.

» Art. 97. Il est garant de l'arrivée des marchan- » dises et effets dans le délai déterminé par la lettre » de voiture, hors les cas de la force majeure léga- » lement constatée.

» Art. 98. Il est garant des avaries ou pertes » de marchandises et effets, s'il n'y a stipulation » contraire dans la lettre de voiture ou force ma- » jeure.

» Art. 99. Il est garant des faits du commis- » sionnaire intermédiaire auquel il adresse les mar- » chandises.

» Art. 100. La marchandise sortie du magasin » du vendeur ou de l'expéditeur voyage, s'il n'y a » convention contraire, aux risques et périls de » celui à qui elle appartient, sauf son recours » contre le commissionnaire et le voiturier chargés » du transport. »

Quant aux deux derniers articles de cette section, ils traitent de la *lettre de voiture*, qui va faire l'objet d'un chapitre séparé.

Mais nous devons joindre ici le texte de l'ancien

article 93, emprunté à la section des *Commission-naires en général,* et celui des nouveaux arti-cles 92 et 95, adoptés par la loi modificative du titre VI, livre Ier du Code de commerce, en date du 23 mai 1863.

130. L'ancien article 93 portait :

« Tout commissionnaire qui a fait des avances sur
» des marchandises à lui expédiées d'une autre place
» pour être vendues pour le compte d'un commet-
» tant a privilége, pour le remboursement de ses
» avances, intérêts et frais, sur la valeur des mar-
» chandises, si elles sont à sa disposition, dans ses
» magasins ou dans un dépôt public, ou si, avant
» qu'elles soient arrivées, il peut constater, par un
» connaissement ou par une *lettre de voiture,* l'ex-
» pédition qui lui en a été faite. »

On s'accordait à reconnaître que cet article s'ap-pliquait non pas seulement aux commissionnaires pour vendre, mais à toute espèce de commission-naires et même aux bailleurs de fonds qui se trou-veraient dans la même situation qu'un véritable commissionnaire. (*Sic* M. Troplong, *Nantissement,* n°s 158 et 159; Cour de cassation, 6 mai 1845, Sirey, 45, 1, 231, etc...)

Mais cet article a disparu du Code de commerce pour faire place notamment aux deux articles 92 et 95, ainsi conçus :

« Art. 92. Dans tous les cas, le privilége ne sub-

» siste sur le gage qu'autant que ce gage a été mis
» et est resté en la possession du créancier ou d'un
» tiers convenu entre les parties.

» Le créancier est réputé avoir les marchandises
» en sa possession, lorsqu'elles sont à sa disposition
» dans ses magasins ou navires, à la douane ou dans
» un dépôt public, ou si, avant qu'elles soient arri-
» vées, il en est saisi par un connaissement ou par
» une *lettre de voiture*.

» Art. 93. Tout commissionnaire a privilége sur
» la valeur des marchandises à lui expédiées, dé-
» posées ou consignées, par le fait seul de l'expédi-
» tion, du dépôt ou de la consignation, pour tous
» les prêts, avances ou payements faits par lui, soit
» avant la réception des marchandises, soit pendant
» le temps qu'elles sont en sa possession.

» Ce privilége ne subsiste que sous la condition
» prescrite par l'article 92 qui précède.

» Dans la créance privilégiée du commissionnaire
» sont compris, avec le principal, les intérêts, com-
» missions et frais.

» Si les marchandises ont été vendues et livrées
» pour le compte du commettant, le commission-
» naire se rembourse, sur le produit de la vente, du
» montant de sa créance, par préférence aux créan-
» ciers du commettant. »

Ce dernier article n'a fait que maintenir le privilége consacré par l'ancien article 93, en faisant toutefois disparaître une distinction résultant de cet

ancien article, et d'après laquelle le privilége n'aurait pas existé de plein droit, si les deux parties résidaient dans la même place où se trouvaient aussi les marchandises. (Voir le rapport de la commission sur la loi du 23 mai 1863.)

Les questions spéciales que peut soulever l'application de ces articles ne rentrent plus dans les limites des règles relatives au contrat de voiturage ou de transport.

Nous avons traité précédemment du privilége distinct du voiturier (chap. v. Ici nous constaterons seulement que le privilége de l'article 95 (ancien 93) pourra passer d'un commissionnaire à un autre commissionnaire ou à un tiers, à l'aide de la **transmission** ou de la cession de la lettre de voiture, ainsi que nous le verrons au chapitre suivant.

131. Il nous reste, pour en terminer avec les commissionnaires de transports, à parler d'un arrêt de la Cour suprême en date du 18 janvier 1854 (Sirey, 54, 1, 241, affaire Courrat).

Cet arrêt a décidé que le commissionnaire intermédiaire chargé par un premier commissionnaire de transport, avec qui il est en compte courant, de remettre les marchandises à destination contre remboursement, a le droit de compenser, dans son compte courant, ce qu'il a ainsi recouvré avec ce qui lui était dû par le premier commissionnaire, de telle sorte que l'expéditeur n'aura aucun recours à exercer pour ce recouvrement contre le second commissionnaire.

Cette solution, conforme à l'opinion de MM. Delamarre et Lepoitvin (t. II, n° 106), nous paraît bien rigoureuse et en même temps peu conciliable avec le principe qui assure à l'expéditeur une action directe contre l'agent intermédiaire choisi par le commissionnaire ou par l'entrepreneur primitif.

Les règles du payement et de la compensation devraient-elles prédominer à ce point d'enlever tout recours à l'expéditeur ?

Quoi qu'il en soit, voici le texte de cet arrêt du 18 janvier 1854, que l'arrêtiste fait précéder d'un remarquable rapport de M. le conseiller Nachet :

« La Cour, vu les articles 1165, 1289, 1290 du
» Code Napoléon et 94 du Code de commerce ; at-
» tendu qu'il résulte des faits de la cause que la
» maison Vᵉ Barthe Debladis, commissionnaire et
» entrepreneur de roulage à Paris, à qui Gardon
» avait, en mai 1851, confié le soin de faire trans-
» porter à Marseille une caisse de marchandises
» contenant trois colis, contre remboursement de la
» somme de 1243 francs, s'est substitué, pour le
» transport de Lyon à Marseille, sous les mêmes con-
» ditions, Courrat père et fils, autres commission-
» naires de roulage ; attendu que Courrat père et
» fils, à qui Gardon ne s'était pas fait connaître, ont
» fait remettre en bon état la marchandise à Janselme
» de Marseille, destinataire, de qui ils ont reçu la

» somme indiquée à titre de remboursement; at-
» tendu qu'il est encore établi, en fait, qu'entre les
» deux maisons de commission pour le roulage, il
» existait des rapports habituels et un compte cou-
» rant dans lequel chacune portait les sommes re-
» çues pour l'autre maison et l'en créditait; et qu'à
» la date du 14 juin 1851, époque du recouvre-
» ment fait auprès de Janselme par Courrat père et
» fils, ceux-ci étant créanciers de la veuve Barthe
» Debladis pour une plus forte somme, ont appliqué
» cette recette qu'ils venaient d'opérer à l'extinction
» de leur propre créance;

» Attendu, en droit, que, si l'expéditeur peut
» exercer ses actions contre le commissionnaire
» substitué, ce n'est qu'autant que celui-ci ne s'est
» pas valablement libéré envers son commettant
» direct; attendu que la libération de Courrat père
» et fils, qui eût été entière s'ils avaient fait par-
» venir à la veuve Barthe Debladis les valeurs comp-
» tées par le destinataire, n'a pas moins été efficace
» par le résultat de la compensation opérée avant
» la faillite de ce commissionnaire de Paris, auquel
» l'expéditeur avait confié sa marchandise contre
» remboursement; attendu que ce mode de libéra-
» tion a été d'autant plus efficace pour affranchir
» Courrat de toute recherche de la part de l'expédi-
» teur, que Courrat et la veuve Debladis étaient en
» compte courant, et étant l'un et l'autre commis-
» sionnaires de roulage, versaient dans ce compte

» courant le résultat de leurs opérations ordinaires;
» attendu qu'en l'état de ces faits, en admettant le
» recours de Gardon contre Courrat père et fils, le
» jugement a violé les dispositions de loi précitées;
» casse... (1). »

132. Il a été jugé, à un autre point de vue, que le commissionnaire intermédiaire qui a remboursé au commissionnaire expéditeur des avances faites par celui-ci au propriétaire de la marchandise a droit au remboursement de la part de ce commission-naire expéditeur, si le propriétaire devient insolvable ou disparaît et si les marchandises n'ont pas assez de valeur pour couvrir les frais et avances. (Paris, 15 juin 1808, Sirey, 8, 2, 221; *sic* M. Van Huffel, n° 59.)

---

(1) Voir encore Sir., 52, 1, 481; arrêt de la Cour de cassation du 28 juillet 1852.

CHAPITRE NEUVIÈME.

DE LA LETTRE DE VOITURE.

SOMMAIRE.

133. Ainsi que nous l'avons vu (chap. 1ᵉʳ), le contrat de transport est, quant à sa formation et à sa preuve, indépendant de tout écrit (1).

Toutefois, le plus souvent, et lorsque l'expéditeur s'adresse, non pas à de simples voituriers, mais à

______

(1) M. Alauzet, t. Iᵉʳ, nº 478.

des entreprises ou à des commissionnaires, la convention est constatée à l'aide d'un écrit qui prend le nom de *lettre de voiture*, et auquel le Code de commerce a consacré deux articles ainsi conçus :

« Art. 101. La lettre de voiture forme un contrat » entre l'expéditeur et le voiturier, ou entre l'ex- » péditeur, le commissionnaire et le voiturier.

» Art. 102. La lettre de voiture doit être datée.

» Elle doit exprimer :

» La nature et le poids ou la contenance des ob- » jets à transporter ;

» Le délai dans lequel le transport doit être ef- » fectué ;

» Elle indique le nom et le domicile du commis- » sionnaire par l'entremise duquel le transport s'o- » père, s'il y en a un ;

» Le nom de celui à qui la marchandise est » adressée ;

» Le nom et le domicile du voiturier.

» Elle énonce :

» Le prix de la voiture ;

» L'indemnité due pour cause de retard ;

» Elle est signée par l'expéditeur ou le commis- » sionnaire ;

» Elle présente en marge les marques et numéros » des objets à transporter.

» La lettre de voiture est copiée par le commis- » sionnaire sur un registre coté et paraphé sans in- » tervalle et de suite. »

134. Le premier de ces articles n'a besoin d'aucun commentaire, surtout après les développements donnés à ce qui concerne les obligations et les droits de l'expéditeur ou du destinataire, d'une part, du voiturier et du commissionnaire de transport, d'autre part.

Il suffit seulement de faire remarquer qu'aux termes mêmes de cet article, la lettre de voiture ne lie pas, en principe, le destinataire. C'est seulement, *ex post facto,* par son acceptation sans réserve des marchandises, que ce destinataire pourra être tenu d'exécuter la convention constatée par la lettre de voiture. « Si, à leur arrivée, » dit M. Bédarrides (n° 298), « les marchandises sont acceptées par lui, » il ratifie par cela même et s'approprie le contrat » intervenu entre l'expéditeur ou le commission-» naire et le voiturier, et il est dès lors tenu de » l'exécuter en ce qui le concerne. »

135. Mentionnons encore, sauf à revenir sur ce point, dans la deuxième partie de cet ouvrage, que l'expéditeur a le droit d'exiger des compagnies de chemins de fer une lettre de voiture *dressée en double,* et que la résistance des compagnies à cet égard a été définitivement condamnée tant par les arrêts que par les cahiers des charges. C'est ce qu'explique M. Duverdy (n° 10), en ajoutant qu'en principe la lettre de voiture, pour être valable, n'a pas besoin d'être rédigée en double original.

Cette solution nous paraît exacte, puisque l'existence du contrat et la remise des marchandises peuvent être établies par toute espèce de preuves. (*Sic* M. Pardessus, n° 540 ; Bédarrides, n° 300 ; Gouget et Merger, n° 13 ; *contrà*, MM. Persil et Croissant, *des Commissionnaires*, sur l'article 102, n° 15 ; Pouget, t. IV, n° 647.)

Dans les usages du commerce, l'original prend le nom de *Bonne lettre de voiture;* la copie, remise au voiturier, celui de *fausse lettre de voiture.* (MM. Persil et Croissant, n° 17 ; Alauzet, n° 479.)

136. Denizart (1) nous apprend qu'autrefois la lettre de voiture était souvent dressée devant notaire. Rien n'empêcherait encore aujourd'hui de suivre même cette forme (2), par exemple, si l'une des deux parties ne savait pas signer : car la signature de l'expéditeur est essentielle à la validité de la lettre de voiture, de même que celle du commissionnaire, quand on a recours à cet auxiliaire.

137. Nous venons de dire que la signature de l'expéditeur et du commissionnaire sur la lettre de voiture était indispensable à la validité de celle-ci, comme titre.

Il ne faudrait pas cependant exagérer cette pro-

---

1) *Verbo* Lettre de voiture, n° 6.

2) M. Rolland de Villargues, *Dictionnaire du notariat*, *Verbo* Lettre de voiture, n° 2.

position, ni en étendre la portée au delà des justes limites que lui tracent les principes du droit commun.

La lettre de voiture, au lieu d'être signée par l'expéditeur ou par le commissionnaire, peut être signée par un de ses employés ou préposés ; et cette signature, ainsi donnée, en vertu d'un mandat spécial ou général, engage le commissionnaire ou l'expéditeur.

Cela est de toute évidence. Mais faut-il aller plus loin ?

« Une lettre de voiture, » dit M. Pouget (n° 645), « signée par un individu attaché depuis longues an-
» nées à une entreprise de commission, peut obliger
» cette entreprise, quoique celui qui l'a signée ne
» soit plus le représentant de la maison de trans-
» port ; le tiers porteur de la lettre de voiture a pu
» être de bonne foi. Cette doctrine, quoique rigou-
» reuse, doit cependant paraître juste dans l'intérêt
» des expéditeurs, qui n'auraient pu être avertis par
» aucun moyen que l'employé signataire de la lettre
» de voiture n'était plus l'employé de l'entreprise
» de commission.

» Le directeur de l'établissement de commission
» doit s'imputer de n'avoir pas pris tous les moyens
» convenables pour faire parvenir à la connaissance
» du public que son ancien employé a cessé ses
» fonctions. Ainsi, il devait faire connaître la dé-
» mission ou la révocation de son employé par la

» voie des feuilles publiques; dans ce cas cepen-
» dant, et alors même que cette mesure de précau-
» tion aurait été prise, le directeur de l'entreprise
» ne pourrait repousser toute responsabilité, si la
» lettre de voiture avait été signée dans son établis-
» sement ; le tiers de bonne foi a pu croire que l'in-
» dividu **signataire de la lettre de voiture avait**
» qualité pour obliger l'établissement dans lequel il
» se trouve. »

Nous ne nions pas que l'entrepreneur ne puisse être déclaré responsable, dans telle ou telle circonstance donnée, à raison de la signature apposée par un ancien employé sur la lettre de voiture. Mais la doctrine de **M. Pouget** est formulée en termes trop absolus et trop positifs. C'est en définitive une question où l'appréciation du fait domine; et elle pourra être résolue, suivant les cas, dans le sens de la responsabilité ou de la non-responsabilité, sans que l'une ou l'autre décision, motivée sur les circonstances de la cause, puisse être sujette à cassation.

138. Les diverses énonciations énumérées dans l'article 102 sont-elles également essentielles et leur absence entraîne-t-elle la nullité de la lettre de voiture?

Tout le monde est d'accord pour la négative (1),

---

1. MM. Alauzet, t. I., n° 477; Pouget, t. IV, n° 646; Bedarrides, n° 304 et 335; Duverdy, n° 13; Van Huffel, n° 34; Pardessus, n° 359.

bien que toutes ces énonciations aient une utilité certaine. Mais on peut suppléer à ces mentions par la preuve testimoniale, par exemple, ou bien encore par l'usage des lieux ou par une expertise.

Il y a plus :

L'irrégularité de la lettre de voiture est non-seulement sans effet entre les parties elles-mêmes, mais elle n'empêche pas cette lettre de conserver son caractère et ses conséquences, même au regard des tiers. (Cour de cassation, 31 janvier 1844, *Journal du Palais*, 44, 2, 673, et M. Bédarrides, n° 336.)

139. La lettre de voiture peut être à ordre ou au porteur.

« Toute controverse à cet égard a depuis long-
» temps disparu, » dit M. Bédarrides (n° 322). « La
» doctrine et la jurisprudence sont aujourd'hui una-
» nimes. La lettre de voiture peut être au porteur
» ou à ordre. Il est évident que l'expéditeur par
» terre peut se trouver dans la même position que
» celui qui expédie par mer : c'est-à-dire qu'il peut
» avoir besoin d'obtenir des avances sur les mar-
» chandises qu'il met en route, et ignorer au mo-
» ment de l'expédition de qui il pourra les obtenir.
» Or, comme l'obtention est subordonnée à la trans·
» mission de la lettre de voiture, il fallait autoriser
» la forme qui permet cette transmission. Elle s'o-
» père par la simple remise de la lettre de voiture,

» si elle est au porteur ; par un endossement, si elle
» est à ordre. (1) »

140. On voit, par ce passage, que M. Bédarrides
n'admet la transmission par voie d'endossement que
lorsque la lettre de voiture est à ordre. M. Troplong
(*Du gage*, n° 341) professe la même opinion, qui a,
d'ailleurs, été consacrée par la Cour suprême, notamment par arrêt du 12 janvier 1847 (Sirey, 47,
1, 273).

MM. Duverdy (n° 18), Delamarre et Lepoitvin
(t. VI, n° 96) sont d'un avis contraire.

Voici, en quelques mots, l'intérêt de la question.

Entre le cessionnaire de la lettre de voiture et
son cédant, la transmission, quel qu'en soit le mode,
produira tout son effet.

Mais, à l'égard des tiers, il n'en sera plus de
même. Un endossement régulier pourra seul produire les conséquences exorbitantes attachées notamment par l'article 95 du Code de commerce (ancien
article 93 modifié) à la cession régulière et commerciale de la lettre de voiture. C'est donc surtout
au point de vue du privilége de l'article 95 que cette
question a de l'intérêt, l'endossement étant le mode
commercial, par excellence, de transmission des
valeurs et effets de commerce.

Or, en principe, la transmission par voie d'en-

---

(1) *Sic* C. cas., 5 juin 1859. Sir., 30, 1, 330; Aix, 25 août 1831.
Sir., 31, 2, 169.

dossement ne s'applique qu'aux effets *à ordre* (Code de commerce, art. 136, 313).

Doit-on admettre une dérogation à ce principe en faveur de la lettre de voiture?

Aucune disposition de loi n'y autorise, et pour arriver à cette conclusion, il faudrait un texte formel.

L'esprit de la loi, pas plus que son texte, ne se prête d'ailleurs à cette dérogation.

Qu'invoquer dès lors? l'usage commercial? Mais cet usage, fût-il reconnu constant, ne serait pas obligatoire pour les tribunaux, du moment qu'il constituerait une dérogation à des principes et à des textes positifs. L'usage ne saurait constituer, en dehors de la loi, et contrairement à la loi, un mode d'acquérir la propriété et de se créer un privilége. Dans ces proportions, l'usage ne serait autre chose qu'un abus.

Vainement M. Duverdy objecte-t-il qu'il ne s'agit pas, en pareille matière, d'une transmission de propriété, et qu'au fond de tout contrat de transport, il n'y a, en réalité, qu'un *mandat.* C'est une pure équivoque. Ce n'est pas à l'aide d'un mandat, mais à l'aide d'un *gage,* c'est-à-dire d'une appropriation, au moins temporaire, de la chose représentée par la lettre de voiture, que peut se justifier notamment le privilége de l'article 95. Cela ne pouvait déjà pas faire doute sérieux sous l'empire de l'ancien art. 93 du Code de commerce. Le nouvel article 95, rapproché de ceux qui le précèdent, et notamment de l'article 92, ne permet plus la controverse sur ce point.

Pour l'exercice du privilége, il faut nécessairement un *droit réel* sur la chose, et ce droit réel, transmissible commercialement par la voie de l'endossement, ne peut être transmis par cette voie que dans les conditions auxquelles l'endossement est possible d'après la loi. Or, encore une fois, les effets *à ordre* sont seuls, d'après la loi, susceptibles d'endossement. À ces termes se réduit la question, et nous le répétons, un usage commercial ne peut prévaloir contre une loi formelle.

C'est déjà par extension qu'on reconnaît la possibilité de créer des lettres de voiture *à ordre*, puisque l'article 102 déclare que ces lettres doivent être *au nom du destinataire*. Comment soutenir, en outre, et contrairement aux principes commerciaux et au langage juridique, que des lettres, pour lesquelles on n'aura pas usé de la faculté de les faire *à ordre*, jouiront néanmoins du bénéfice de l'endossement? Cela est tout à fait contradictoire.

Nous ne pouvons donc que nous ranger à l'opinion consacrée par la Cour de cassation dans l'arrêt précité du 12 janvier 1847, dont voici le texte, en ce qui concerne la question d'endossement.

« La Cour, vu les articles 93 et 576 du Code de commerce; attendu qu'aux termes de l'article 576 du Code de commerce, le vendeur a le droit, dans le cas de faillite de son acheteur, de revendiquer

» les marchandises par lui vendues et livrées et dont
» le prix ne lui a pas été payé, pendant qu'elles
» sont encore en route, soit par terre, soit par eau,
» et avant qu'elles soient entrées dans le magasin
» du failli, ou dans les magasins du commission-
» naire chargé de les vendre pour le compte du
» failli ; que, suivant la deuxième disposition du
» même article, il n'y a exception à ce principe que
» lorsque les marchandises ont été vendues sans
» fraude, sur factures et connaissements ou lettres
» de voiture, signées de l'expéditeur ; attendu que,
» d'après l'article 93, même Code, le commission-
» naire qui a fait des avances sur des marchandises
» ne peut réclamer le privilége que lorsqu'elles lui
» ont été expédiées pour être vendues pour le
» compte d'un commettant, et qu'il peut, si elles
» ne sont pas encore arrivées, justifier, par un con-
» naissement ou une lettre de voiture, l'expédition
» qui lui en a été faite ; attendu que *lorsque les let-*
» *tres de voiture ou connaissements sont transmissi-*
» *bles par la voie de l'endossement,* le tiers com-
» missionnaire qui en est ainsi saisi et a fait des
» avances a seul droit de se faire délivrer les
» marchandises, qui sont alors considérées comme
» lui ayant été directement expédiées ; attendu
» que *les lettres de voiture ou connaissements ne peu-*
» *vent être régulièrement négociés par endossement*
» *que lorsqu'ils sont à ordre ; que, hors ce cas, la*
» *transmission qui en est faite ne constitue qu'un*

» *transport ordinaire, qui ne produit pas les effets*
» *attachés par le Code de commerce à l'endossement*
» *et ne confère pas au cessionnaire plus de droits que*
» *n'en avait son cédant.* »

141. Les mêmes principes conduisent à décider que l'endossement d'une lettre de voiture, *même à ordre*, ne pourra produire tout son effet qu'à la charge d'être régulier et de se conformer aux prescriptions de l'article 137 du Code de commerce, suivant lequel :

« L'endossement est daté ;

» Il énonce la valeur fournie ;

» Il énonce le nom de celui à l'ordre de qui il est » passé ».

Le législateur, en attachant à l'endossement commercial des effets exorbitants du droit commun, ne les lui a conférés qu'à la charge par cet endossement de réunir certaines conditions et d'être revêtu de certaines formes expressément exigées par la loi. En dehors de ces conditions et de ces formes, point d'endossement régulier, et partant point d'effet différent de celui d'un simple transport ou d'un simple mandat.

La longue discussion à laquelle se livre M. Duverdy (n° **21**) pour démontrer le contraire n'est rien moins que concluante et repose tout entière sur une équivoque et sur une pétition de principes.

Aussi cette thèse, condamnée à l'avance par l'arrêt de 1847 précité, est-elle repoussée généralement par les auteurs, notamment par M. Troplong (*Du gage,* n° 334).

« Il est évident, » dit M. Troplong, « que le man-
» dat résultant de l'endos irrégulier est de ceux qui
» rendent le mandataire passible de toutes les ex-
» ceptions qu'on pourrait opposer au mandant. Le
» vendeur, non payé de la marchandise, a donc pu
» dire à ce mandataire : Vous représentez l'ache-
» teur ; vous n'avez pas plus de droits que lui. Je
» pourrais revendiquer la marchandise sur lui ; je
» la revendique sur vous. »

C'est, au surplus, en ce sens que s'est prononcée la Cour de cassation, par arrêt du 1er mars 1843, rendu en matière de connaissement (Sir., 43, 1, 185).

142. Après avoir enseigné que les lettres de voi-ture sont susceptibles d'être transmises par l'endos-sement, même lorsqu'elles ne sont pas *à ordre*, et que l'endossement, même *irrégulier,* produit tous ses effets, M. Duverdy (n° 20) fait un pas de plus, tant il est vrai qu'il est difficile de s'arrêter dans la voie de l'arbitraire ; cet auteur enseigne que les simples bulletins de chargement adressés au com-missionnaire sont assimilables aux lettres de voi-ture et jouissent des mêmes prérogatives, notam-ment en ce qui concerne le privilége de l'article 93 (aujourd'hui article 95, loi du 23 mai 1863), à la

charge toutefois de *contenir les énonciations exigées par l'article* 102.

Comment M. Duverdy ne s'est-il pas aperçu qu'il tombait ainsi dans une contradiction flagrante?

Les lettres de voiture, même lorsqu'elles ne contiennent pas toutes les énonciations prescrites par l'article 102, valent néanmoins comme *lettres de voiture;* M. Duverdy en est d'accord. Première contradiction !

Ces bulletins de chargement, et notamment les feuilles d'expédition des chemins de fer qui accompagnent la marchandise et que les compagnies substituaient jadis aux lettres de voiture, sont, d'après M. Duverdy, dispensés du timbre, parce qu'on ne saurait les assimiler aux lettres de voiture. Deuxième contradiction non moins manifeste !

Il faut bien que ces bulletins ou feuilles d'expédition soient ou ne soient pas des lettres de voiture. Dire à la fois qu'ils sont dispensés du timbre, à la différence des lettres de voiture, qu'ils ne jouissent pas de l'immunité des lettres de voiture quant aux énonciations de l'article 102, et qu'enfin ils jouissent de toutes les prérogatives des lettres de voiture quant au privilége et par cela même quant à l'endossement; — arriver en définitive à cette conclusion que les bulletins de chargement, s'ils contiennent les énonciations prescrites par l'article 102, peuvent être transmis par endossement même s'ils ne sont pas à ordre, et qu'à leur égard cet endossement même irrégulier produit tous ses effets, en vérité, c'est par trop inadmissible et ces propositions contradictoires sont profondément inexactes en droit.

La Cour de cassation, dont M. Duverdy invoque à tort ici la jurisprudence, n'a jamais rien dit de semblable à la thèse de l'auteur du traité sur le *Contrat de transport*. On peut en juger en se reportant aux deux arrêts cités par cet auteur. L'un est à la date du 31 juillet 1844 (J. Pal., 1844, t. II, p. 673, et Sirey 45, 1, 110; affaire Voog). Il constate en fait que les prétendus bulletins de chargement dans l'espèce étaient en réalité des *lettres de voiture*. L'autre arrêt — rapporté par M. Dalloz (*loco citato*, 47, 1, 59), à la date du 12 janvier 1847, et non pas du 31 juillet 1846 — est l'arrêt même dont le texte a été ci-dessus rapporté (n° 132) et qui déclare que les lettres de voiture ne peuvent être régulièrement endossées si *elles ne sont pas à ordre*. Cette décision, loin d'être favorable au système que nous combattons, en est donc, au contraire, la condamnation formelle. (Voir encore M. Bédarrides, n°ˢ 323 et suivants.)

143. Nous avons prononcé le mot de *timbre* sous le numéro précédent : les lettres de voiture doivent, en effet, être timbrées, aux termes du décret du 11 juin 1809, combiné avec la loi du 11 juin 1842. Le décret de 1809 ne dispense du timbre

que les lettres de voiture qui accompagnent le transport de récoltes exécuté par le propriétaire de ces récoltes, par ses domestiques ou fermiers [1].

Lorsque la lettre de voiture est faite en double original, il va sans dire que chacun des deux originaux doit être timbré.

Mais on s'accorde à reconnaître que les *duplicata* de ces lettres de voiture n'ont pas besoin d'être rédigés sur papier timbré ou d'être frappés, après coup, du timbre noir et du timbre sec dont parle l'article 6 de la loi du 11 juin 1842. « C'est », dit M. Duverdy (n° 268), « la conséquence de ce prin-
» cipe qu'en matière de timbre l'impôt n'est dû
» qu'une fois. La loi du 1er mai 1822 dispense du
» timbre les lettres de change tirées par seconde,
» troisième ou quatrième lorsqu'on justifie que la
» première a été écrite sur papier timbré. Cette
» disposition a été maintenue par l'article 10 de la
» loi du 5 juin 1850 sur le timbre des effets de
» commerce; on devait décider la même chose tant
» pour les *duplicata* des lettres de voiture que pour
» les *duplicata* des lettres de change; aussi ne
» fait-on timbrer ni les uns ni les autres. »

144. Les compagnies de chemins de fer avaient pendant plusieurs années essayé de se soustraire à cet impôt du timbre, en refusant de dresser des

___

1. M. Duverdy, n°* 267 et 269.

lettres de voiture et en leur substituant des extraits
de leurs registres de chargement, ou feuilles d'expédition. La question de savoir si ces feuilles d'expédition étaient soumises au timbre fut portée alors
par le fisc devant les tribunaux; et la Cour de cassation, par arrêt du 3 janvier 1853 (Sirey, 53, 1,
99), se prononça contre les compagnies de chemins
de fer. Mais la question s'étant représentée en
audience solennelle devant la Cour de cassation,
les trois chambres réunies revinrent sur cette première jurisprudence et déclarèrent que ces pièces
pouvaient ne pas être timbrées.

Il est vrai qu'aujourd'hui les compagnies sont
assujetties par l'article 49 du nouveau cahier des
charges donné aux diverses compagnies de chemins de fer en 1857 et en 1859 à rédiger *en double*
des lettres de voiture, toutes les fois que l'expéditeur le demande. Le fisc, en réalité, ne perd donc
pas son droit.

Quoi qu'il en soit, voici le texte de l'arrêt des
chambres réunies du 28 mars 1860. (Sirey, 60,
1, 814.)

« La Cour; — attendu, en droit, que la lettre
» de voiture ne saurait exister sans une convention
» intervenue entre l'expéditeur, le commission-
» naire et le voiturier; que c'est ce qui résulte de
» l'article 101 Code commercial; que, de plus, il
» est de l'essence de ce contrat que ladite lettre soit
» adressée au destinataire, à qui le voiturier doit la

» présenter ; — attendu que l'on ne rencontre,
» dans les *dix-huit feuilles d'expédition* dont il s'agit
» au procès, aucun de ces caractères ni aucune de
» ces conditions, qu'il est prouvé, par les docu-
» ments actuels de la cause et par les nouveaux
» éclaircissements qui en ont précisé le sens, que
» ces feuilles d'expédition ne sont que des pièces
» de comptabilité intérieure pour la compagnie du
» chemin de fer de l'Ouest ; qu'elles ne sont pas
» destinées à sortir des mains de ses agents et à
» être produites aux tiers ; que, d'une part, elles
» ne sont pas dressées sur la demande des expédi-
» teurs, lesquels y restent entièrement étrangers :
» que, d'autre part, elles ne sont jamais produites
» aux destinataires ; qu'ainsi elles sont tout autre
» chose que la lettre de voiture ; qu'elles n'en ren-
» ferment, ni par équipollent ni autrement, les
» éléments constitutifs ; qu'elles n'en sont pas l'objet
» et ne sauraient en atteindre le but : — que, si le
» système de la régie était admis, on ferait arbi-
» trairement résulter le contrat de lettre de voiture
» non du concours de deux ou plusieurs volontés,
» mais d'un acte purement unilatéral, et qu'on
» l'imposerait aux parties malgré elles et à leur
» insu ; — qu'il est cependant certain, tout au
» moins en ce qui concerne l'industrie des chemins
» de fer, que la lettre de voiture n'est pas une
» forme obligatoire de la convention de transporter
» des marchandises ; qu'elle n'en est qu'une forme

» facultative ; que l'expéditeur peut en choisir une
» autre, et, par exemple, donner la préférence à un
» simple récépissé à lui délivré par la compagnie ;
» que telles sont les dispositions formelles de l'ar-
» ticle 50 de l'ordonnance réglementaire du 15 no-
» vembre 1846, ainsi que de toute la législation
» sur les chemins de fer et des cahiers de charges
» des compagnies ; — attendu que ces dispositions
» et, par suite, l'option qu'elles autorisent demeu-
» reraient sans valeur, si l'on devait nécessairement
» assimiler les feuilles d'expédition à des lettres de
» voiture ; qu'en effet ces feuilles étant toujours in-
» dispensables pour accompagner le chargement et
» prévenir les erreurs de comptabilité, il arriverait
» qu'il y aurait lettre de voiture dans tous les cas,
» et alors même que les parties, usant de leur droit,
» n'en auraient pas voulu ; qu'une telle conséquence
» est inadmissible ; — que, dès lors, en décidant
» que les dix-huit écrits saisis constituent, non
» point des lettres de voiture, ni des actes destinés
» à équivaloir à des lettres de voiture ou à en tenir
» lieu, mais bien de simples pièces d'ordre ou de
» comptabilité intérieure, le tribunal de Versailles,
» loin de violer aucune loi, a fait, au contraire,
» une saine appréciation des faits de la cause et une
» juste application des principes de la matière ; —
» Par ces motifs, rejette, etc.

Si les feuilles d'expédition dont nous venons de
nous occuper ne sont pas assujetties au timbre, il

en est de même à plus forte raison des simples notes ou bulletins de chargement ou d'expédition. M. Duverdy entre à cet égard dans de longs développements et donne sur ce point le texte d'un jugement du tribunal d'Évreux du 1er avril 1859 (1). Mais en présence de l'arrêt solennel du 28 mars 1860, ci-dessus rapporté, ce point ne peut plus être sérieusement contesté; et il faut conclure de tout ce qui précède que la lettre de voiture seule est assujettie au timbre, et que tout autre écrit relatif au transport effectué en est dispensé, tant qu'il n'est pas produit en justice.

145. La sanction relative aux dispositions qui assujettissent les lettres de voiture à être timbrées est écrite dans l'article 7 de la loi du 11 juin 1842. Nous nous bornerons à transcrire ici ce texte :

« Pour toute lettre de voiture ou connaissement » non timbré ou non frappé du timbre noir et du » timbre sec, la contravention sera punie d'une » amende de 30 francs payable solidairement par » l'expéditeur et le voiturier, s'il s'agit d'une lettre » de voiture, et par le chargeur et le capitaine s'il » s'agit d'un connaissement. »

---

(1) M. Duverdy, n°° 273 et 274, *Gazette des Tribunaux* du 29 mai 1859.

CHAPITRE DIXIÈME.

DES PROHIBITIONS ET RESTRICTIONS APPORTÉES AU TRANSPORT DE CERTAINS OBJETS.

SOMMAIRE.

146. Nous aborderons dans ce chapitre les exceptions apportées par le législateur à la liberté

de l'industrie des transports, à raison de la matière transportable.

Le transport de certains objets est monopolisé entre les mains d'une administration à l'exclusion de toutes entreprises ou de tous voituriers; tel est le transport des lettres et dépêches confié à l'administration des postes, et dans lequel toute immixtion est rigoureusement interdite.

D'autres objets ne peuvent circuler qu'en certains temps et en certains lieux; tel est le cas du gibier, par exemple.

Enfin, d'autres objets ne peuvent voyager qu'à charge de certaines déclarations et moyennant le payement de certains droits. Ainsi, le transport des vins, liqueurs et boissons, le transport dans certaines villes de divers objets de consommation, le transport, en France, de certaines marchandises de provenance étrangère sont assujettis à certaines formalités et frappés d'une sorte d'impôt.

Expliquons-nous successivement sur ces diverses catégories de transport, placées en dehors du droit commun et des conditions générales du voiturage.

147. Le privilége exclusif du transport des lettres appartient à l'État, qui l'exerce à l'aide de l'administration des postes.

Établi par un arrêté du conseil du 18 juin 1784, ce monopole a été successivement réglementé par de nombreuses lois et par divers arrêtés, dont le dernier, en date du 27 prairial an ix, est encore en vigueur.

La défense de s'immiscer dans le transport des lettres s'adresse non-seulement aux voituriers de profession, mais encore à toute personne étrangère au service des postes. (Article 1er, arrêté du 27 prairial an ix; Cour de cassation, 7 août 1818, Sirey, 18, 1, 390; Cour de cassation, 12 novembre 1842, Sirey, 43, 1, 630; Cour de cassation, 25 juillet 1840, Sirey, 40, 1, 794; Cour de cassation, 1er octobre 1841, *Journal du Palais*, tome Ier, 1842, page 614, etc.)

Elle s'applique lors même que le transport serait fait gratuitement et par pure obligeance.

Voici le texte de l'arrêt du 25 juillet 1840 :

« La Cour, vu les articles 1er et 2 de l'arrêté du » 27 prairial an ix sur le transport des lettres et » journaux; attendu que, si des perquisitions dans » le seul intérêt de l'administration des postes ne » peuvent avoir lieu sur des personnes qui ne sont » point messagers, piétons, voituriers, il ne saurait » être interdit de constater une contravention aux » lois et règlements sur le transport des lettres, » alors que des perquisitions et constatations qui » ont eu lieu à l'égard des personnes non assujetties » dans un autre objet révèlent l'existence de cette » contravention; puisque l'article 1er de l'arrêté de » l'an ix défend non-seulement aux entrepreneurs » de voitures libres, mais encore à *toute autre per-*

» *sonne étrangère au service des postes*, de s'immis-
» cer dans le transport des lettres, journaux, etc.;
» attendu qu'il est constant et reconnu au procès
» que si Mellot est vigneron et non voiturier, c'est
» au moment où il exhibait un congé relatif au vin
» qu'il transportait qu'ont été aperçues les lettres
» saisies; qu'il n'avait donc été l'objet d'aucune
» perquisition illégale; attendu que l'article 1er de
» l'arrêté de l'an ix est général et absolu, et ne res-
» treint point ses prohibitions à ceux qui feraient
» métier et profession de transporter des lettres,
» journaux, etc., et qu'en défendant à toute per-
» sonne étrangère au service des postes de s'im-
» miscer dans ce transport, la disposition dont il
» s'agit n'établit aucune distinction entre les per-
» sonnes qui commettraient une contravention iso-
» lée et celles qui violeraient habituellement ses
» prohibitions; attendu dès lors qu'il y avait lieu
» de faire à Mellot l'application des articles 1er et 3
» de l'arrêté du 27 prairial an ix; que toutefois
» l'arrêt attaqué l'a renvoyé de la plainte, sur le
» motif que l'on ne s'immisce réellement dans le
» transport des lettres que lorsqu'on établit une con-
» currence habituellement préjudiciable au fisc, et
» que les lois et règlements sur la matière n'attei-
» gnent pas l'acte isolé dont il s'agit, de la part
» d'une personne non assujettie aux perquisitions;
» en quoi, il a été commis une violation formelle
» de l'arrêté de l'an ix et des lois qui lui servent de
» base; casse, etc. »

148. La prohibition s'applique aux « lettres,
» journaux, feuilles à la main, ouvrages pério-
» diques, paquets et papiers du poids d'un kilo-
» gramme et au-dessous, dont le port est exclusi-
» vement confié à l'administration des postes aux
» lettres ». (Article 1er de l'arrêté du 27 prairial
an ix.)

Elle s'étend, d'après une jurisprudence constante, même aux *lettres non cachetées.* (Cour de
cassation, 22 avril 1830, Sirey, 30, 1, 299; Cour
de cassation, 17 février 1832, Sirey, 32, 1,
461, etc.)

En ce qui concerne les journaux et recueils périodiques, la disposition précitée s'applique même
à ceux qui, comme les recueils périodiques de jurisprudence, ne sont pas soumis à une surveillance
spéciale dans un intérêt d'ordre public. (Rouen,
16 novembre 1855, Sirey, 56, 2, 71, affaire des
Jumelles.) Il s'agissait, dans l'espèce, du transport
des livraisons du *Journal du Palais.*

Cette disposition s'applique, d'ailleurs, même
lorsqu'on a pris soin de réunir les journaux ou ouvrages périodiques en paquets de plus d'un kilogramme. (Même arrêt et Cour de cassation, 17 février 1837, Sirey, 38, 1, 43, affaire messageries
Laffitte et Caillard.)

Ajoutons enfin qu'elle s'applique même au transport des journaux opéré d'une ville dans une
autre, par la personne même qui a acheté ces

journaux pour les revendre en détail et bien que ceux-ci ne portent aucune adresse et soient encore en feuille. (Cour de cassation, 7 avril 1849 et 21 juillet 1849, Sirey, 49, 1, 606 et 607.)

149. L'article 2 de l'arrêté de l'an IX excepte de la prohibition absolue, formulée par l'article 1er : « Les sacs de procédure » (ou dossiers), « les papiers » uniquement relatifs au service personnel des en- » trepreneurs de voiture et les paquets au-dessus » du poids de 1 kilogramme. »

Ainsi, au-dessus du poids de 1 kilogramme par paquet distinct et individuel, liberté est laissée aux voituriers et entrepreneurs de transports.

Au-dessous de ce poids, transport exclusif par l'administration des postes, sauf deux exceptions :

1° *Sacs de procédure ;*

2° *Papiers uniquement relatifs au service personnel des voituriers.*

150. 1° *Sacs de procédure.* Il faut entendre par là les dossiers et non pas les pièces isolées de procédure (1). C'est ce que la Cour de cassation a jugé par arrêts des 6 et 13 novembre 1845. (*Journal du Palais*, tome I, 1846, pages 553 et 555.) Voir aussi un arrêt de la même Cour du 20 mars 1858 (Sirey, 58, 1, 633) qui décide que les actes ou papiers nécessaires à la célébration d'un mariage ne

---

(1) *Contrà*, M. Duverdy, n° 246.

rentrent pas dans les exceptions prévues par l'article.

L'exception n'existera-t-elle qu'autant que ces sacs ou dossiers ne seront pas cachetés? La cour de Bourges s'était prononcée en ce sens que les sacs devaient être non cachetés. (Bourges, 6 août 1841, Sirey, 42, 2, 425.)

Mais la jurisprudence de la Cour de cassation est fixée en sens contraire. (Cour de cassation, 20 septembre 1851, affaire chemin de fer du Nord, Sirey, 52, 1, 288, — et 30 novembre 1855, Richard, Sirey, 56, 1, 286.)

Voici l'arrêt de la Cour suprême du 20 septembre 1851 :

« Vu les arrêts du conseil des 18 juin et 29 no-
» vembre 1681, la loi du 26 août 1790, les arrêtés
» du directoire exécutif des 9 nivôse et 7 fructidor
» an VI, 26 ventôse an XIII et le décret du 27 prai-
» rial an IX; — Attendu que s'il résulte des dispo-
» sitions de ces divers actes législatifs la prohibition
» générale pour toute personne étrangère au service
» des postes, et particulièrement pour les messa-
» gers et entrepreneurs de voitures libres, de s'im-
» miscer non-seulement dans le transport des
» lettres, mais encore des papiers au-dessous du
» poids d'un kilogramme, la loi du 26 août 1790,
» ainsi que les arrêtés et le décret précités ont
» néanmoins expressément excepté de cette pro-
» hibition les sacs de procédure; — Attendu que,

» pour profiter de cette exception, il ne suffirait
» pas que des pièces de procédure fussent placées
» sous une enveloppe cachetée qui ne permettrait
» pas d'en vérifier le contenu et pourrait devenir
» un moyen de rendre illusoires les prescriptions de
» la loi; mais que du moment où les sacs et paquets
» de procédure, même *non ouverts* et *cachetés, por-*
» *tent l'indication de la nature des pièces qui y sont*
» *renfermées,* il en résulte, par cela même, pour
» l'autorité et pour toute entreprise de transport,
» le droit de procéder à une vérification immédiate
» en cas de présomption de fraude, et qu'il ne peut
» exister de contravention qu'autant que cette
» fraude a été reconnue et constatée; que l'exécu-
» tion de la loi se trouve ainsi assurée dans son
» principe et dans son exception sans qu'il soit
» porté atteinte au secret des correspondances par-
» ticulières; — Attendu qu'on ne peut assimiler les
» sacs et paquets de procédure aux lettres de voi-
» ture et aux papiers uniquement relatifs au ser-
» vice personnel des entrepreneurs de voitures qui
» doivent être ouvertes (art. 2 du décret du 27 prai-
» rial an x); — Attendu qu'il est constaté en fait,
» par l'arrêt attaqué, que le 29 octobre 1850 il
» a été saisi un paquet cacheté à l'adresse de
» M⁰ Cousin, avocat à Dunkerque, portant sur un
» coin ces mots : Pièces d'affaires; — Attendu qu'il
» n'a point été contesté que ce paquet ne contenait
» que des pièces de procédure; — Attendu des

» lors, etc... (pas de contravention de la part de la
» compagnie du chemin de fer)... Casse. »

151. 2° *Papiers exclusivement relatifs au service
personnel de l'entrepreneur de transports :* telles sont
notamment les lettres de voiture.

Mais ces papiers ne doivent pas être cachetés,
sous peine de contravention et d'immixtion dans le
service des postes. C'est ce qui a été jugé notamment par les chambres réunies de la Cour de cassation le 20 mars 1840 (Sirey, 40, 1, 362) dont
l'arrêt est ainsi conçu :

« La Cour; — Vu les articles 1er, 2 et 5 de l'ar-
» rêté du 27 prairial an ix; — Attendu que l'ar-
» ticle 1er de cet arrêté défend à tous les entrepre-
» neurs de voitures publiques de s'immiscer dans
» le transport des lettres; — que l'article 2 excepte
» de cette défense les papiers uniquement relatifs
» au service personnel des voituriers; — que cette
» exception ne peut s'appliquer à une lettre cachetée
» dont le voiturier est trouvé porteur, puisque, aus-
» sitôt après la saisie de la lettre, elle doit être,
» conformément à l'article 5 de l'arrêté du 27 prai-
» rial et l'article 1er du décret du 2 messidor an xii,
» déposée au bureau de poste le plus voisin, et
» expédiée, au rebut, à Paris, d'où elle ne peut
» être rendue que sur réclamation, et à la charge
» de payer le double de la taxe ordinaire; — qu'il
» résulte de ces dispositions et du principe de l'in-

» violabilité du secret des lettres, qu'on n'a pu
» décacheter la lettre saisie pour prendre connais-
» sance de son contenu et rechercher si elle de-
» vait être assimilée aux papiers dont parle l'ar-
» ticle 2 précité; — que s'il est vrai de dire que
» cet article peut s'appliquer aux lettres, c'est
» lorsqu'elles circulent ouvertes ou non cachetées,
» qu'elles n'en ont ainsi que l'apparence ou la
» forme extérieure, et qu'elles ne jouissent pas du
» privilége de l'inviolabilité attachée à cette espèce
» d'écrit; — Attendu, d'ailleurs, que l'article 2 de
» l'arrêté du 27 prairial doit être combiné avec les
» dispositions des règlements ou arrêts du conseil
» des 18 juin et 29 novembre 1681, rappelées dans
» les lois et arrêtés des 21 août 1790 (article 4),
» 2 nivôse et 7 fructidor an VI, et dont l'exécution,
» la réimpression et l'insertion *au Bulletin des lois*
» ont été ordonnées par l'article 2 de l'arrêté du
» 26 ventôse an VII; — que ces règlements, qui
» n'exceptent de la défense faite aux voituriers que
» les lettres de voiture des marchandises qu'ils voi-
» tureront, exigent qu'elles soient ouvertes ou non
» cachetées; — qu'en accordant aux papiers en
» général relatifs au service personnel des voitu-
» riers la faveur attribuée aux seules lettres de
» voiture par les règlements de 1681, l'arrêté du
» 27 prairial an IX et ceux qui l'ont précédé ont
» entendu assujettir ces papiers aux mêmes condi-
» tions que les lettres de voiture; — Attendu, en

» fait, qu'un procès-verbal régulièrement dressé, le
» 17 mai 1839, a constaté que Clavel, entrepre-
» neur et propriétaire d'une voiture publique de
» Mége à Montpellier et retour, a été trouvé saisi
» d'une lettre cachetée à l'adresse du sieur Au-
» dener, à Montpellier; — qu'ainsi la contravention
» à l'article 1er de l'arrêté du 29 prairial an ix était
» dûment établie, et qu'il y avait lieu dès lors
» d'appliquer la peine prononcée par l'article 5; —
» Attendu cependant que l'arrêt attaqué a déchargé
» Clavel de l'action dirigée contre lui, en se fon-
» dant sur ce que la lettre n'était, quoique cachetée,
» qu'un papier uniquement relatif au service per-
» sonnel de ce voiturier; — qu'en jugeant ainsi,
» cet arrêt a faussement interprété et appliqué
» l'article 2 de l'arrêté du 27 prairial, et a expres-
» sément violé les articles 1er et 5 dudit arrêté; —
» Casse, etc. (1). »

152. Il ne suffit pas que ces papiers soient ouverts et non cachetés, il faut encore qu'ils concernent exclusivement le service du voiturier qui les
transporte (2).

Toute correspondance échangée en dehors de la

---

(1) Voir dans le même sens : C. cas., 11 juin 1842 (Sir., 42, 1, 859);
C. cas., 19 juin 1845 (Sir., 45, 1, 678). — *Id.*, 24 nov. 1854, chemin
de fer de Lyon (Sir., 54, 1, 742); circulaire de l'administration des
postes du 25 février 1864.

(2) Voir le traité de M. Duverdy, n° 248; M. Van Huffel, voitures
publiques, n°s 66 et suiv.

nécessité du service même du transport qui s'effectue, toute énonciation dans un papier relatif au service du voiturier étrangère à ce service même, constitue une contravention à l'arrêté de l'an ix et rentre dans les cas d'immixtion au transport des lettres.

C'est ce qui résulte d'une longue jurisprudence de la Cour suprême; nous nous bornerons à relever les arrêts suivants :

Un arrêt de la Cour de cassation du 20 mars 1840 (Sirey, 40, 1, 361) a déclaré que la disposition de l'article 2 de l'arrêté de l'an ix n'est pas applicable à une lettre qui, indépendamment des matières nécessaires au service personnel du voiturier, contient des énonciations relatives à une autre opération entre l'expéditeur et le destinataire.

Un arrêt analogue a été rendu par la même Cour le 17 mars 1841 (Sirey, 41, 1, 495).

Un autre, en date du 15 avril 1837 (Sirey, 38, 1, 908), a jugé que la disposition de l'article précité ne peut être étendue aux lettres traitant des affaires privées des entrepreneurs de transport.

(Voir encore l'arrêt précité du 24 novembre 1834, Sirey, 54, 1, 742.)

D'autres arrêts refusent d'étendre la disposition de l'article 2 aux lettres par lesquelles l'expéditeur annonce l'envoi de la marchandise au destinataire. (Cour de cassation, 13 juin 1839, Sirey, 39, 1, 961, et 28 mai 1836, Sirey, 36, 1, 781.)

L'exception admise par l'article 2 de l'arrêté du

27 prairial an IX doit donc être rigoureusement restreinte dans les limites tracées par cet article.

Toutefois la jurisprudence admet que les lettres non cachetées adressées à un négociant et contenant demande de marchandises que le porteur de ces lettres doit rapporter] lui-même rentrent dans la catégorie exceptée par l'article 2 et que le transport de ces lettres par le voiturier qui doit ramener les objets demandés ne constitue pas l'immixtion prohibée. (Cour de cassation, 25 mars 1843, Sirey, 43, 1, 631. — *Id.*, 17 avril 1828, Sirey, 29, 1, 160. — Orléans, 7 février 1848, Sirey, 48, 2, 317.)

Mais un arrêt plus récent de la Cour suprême, en date du 15 juin 1844 (*Journal du Palais*, t. 1er 1845, p. 85), semblerait indiquer une tendance à revenir sur cette jurisprudence.

En tout cas, il nous paraît certain que si la lettre de demande contient les éléments d'un marché à intervenir pour la livraison de ces marchandises, s'il y a, par exemple, offre d'un prix ou demande d'une quantité de marchandises supérieure à celle qui doit être immédiatement ramenée, il nous paraît certain, disons-nous, qu'en pareil cas on ne saurait exciper du bénéfice de l'article 2 de l'arrêté de l'an IX (1).

153. Par plusieurs arrêts en date du 19 avril

---

(1) Voir au surplus sur tous ces points l'instruction de l'administration des postes, du 30 mars 1832, pour l'exécution de l'arrêté de l'an IX (article 832).

1845 (Sirey, 45, 1, 393), la Cour de cassation a jugé que l'exception puisée dans l'article **2** de l'arrêté de l'an ix et tirée de ce que les lettres saisies étaient uniquement relatives au service personnel du messager ne saurait être justifiée *que par la représentation de ces lettres elles-mêmes,* et que la preuve testimoniale ne serait pas recevable même au cas où le messager ne pourrait se procurer ces lettres.

Cette solution paraît contraire aux principes reçus en matière répressive, ainsi qu'au droit de la défense, et bien qu'elle invoque l'article 1er du décret du **2** messidor an xii, portant que les lettres et paquets saisis en vertu de l'arrêté de l'an ix « seront expédiés par le bureau le plus voisin du » lieu de la saisie, au rebut à Paris, où ils ne pour- » ront être rendus que sur réclamation et à la charge » de payer le double de la taxe ordinaire », — il nous paraît impossible de l'admettre en thèse doctrinale. La disposition du décret de l'an xii n'était pas de nature à faire fléchir des principes supérieurs et d'éternelle justice. Le mieux est de voir dans ces décisions rendues le même jour et dans des affaires identiques uniquement des arrêts d'espèce déterminés par des circonstances de fait dont les jugements cassés avaient refusé de tirer les conséquences légales.

154. L'article 3 de l'arrêté du **27** prairial an ix porte :

« Pour l'exécution du présent arrêté, les direc-
» teurs, contrôleurs et inspecteurs des postes, les
» employés des douanes aux frontières, et la gen-
» darmerie nationale, sont autorisés à faire ou faire
» faire toutes perquisitions et saisies sur les messa-
» gers, piétons chargés de porter les dépêches,
» voitures de messageries et autres de même espèce,
» afin de constater les contraventions, à l'effet de
» quoi ils pourront, s'ils le jugent nécessaire, se
» faire assister de la force armée. »

Ce droit de perquisition ne peut s'exercer que
contre les personnes qui font habituellement et pro-
fessionnellement des transports (1). Il ne pourrait
s'exercer ni sur les personnes ni même dans les
effets de simples voyageurs (2). Et enfin une perquisition illégale ne pourrait, en principe, donner
lieu à l'application des peines prononcées par l'arrêté de l'an ix (3).

Il va sans dire que des perquisitions pourront
être faites en vertu de l'article 3 précité dans les
voitures, gares et dépendances des chemins de fer
et sur les employés qui concourent au transport.

---

(1) C. cas., 18 juin 1842 (Sir., 42, 1, 859); *id.*, 13 déc. 1843 (Sir.,
44, 1, 428); *id.*, 6 nov. 1845 (Sir., 46, 1, 269); voir aussi C. cas.,
6 mai 1843 (Sir., 43, 1, 252).

(2) C. cas., 13 avril 1833 (Sir., 33, 1, 718); *id.*, 11 juin 1842 (Sir.,
42, 1, 654).

(3) C. cas., 21 mai 1836 (Sir., 36, 1, 525); *id.*, 13 déc. 1843 (Sir.,
44, 1, 428; *id.*, 6 nov. 1845 (Sir., 46, 1, 269); voir toutefois C. cas.,
25 juillet 1840 (Sir., 40, 1, 794).

Bien que les chemins de fer ne fussent pas connus à la date de cet arrêté, ses dispositions s'y appliquent virtuellement, et nous ne croyons pas que cette question ait jamais fait sérieusement doute.

155. L'article 5 de l'arrêté de prairial an IV est le dernier dont nous nous occuperons.

Il frappe les contrevenants d'une amende de 150 francs au moins, et de 300 francs au plus, pour chaque contravention.

L'importance de la peine prononcée devrait faire rentrer l'infraction à l'article 1er de l'arrêté de l'an IX dans la classe des *délits*. On est d'accord toutefois pour considérer cette infraction comme participant du caractère de la *contravention*, d'où la conséquence que la bonne foi n'est pas une excuse pour le voiturier et qu'il doit être condamné même lorsque les lettres transportées ont été glissées à son insu dans sa voiture ou dans quelqu'un des colis transportés (1).

M. Duverdy (n°s 251 et suiv.) s'élève avec force contre la rigueur d'un pareil système. Mais ce principe n'est pas appliqué uniquement en matière d'immixtion au transport des lettres; il s'applique en matière d'octroi, en matière de chasse, et on ne saurait le repousser ici sans battre en brèche toute une jurisprudence sur ces diverses matières.

____

(1) M. Cotelle, Chemins de fer (*loco citato*).

Quelque rigoureuse que soit la solution ci-dessus énoncée, elle n'a donc pas un instant fait doute et la Cour suprême n'a pas cessé de la consacrer. Cette cour a jugé notamment (nous nous bornerons à rappeler ses arrêts les plus récents) que le voiturier trouvé nanti d'une lettre contenue dans un panier dont le transport lui avait été confié est punissable, — bien qu'il ignorât que le panier en question renfermait une lettre (Cour de cassation, 20 novembre 1851, Sirey, 52, 1, 378, affaire Letroublon), la bonne foi n'étant pas une excuse en pareille matière. (Cour de cassation, 5 mai 1855, Sirey, 55, 1, 556.)

156. La jurisprudence est allée plus loin ; elle a décidé que le chef de gare d'un chemin de fer est personnellement responsable de toute immixtion dans le transport des lettres effectué à l'aide de colis admis dans la *gare*. Un arrêt des chambres réunies (28 février 1856, Sirey, 56, 1, 277) s'est formellement prononcé en ce sens, et l'on peut dire que la jurisprudence est désormais fixée à cet égard (1).

Nous transcrivons ici le texte de cet important arrêt par lequel les trois chambres de la Cour de cassation sont venues confirmer la jurisprudence de la chambre criminelle (arrêt précité du 5 mai 1855) :

« La Cour; — Vu les articles 1, 2 et 3 de l'ar-

____

(1) Voir dans le même sens le Code annoté des chemins de fer en exploitation, par M. Lamé-Fleury (p. 354, en note).

» rété du 27 prairial an ix; — Attendu, en fait,
» qu'un procès-verbal dressé par les employés de
» l'administration des postes, en date du 30 octobre
» 1854, constate qu'il a été saisi, dans une boîte
» déjà placée sur le wagon contenant les colis du
» train allant de Saint-Quentin à Creil et partant de
» Compiègne ledit jour, à une heure de relevée,
» sur le chemin de fer du Nord, une lettre ouverte
» adressée à Prudhomme, à Pontoise, et signée
» Pierre Ambroise; que cette saisie a été opérée sur
» un colis sortant de l'intérieur de ladite gare de
» Compiègne, pour être placé sur un wagon se
» trouvant alors dans ladite gare; — qu'il résulte
» de ces faits que c'est dans la gare même de Com-
» piègne, dont le prévenu Fournier est le chef, que
» la boîte contenant la lettre a été livrée au trans-
» port, et qu'il est également constaté que ces faits
» se sont passés en présence de Fournier; — Attendu
» que l'administration de la gare de Compiègne ap-
» partient à Fournier; que cette administration
» opère sous ses yeux, sous sa direction et par ses
» ordres; que toute négligence, défaut de surveil-
» lance ou contravention devient donc par cela
» même son propre fait, sans qu'il puisse en dé-
» cliner la responsabilité, sous prétexte qu'il se
» serait personnellement abstenu, ou bien qu'il
» aurait ignoré le fait, et que, n'ayant pas agi, il
» devait être considéré comme y étant resté étran-
» ger; — Attendu, en droit, qu'aux termes de

» l'article 1ᵉʳ du 27 prairial an ix , il est défendu à
» tous entrepreneurs de voitures libres et à toutes
» personnes étrangères au service des postes de
» s'immiscer dans le transport des lettres , sous les
» peines portées audit arrêté ; — Attendu que
» l'arrêt attaqué, sans contredire les faits énoncés
» au procès-verbal, non plus que la présence et la
» qualité de Fournier, l'a néanmoins relaxé de
» toutes poursuites par le motif qu'il n'était pas
» allégué que le prévenu eût pris personnellement
» à ces faits une part ou matérielle ou morale;
» qu'en statuant ainsi, l'arrêt attaqué a mal inter-
» prété, et, par suite, violé les articles 1 , 2 et 3 de
» l'arrêté précité, et qu'il s'est à tort abstenu de
» faire application des peines portées par l'article 5
» modifié par le décret des 24-30 août 1848 ; —
» Casse, etc. »

Cette décision ne nous paraît pas mériter toutes
les critiques que lui adresse M. Duverdy, du moment
qu'on reconnaît aux compagnies de chemins de fer
le droit de faire ouvrir les colis pour en vérifier le
contenu, à charge toutefois d'avertir préalablement
le propriétaire des marchandises, afin qu'il se trouve
présent à l'ouverture des colis. (MM. Dalloz, *Nouveau répertoire*, v° *Voirie par chemin de fer*, nᵒˢ 385
et 386; Petit de Coupray, *Manuel des transports*,
p. 39.)

157. Lorsque le voiturier frappé de la peine

prononcée par l'arrêté du **27** prairial an IX aura été de bonne foi, lorsqu'il aura ignoré la présence des lettres par lui transportées, il aura un recours contre l'expéditeur pour être indemnisé du montant de la condamnation et du tort que celle-ci aura pu lui causer (1); et comme cette condamnation est purement pécuniaire, c'est en définitive l'expéditeur (sauf les cas d'insolvabilité) qui supportera les conséquences de la désobéissance à l'arrêté de l'an IX. Il pourra être en outre passible de dommages-intérêts envers le voiturier, dont le sort n'est pas aussi rigoureux qu'on pourrait le penser au premier abord.

158. Les développements dans lesquels nous sommes entré au sujet du transport des lettres nous permettront d'être très-bref en ce qui touche les autres prohibitions et restrictions apportées à certains transports.

Parlons d'abord du transport du gibier. L'article 4 de la loi du 3 mai 1844 sur la chasse porte :

« Dans chaque département il est interdit de » mettre en vente, de vendre, d'acheter, de *trans-* » *porter* et de colporter *du gibier* pendant le temps » où la chasse n'y est pas permise. »

L'ouverture et la clôture de la chasse n'ayant pas lieu le même jour dans tous les départements, il en

____

(1) M. Duverdy, n° 259.

résulte que, si le transport du gibier est, à une certaine époque, interdit sur tous les points de la France, il est, en certains temps, permis en quelques lieux et prohibé en d'autres. Dans ce dernier cas, l'infraction sera commise dès que le gibier franchira la zone dans laquelle la chasse est ouverte en ce moment.

159. L'article 12 de la loi de 1844 contient la sanction pénale de cette prohibition :

« Seront punis », dit cet article, « d'une amende » de 50 à 200 francs, et pourront en outre l'être » d'un emprisonnement de 6 jours à 2 mois : 1°..... » 4° Ceux qui, en temps où la chasse est prohibée, » auront mis en vente, vendu, acheté, *transporté* » ou colporté *du gibier...* »

Malgré le taux de la peine et la condamnation possible à l'emprisonnement, — il s'agit encore ici, non pas d'un *délit* proprement dit, mais d'une *contravention*, en sorte que la bonne foi du voiturier ne sera pas, en principe au moins, admise comme excuse (sauf, bien entendu, le recours du voiturier contre l'expéditeur — *suprà,* n° 158).

On est généralement d'accord sur ce point (1).

160. Toutefois la chambre criminelle de la Cour de cassation a jugé le 9 décembre 1859, au rapport de M. le conseiller Nouguier (affaire Carbonnel,

____

(1) M. Duverdy, n°ˢ 262 et suiv.

Sirey, 60, 1, 190), que le facteur de messageries qui a transporté, en temps prohibé, du gibier dans une bourriche dont il n'a *ni connu* ni *pu connaître* le contenu, avait été acquitté avec raison en police correctionnelle.

Est-ce un retour sur la jurisprudence plus rigoureuse que nous avons analysée ci-dessus? La Cour de cassation croit-elle pouvoir se montrer moins sévère en cette matière où l'ordre public ne se trouve pas intéressé au même point qu'en matière de transport d'écrits? Ou bien enfin ne doit-on voir dans cette décision qu'un arrêt d'espèce?

Quoi qu'il en soit, cet arrêt est empreint d'une trop grande équité pour que nous croyions pouvoir lui adresser la moindre critique. Mais comme il faut prendre garde d'en exagérer la portée ou de l'isoler des circonstances particulières dans lesquelles il est intervenu, nous croyons utile d'en rapporter ici la teneur :

« La Cour; — Attendu qu'il appert des consta-
» tations de l'arrêt que, le 12 avril dernier, la
» chasse n'étant point permise, Carbonnel a été
» trouvé dans une des rues d'Arras, transportant
» une bourriche qui contenait du poisson, des
» champignons et aussi un quartier de chevreuil,
» bourriche que, en sa qualité de facteur des mes-
» sageries impériales à Arras, il portait à destina-
» tion dans la ville; — Attendu que, prévenu, en
» présence de ce fait, de transport de gibier en

» temps prohibé, Carbonnel a été renvoyé des pour-
» suites, et ce, selon le pourvoi, en violation de
» l'article 3 de la loi sur la police de la chasse
» du 3 mai 1844; — Attendu que si, en matière
» d'infraction de cette nature, la bonne ou la mau-
» vaise foi n'est point à rechercher, la loi a voulu,
» du moins, que le fait poursuivi ait été libre-
» ment et volontairement accompli; — Attendu
» que, s'il est encore de règle, en semblable ma-
» tière, que la volonté est présumée contre celui
» qui est surpris sur la voie publique transportant
» du gibier en temps prohibé, il est également de
» règle que cette présomption disparaît devant la
» preuve qu'il y a eu, de la part du prévenu, ab-
» sence entière de volonté; — Attendu que l'arrêt
» attaqué, en s'appropriant expressément les motifs
» des premiers juges, a décidé, en point de fait,
» que Carbonnel n'avait pas librement et volontai-
» rement agi, puisqu'il y est déclaré qu'il n'avait
» *ni connu ni pu connaître* le contenu de la bour-
» riche; — Attendu qu'en ajoutant à cette décla-
» ration un motif puisé dans cette circonstance que
» le prévenu n'agissait que comme simple agent du
» directeur des messageries impériales à Arras,
» l'arrêt attaqué, loin d'affaiblir les conséquences
» de l'appréciation des premiers juges, les a justi-
» fiées à un nouveau titre, d'un côté, en décidant
» que l'obligation de vérifier les colis transportés
» par les messageries ne pouvait pas être considérée

» comme pesant sur un facteur, instrument passif
» de cette administration, et, d'un autre côté, en
» indiquant, par cette considération même, quels
» sont ceux sur lesquels, pour de semblables trans-
» ports, la responsabilité pénale doit porter; —
» Rejette, etc. »

161. En cas de transport, en temps prohibé, par
un chemin de fer, M. Duverdy, tout en combattant
la jurisprudence de la Cour suprême, enseigne
(n° 263) que c'est le conducteur du train qu'on
poursuit comme responsable, et cet auteur cite, en
ce sens, un arrêt de la Cour impériale de Paris du
18 avril 1857. (*Gazette des Tribunaux* du 3 mai 1857.)

On s'adresse au conducteur du train « parce que
» c'est lui qui est censé opérer le fait matériel du
» transport, et qu'on pense qu'en le condamnant
» on arrivera à diminuer le nombre des délits et à
» empêcher le transport du gibier quand la chasse
» n'est pas ouverte ».

Pour nous, nous ne croyons pas que cet arrêt ait
posé une règle générale et absolue. La responsabilité variera suivant les différentes espèces, et l'on
poursuivra, suivant les cas, tel employé plutôt que
tel autre. A défaut de circonstances particulières, la
responsabilité pourra incomber aux chefs de gare,
d'après le principe consacré par l'arrêt des chambres réunies du 28 février 1856. (*Suprà*, n° 137.
Nous ne voyons, en effet, aucun motif de répudier

ici cette jurisprudence, à moins qu'on ne considère comme un arrêt doctrinal et comme un retour sur cette même jurisprudence l'arrêt précité du 9 décembre 1859.

Mais alors la prohibition de transporter du gibier lorsque la chasse n'est pas ouverte aurait-elle encore une sanction efficace, alors qu'aujourd'hui et même avec la jurisprudence qui refuse de tenir compte de la bonne foi du voiturier, les contraventions sont déjà si nombreuses?

Et d'ailleurs pourquoi une exception à la règle générale, en faveur des employés des chemins de fer? C'est un point sur lequel M. Duverdy a négligé de s'expliquer.

Quoi qu'il en soit, une circulaire ministérielle du 9 avril 1856 est venue rappeler les prohibitions relatives au transport du gibier. Cette circulaire déclare que l'administration est résolue à requérir la révocation des agents des compagnies qui auraient été frappés de condamnations pour délits de cette espèce.

162. Certaines marchandises ne peuvent être introduites en France ou en sortir sans être soumises au payement de certains droits perçus par l'administration des douanes; d'autres ne peuvent circuler à l'intérieur de la France ou pénétrer dans certaines villes sans acquitter certaines redevances perçues par la régie des contributions indirectes et

par les octrois. Le transport de ces diverses marchandises est assujetti à des déclarations préalables pour la perception de ces droits. A défaut de ces déclarations il y a contravention à la charge des personnes qui exécutent le transport (1); une amende et la confiscation des marchandises sujettes aux droits sont alors prononcées.

En cas de transport de marchandises de contrebande, on saisit même, outre ces marchandises, la voiture et les chevaux comme moyen de transport. (Lois du 4 germinal an II, titre II, article 10, et du 28 avril 1816, articles 38 et 41.—Cour de cassation, 26 avril 1828, Sirey, 28, 1, 429; id., 19 août 1858, Sirey, 59, 1, 444, etc...)

Les principes en cette matière sont les mêmes que ceux qui ont été ci-dessus exposés en traitant du transport du gibier et de l'immixtion dans le transport des lettres. Il serait donc à la fois inutile et fastidieux de rentrer dans tous ces détails.

163. Ici encore la bonne foi ne peut être invoquée à titre d'excuse (2). L'administration seule pourrait examiner cette question, afin d'accorder

___

(1) M. Van Huffel, n⁰ˢ 79 et suiv. voitures publiques.

(2) Voir un arrêt du 6 sept. 1845, C. cas. (Sir., 45, 1, 87.) Il décide que la contravention résultant de ce qu'une voiture d'eau ou de terre a pénétré dans une ville sans faire la déclaration d'octroi préalable ne saurait être excusée à raison d'une mesure de police défendant aux voitures de stationner à l'entrée de la ville. Nous croyons pouvoir citer ici cet arrêt, bien qu'il ait été rendu en matière d'octroi.

remise totale ou partielle de la peine encourue.

L'application de ce principe a été faite très-fré-
quemment aux voituriers par la jurisprudence de la
Cour de cassation. (Voir notamment 19 juillet 1819,
Sirey, 19, 1, 375.—*Id.*, 12 juin 1828, Sirey, 28,
1, 378, etc...)

Toutefois, en matière de douanes, la jurisprudence admet que les voituriers et entrepreneurs de
transport, s'ils sont de bonne foi et ne sont pas
complices de la fraude, doivent être mis hors de
cause, s'ils font connaître les véritables auteurs de
cette fraude. Mais il faut que cette désignation soit
exacte, efficace et permette à l'administration
d'exercer contre les véritables auteurs de la fraude
des poursuites utiles. Ce sont les termes d'un arrêt
de la Cour de cassation du 10 novembre 1854.
(Sirey, 57, 1, 154.)

Cette exception dont s'étonne M. Duverdy (n°⁵ 264
et suivants), tout en la proclamant équitable, s'explique par la présence d'un texte spécial, en matière de douanes, — concernant les voituriers et
entrepreneurs de transports,—à savoir, l'article 29,
titre II, de la loi du 22 août 1791, lequel porte :

« Les messagers et conducteurs de voitures pu-
» bliques seront soumis, pour les objets dont leurs
» voitures se trouveront chargées, aux formalités
» ordonnées par le présent titre. En cas de contra-
» vention ou de fraude, la confiscation des mar-
» chandises sera prononcée contre eux, ainsi que

» l'amende dont les propriétaires, fermiers ou ré-
» gisseurs desdites voitures seront responsables ;
» *néanmoins, la condamnation à l'amende n'aura pas*
» *lieu lorsque les objets seront portés sur la feuille qui*
» *doit être représentée pour servir à la déclaration.*
» Dans aucun cas, les voitures et chevaux appar-
» tenant aux fermiers ou régisseurs des messageries
» ne pourront être saisis (1). »

La feuille dont parle l'article précité, si elle est régulièrement dressée, met l'administration à même de poursuivre le véritable auteur du délit ; la jurisprudence, partant de ce point, est arrivée à conclure que la même exception aux poursuites personnelles contre le voiturier devrait être admise, si ce voiturier mettait l'administration à même de poursuivre utilement l'auteur de la fraude à laquelle il est lui-même resté étranger.

Ainsi nous paraît s'expliquer une jurisprudence qui remonte à près de 50 années. (Voir notamment Cour de cassation, 22 mai 1818. — *Id.*, 18 décembre 1818, Sirey, Collection nouvelle, 5, 1, 480, et 561, 9 juillet 1819, Sirey, 17, 1, 375, etc...)

164. Les voituriers sont tenus de faire les décla-

---

(1) Cette dernière disposition exceptionnelle, relative à la saisie des chevaux et voitures, a été abrogée soit par l'article 10, titre II, de la loi de germinal an II, soit par les articles 41 et 51 de la loi du 28 avril 1816. Voir l'arrêt précité de la Cour de cassation du 26 avril 1828, Sir., 28. 1. 429.

rations et de remplir les formalités nécessaires à raison des marchandises qu'ils se sont chargés de transporter.

Si par leur négligence il y avait saisie ou confiscation des marchandises, M. Van Huffel estime que les voituriers seraient responsables de la valeur de ces marchandises comme si elles étaient perdues et qu'ils pourraient être condamnés, en outre, à des dommages-intérêts (1).

Cette solution est conforme aux principes ainsi qu'à l'équité.

Le voiturier serait, à plus forte raison, responsable des conséquences d'une fausse déclaration, alors qu'il aurait reçu de l'expéditeur des indications suffisantes et exactes.

C'est en ce sens qu'un arrêt de la Cour de cassation du 26 février 1855 (Sirey, 57, 1, 197) a déclaré un voiturier responsable de la saisie faite des marchandises par la douane, lorsque cette saisie a eu pour cause les énonciations fausses d'une lettre de voiture rédigée contrairement aux indications régulières remises au voiturier par l'expéditeur. (Affaire Cazenave contre Satin-Bouillet.)

165. La responsabilité du voiturier, pour les transports illicites, dont il vient d'être question dans ce chapitre, cesserait d'exister, si le voyageur

---

(1) M. Van Huffel, n° 29.

ou l'expéditeur accompagnait les colis dans lesquels seraient renfermés les objets donnant lieu à la prohibition. Les poursuites, en pareil cas, devraient être dirigées uniquement contre ce voyageur ou expéditeur qui devrait être condamné comme personnellement responsable.

Mais il en serait autrement si les objets en question avaient été introduits à découvert, — au vu et au su du voiturier, dans les voitures, wagons ou bateaux. Alors il y aurait faute personnelle imputable au voiturier, qui devrait être poursuivi en même temps que l'expéditeur ou voyageur, et serait passible d'une peine comme coauteur ou comme complice de l'infraction (1).

Cette double solution, qui ne paraît pas d'ailleurs pouvoir faire sérieusement difficulté, résulte de l'ensemble de la jurisprudence analysée ci-dessus.

---

(1) Cette infraction participe à la fois, comme nous l'avons vu, du délit et de la contravention.

CHAPITRE ONZIÈME.

CONTENTIEUX. — COMPÉTENCE ET PROCÉDURE.

SOMMAIRE.

166. Il nous reste à parler de la manière dont se meuvent, devant les tribunaux, les litiges soulevés entre les voituriers et les expéditeurs ou les destinataires, à retracer, à ce sujet, les principes de la compétence, et à indiquer les règles spéciales de procédure qui peuvent exister en cette matière.

Deux actions principales dérivent, comme nous l'avons vu, du contrat de transport : l'action en payement du prix appartenant au voiturier contre l'expéditeur ou le destinataire; l'action en responsabilité appartenant à ces derniers contre le voiturier.

Devant quels tribunaux devront être portées ces actions? Est-ce devant la juridiction civile ou devant la juridiction commerciale? Question de compétence *ratione materiæ*. Puis cette difficulté une fois résolue, devant le tribunal de quelle localité devra être portée cette action?

167. Occupons-nous d'abord de l'*action en payement*.

Si le contrat de transport est commercial vis-à-vis des deux parties, l'action devra être portée devant le tribunal de commerce, qui jugera en dernier ressort si le chiffre de la demande n'est pas supérieur à 1,500 francs, et à charge d'appel devant la cour impériale du ressort si la demande s'élève à un chiffre supérieur. (Code de commerce, article 639.)

Si le contrat est purement civil de sa nature à l'égard du voiturier et de l'expéditeur ou du destinataire, pas de difficulté encore; l'action devra être intentée devant la juridiction civile et suivra les règles ordinaires.

Jusqu'à 200 francs la demande sera de la compétence du juge de paix, qui jugera sans appel ou à charge d'appel devant le tribunal civil d'arrondissement, suivant que le montant de la réclamation du voiturier sera au-dessous ou au-dessus de 100 francs. (Loi du 25 mai 1838 sur les justices de paix, article 1er.)

Au-dessus de 200 francs, la demande sera portée devant le tribunal civil d'arrondissement, qui jugera en dernier ressort jusqu'à concurrence d'une réclamation de 1,500 francs, et en premier ressort seulement sur les réclamations supérieures à ce chiffre.

L'appel, dans ce dernier cas, sera porté devant la cour impériale dont dépendra ce tribunal. (Loi du 11 avril 1838, article 1er.)

Si le contrat est commercial à l'égard de l'une des parties seulement, il faut distinguer si c'est le demandeur ou bien le défendeur qui seul a la qualité de commerçant. Le voiturier (demandeur, puisqu'il s'agit de l'action en payement du prix du transport), est-il seul commerçant? c'est encore la juridiction civile qui sera compétente. Si, au contraire, le défendeur a seul la qualité de commerçant, la demande pourra être portée, au choix du demandeur, devant le tribunal civil ou devant le tribunal de commerce (1). En effet, le contrat qui motive la réclamation est alors un contrat civil de sa nature, ce qui justifie le recours devant les tribunaux ordinaires; mais si l'action est portée devant le tribunal de commerce, le défendeur, à raison de sa qualité de commerçant, ne peut décliner la juridiction consulaire. On est généralement d'accord sur tous ces points, qui ne font plus aujourd'hui difficulté.

Voilà pour la compétence *ratione materiæ*.

168. Passons à la compétence *ratione loci*.

Devant le tribunal (civil ou commercial) *de quelle localité* devra être introduite la demande en payement à la requête du voiturier?

L'action, étant incontestablement mobilière et

---

1 M. Pardessus, n° 1347 ; C. cass., 12 déc. 1836 Sir., 37, 1, 112 ; Bourges, 17 juillet 1837 Sir., 38, 2, 120 ; Bourges, 31 mars 1841 Sir., 42, 2, 78. Voir toutefois en sens contraire : MM. Carré, *Compétence*, t. II, p. 533; Orillard, *Compétence des tribunaux de commerce*, n° 133 et suiv.

personnelle, devra être portée devant le tribunal du domicile du défendeur ou, à défaut de domicile, devant le tribunal de la résidence de ce défendeur. La règle est tracée par l'article 59 du Code de procédure civile.

Toutefois, s'il s'agit d'une instance commerciale, ce texte doit être combiné avec l'article 420 du même Code, qui est compris au titre *De la procédure devant les tribunaux de commerce*, et qui porte :

« Le demandeur pourra assigner à son choix,

» Devant le tribunal du domicile du défendeur;

» Devant celui dans l'arrondissement duquel la » promesse a été faite et la marchandise livrée;

» Devant celui dans l'arrondissement duquel le » payement devait être effectué. »

Après une assez longue controverse, on reconnaît, en effet, généralement aujourd'hui que les règles de compétence indiquées par cet article ne s'appliquent pas seulement au cas de vente, mais aux diverses conventions commerciales (1). Le texte de l'article 420 ne comporte pas de restriction, et l'esprit de la loi, favorable aux transactions commerciales ainsi qu'à la facile et prompte expédition des procès entre commerçants, est tout à fait dans le sens de l'extension consacrée désormais par la doctrine et par la jurisprudence.

____

(1) MM. Pardessus, n° 1355; Duverdy, n° 142; C. cass., 8 juillet 1814, Sir., 15, 1, 15; C. cass., 8 mars 1827, Sir., 27, 1, 165; C. cass., 26 février 1839, Sir., 39, 1, 172.

En ce qui concerne spécialement les transports commerciaux, plusieurs arrêts ont reconnu applicables les dispositions de l'article 420 soit à l'égard de l'action du voiturier, soit à l'égard de l'action du destinataire ou de l'expéditeur. (Cour de cassation, 8 juillet 1814, Sirey. 15, 1, 15. — *Id.*, 26 février 1839, Sirey, 39, 1, 172. — Bordeaux, 4 mai 1848, Sirey, 48, 2, 429.)

Cependant un arrêt de Bastia, tout en paraissant admettre l'application de l'article 420 en ce qui concerne le lieu *du payement*, la repousse en ce qui concerne le tribunal du lieu de la promesse et de la livraison des marchandises. (Arrêt du 15 janvier 1855, Sirey, 55, 2, 23.) Mais cette distinction ne nous paraît pas juridique : on ne peut ainsi scinder arbitrairement l'article 420 ; il faut l'admettre ou le rejeter entièrement en matière de transports, et c'est dans le sens de la complète admission qu'il eût, à notre avis, fallu se prononcer. (Voir en ce sens un arrêt de la Cour de cassation du 29 avril 1856, Sirey, 56, 1, 579.)

169. Le voiturier pourra donc assigner, à son choix, son débiteur commerçant, soit devant le tribunal du domicile ou de la résidence de ce dernier, soit devant le tribunal du lieu fixé pour le payement du prix du transport, soit devant le tribunal du lieu où la convention de transport aura

été faite et la marchandise remise pour être transportée (1).

Mais pour que ce dernier tribunal soit compétent, il faudra que la convention et la livraison de la marchandise au voiturier aient eu lieu dans un même endroit, ou tout au moins dans le ressort d'un même tribunal. Ce point ne fait plus aujourd'hui difficulté (2).

La question de savoir ce qu'il faut entendre, au cas spécial de transport commercial, par ces mots : *la marchandise livrée*, est plus délicate. Comme on l'a vu, nous pensons qu'il s'agit, non pas de la livraison faite au destinataire après le voyage effectué, mais de la remise faite au point de départ en vue du transport à effectuer. (*Suprà*, n° 168.) C'est ainsi que l'a décidé la Cour de cassation par un arrêt du 29 avril 1856 (Sirey, 56, 1, 579, affaire chemin de fer de Rouen), et auparavant un arrêt de la Cour impériale de Bourges du 26 avril 1854. (Sirey, 54, 1, 540.)

L'arrêt de la Cour de cassation, rendu par la chambre des requêtes, est peu explicite. Quant à

---

(1) M. Duverdy, n° 145. Le même auteur enseigne (n° 144) qu'en cas d'interruption du voyage, par ordre de l'expéditeur, le tribunal du lieu où l'on a arrêté le voyage sera compétent pour connaître des actions contre le voiturier et contre le destinataire ou l'expéditeur. En ce sens, arrêt de Trèves du 26 fév. 1810 (Sir., 10, 2, 223).

(2) MM. Nouguier, *Tribunaux de commerce*, t. II, p. 360; Pardessus, t. Ier, n° 1354; Orillard, n° 607 *bis*; Pigeau, t. Ier, p. 714; C. cass., 13 nov. 1811, Sir., 13, 1, 367; C. cass., 17 mars 1847, Sir., 47, 1, 526, etc., etc.

l'arrêt de Bourges, il s'appuie sur ce que c'est à telle gare déterminée que l'expéditeur a traité avec les agents de la compagnie du chemin de fer et que celle-ci lui a livré les wagons, d'où il conclut que la compagnie de chemin de fer a pu être assignée devant le tribunal dans l'arrondissement duquel était située cette gare.

La solution nous paraît exacte : mais n'est-ce pas renverser les rôles que de voir la livraison de la marchandise dans le fait, par le voiturier, de mettre ses véhicules à la disposition de l'expéditeur? Ne fallait-il pas dire au contraire que c'était à cette gare que la marchandise avait été livrée par l'expéditeur, au moyen de la remise effectuée des objets à transporter? Un wagon, un bateau, une voiture ne sont pas des *marchandises* en pareil cas, surtout au regard de l'expéditeur, et, au point de vue où nous nous plaçons, ce mot ne peut s'entendre que des objets à transporter (1).

170. Passons aux questions de compétence en ce qui touche l'action en responsabilité dirigée contre le voiturier.

Quant à la compétence *ratione materiæ*, nous ne

---

(1) Voir toutefois un arrêt de la Cour de cassation du 9 décembre 1836 Sir., 36, 1, 881, qui considère les places et voitures des messageries comme des marchandises. Mais il s'agissait d'une question de *coalition entre voituriers*, et cet arrêt ne contredit pas notre thèse pour le cas où il s'agit des rapports entre le voiturier et l'expéditeur.

pourrions que répéter ce qui a été dit plus haut à l'égard de l'action en payement.

Le plus souvent, l'expéditeur ou le destinataire aura affaire à des commerçants, car les voituriers de profession ont tous cette qualité. Les entrepreneurs de transport par chemin de fer, notamment, doivent être réputés commerçants (1).

Dans ce cas, si le demandeur est lui-même commerçant, l'action est de la compétence exclusive des tribunaux consulaires. Si le demandeur n'a pas la qualité de commerçant, il assignera à son choix devant un tribunal civil ou devant un tribunal de commerce. Tout cela a déjà été expliqué (2).

171. Mais il existe une disposition particulière en ce qui concerne *les effets accompagnant les voyageurs,* ou, en d'autres termes, les *bagages des voyageurs.*

L'article 2 de la loi du 25 mai 1838 sur les justices de paix porte :

« Les juges de paix prononcent, sans appel
» jusqu'à la valeur de 100 francs, et à charge
» d'appel jusqu'au taux de la compétence en der-
» nier ressort des tribunaux de première instance (3)
» sur les contestations entre les hôteliers, auber-

____

(1) M. Louis Nouguier, *Des tribunaux de commerce*, t. Ier, p. 413 ;
C. cass., 28 juin 1843. (Sir., 43, 1, 574.)

(2) MM. Van Huffel. n° 51 ; Duverdy, n° 147.

(3) C'est-à-dire jusqu'à concurrence de 1,500 francs. (Loi du 11 avril 1838, article 1er.)

» gistes ou logeurs, et les voyageurs ou locataires
» en garni, pour dépense d'hôtellerie et perte ou
» avarie d'effets déposés dans l'auberge ou dans
» l'hôtel;

 » *Entre les voyageurs et les voituriers ou bateliers,*
» *pour retards, frais de route et perte ou avarie*
» *d'effets accompagnant les voyageurs;*

 » Entre les voyageurs et les carrossiers ou autres
» ouvriers, pour fournitures, salaires et réparations
» faites aux voitures de voyage. »

Le troisième paragraphe de cet article, dont nous avons seulement à nous occuper ici, a donné lieu à deux questions : la première consistant à savoir quand les effets sont censés accompagner le voyageur; — la deuxième consistant à savoir si cette disposition de l'article 2 de la loi des justices de paix est applicable même entre commerçants.

172. La première question ne paraît pas de nature à soulever de sérieuses difficultés.

On s'est demandé si l'article 2 est applicable lorsque le voyageur ne prend pas place dans la *même voiture* que ses effets, et lorsqu'il les suit, par exemple, dans une voiture différente.

En vérité, une pareille distinction ne serait-elle pas empreinte d'une subtilité exagérée? Est-ce que le voyageur ne peut pas accompagner à pied, à cheval ou dans une deuxième voiture le véhicule qui transporte ses effets, sans se séparer pour cela de son bagage, sans que ses effets cessent de l'accompagner?

« Il est évident, » dit M. Rodière (1), « que le juge
» de paix ne laisse pas d'être compétent quand les
» effets du voyageur ont été placés, non pas dans
» la voiture même, — mais dans un des fourgons
» qui accompagnaient celle-ci et auraient dû arriver
» en même temps ou plus tôt à destination (2). »

Tels sont bien, en effet, l'esprit et le sens de la
loi. Tout ce qu'il importe de constater pour que l'article 2 précité soit applicable, c'est, d'une part, la
simultanéité du voyage des effets et de leur propriétaire, — c'est, d'autre part, le caractère de ces
effets par rapport au voyageur; il faut qu'il s'agisse
de ces objets ou colis personnels au voyageur; et il
ne suffirait pas qu'un expéditeur accompagnât une
voiture qu'il aurait fait charger de ses marchandises pour que l'article 2 fût applicable. Il faut
qu'il s'agisse d'un voyageur et de *bagages* proprement dits; tel est le sens de ces mots: effets accompagnant le voyageur.

M. Carou, n° 148 (*De la juridiction civile des
juges de paix*), n'entend pas ainsi la disposition
de l'article 2 :

« S'il est vrai, » dit-il, « que pour le voyageur

---

(1) M. Rodière, *Exposition raisonnée des lois de la compétence et
de la procédure*, t. Ier, p. 53, note 1.

(2) Dans le même sens, MM. Benech, *Traité des justices de paix*,
p. 70; Giraudeau, *Commentaire de la loi des justices de paix*, p. 67.

» qui suit ses effets et à bien dire les accompagne,
» quoiqu'il ne voyage pas dans la même voiture,
» diligence ou patache, il y eût le même intérêt à
» réclamer le bénéfice de la loi nouvelle, et que cela
» aussi, en le considérant sous ce rapport, parai-
» trait être dans l'esprit de cette loi, il faut d'autre
» part, pour bien apprécier la question, la consi-
» dérer sous un autre point de vue. La loi nouvelle
» n'établit pas un privilége au profit du voyageur,
» elle constitue un droit réciproque; de sorte que
» si le voyageur peut s'adresser au juge de paix
» pour réclamer les effets ou l'indemnité due pour
» perte, avarie, etc..., à son tour l'entrepreneur de
» voiture ou messagerie peut assigner le voyageur
» devant le juge de paix pour le payement de son
» salaire, etc... Par conséquent, il faut voir le con-
» trat au moment où il se forme. Or, à ce moment,
» il ne s'agit que d'un transport d'effets, non de
» voyageurs; rien n'indique encore que le voyageur
» doive accompagner ses effets, et s'il le fait, cela
» est un acte libre de sa volonté, mais indépendant
» du contrat formé. De là il suit que par la nature
» du contrat l'entrepreneur serait sans qualité et
» sans droit pour poursuivre le voyageur confor-
» mément à l'article 2 de la loi nouvelle; et cela
» suffit pour écarter de même l'action du voyageur
» contre l'entrepreneur; le droit doit être réci-
» proque. En un mot, ce n'est pas là le cas de la loi,
» et la loi est inapplicable. »

Cette solution nous paraît de tous points inadmissible, et l'argumentation qui lui sert de base n'est que spécieuse. M. Carou ne tient pas compte de la nature des effets transportés ni du voyage simultané du propriétaire, lequel attribue de plus fort à ces effets le caractère de bagages. Il faut que le propriétaire, à raison de la nature de pareils effets dont il a besoin d'un moment à l'autre, à raison aussi de cette circonstance qu'il voyage et ne peut séjourner longtemps dans un même endroit, puisse faire régler immédiatement, sans se détourner de sa route et sans s'exposer à de grands frais, les contestations surgies à l'occasion de ces bagages entre lui et le voiturier. Les mêmes motifs s'appliquent évidemment lorsque le voyageur accompagne son bagage dans une autre voiture.

M. Carou nous paraît, en outre, exagérer le sens de ces mots de l'article 2, contestations pour *frais de route*, lorsqu'il range dans cette catégorie l'action en payement du prix du transport convenu avec le voiturier. Cette action, suivant nous, est distincte des cas prévus par la loi sur les justices de paix et doit être régie par les principes généraux en matière de compétence. (Voir *suprà*, n°s 167 et suivants.)

173. La question de savoir si l'article 2 de la loi sur les justices de paix s'applique même en matière commerciale et entre commerçants est plus délicate et se trouve encore controversée.

On a soutenu qu'en matière de réclamations d'effets accompagnant le voyageur, l'action, même dirigée contre un commerçant, devait toujours et nécessairement être portée devant le juge de paix (sauf le cas où la demande serait supérieure à 1,500 francs). — C'est en ce sens que se prononce M. Van Huffel (n° 52), en invoquant un jugement du tribunal de commerce de Paris du 31 octobre 1839. C'est aussi en ce sens qu'a statué la cour impériale de Paris par deux arrêts, l'un du 13 février 1844 (Sirey, 55, 2, 331, note 2), l'autre du 9 décembre 1864. (M. Pinel, *Jurisprudence des chemins de fer*, 1865, p. 30.)

Cette solution nous paraît inexacte. Les tribunaux de commerce forment une juridiction à part, à laquelle est attribuée toute contestation commerciale, à l'exclusion, en principe, des tribunaux civils ordinaires et des justices de paix. Lors donc que le législateur modifie le taux de la compétence des tribunaux civils ou des juges de paix, il ne statue que pour les matières civiles et ne permet pas d'empiéter par voie d'induction sur la juridiction commerciale. Les règles de compétence des juges de paix ont été établies par une loi spéciale; pour qu'on puisse invoquer ces règles, encore faut-il que la matière à juger soit *ab initio* et par elle-même du ressort des juges de paix. Lors donc que l'article 2 de la loi du 25 mai 1838 dit que les juges de paix connaîtront, jusqu'à concurrence de 1,500 francs,

des contestations entre voyageurs et voituriers, —
cet article ne parle que des contestations dont les
juges de paix auraient, avant cette loi de 1838,
pu déjà connaître dans une certaine limite. D'ailleurs, ainsi que le fait remarquer M. Duverdy
(n° 148), on ne saurait admettre que l'action puisse
être, « d'après le chiffre de la demande, tantôt com-
» merciale, tantôt civile. Le taux de la demande
» détermine bien le ressort, mais il ne détermine
» jamais la nature de l'action. »

Aussi un arrêt d'Angers, notamment, a-t-il refusé
d'appliquer l'article 2 de la loi sur les justices de
paix aux contestations commerciales entre voyageurs et voituriers, en cas de perte de bagage (1).

Cet arrêt, en date du 3 mai 1855 (Sirey, 55, 2,
331, affaire du chemin de fer d'Orléans), est ainsi
motivé :

« En droit ; — Considérant que l'article 2, § 3,
» de la loi du 25 mai 1838, attribue au juge de paix
» compétence pour prononcer sans appel jusqu'à la
» valeur de 100 francs, et à charge d'appel jusqu'au
» taux de la compétence en dernier ressort des tri-
» bunaux de première instance, entre les voya-
» geurs et les voituriers ou bateliers, pour retards,
» frais de route et perte ou avarie d'effets accom-
» pagnant les voyageurs; — Considérant que cette

____

(1) Dans le même sens : Poitiers, 17 janvier 1861. (Sir., 61, 2, 332.)
Voir aussi un arrêt analogue de la cour impériale de Caen du 25
mars 1846. (Sir., 46, 2, 481.)

» disposition, qui déroge au droit commun sur la
» compétence et attribue au juge de paix juri-
» diction pour le cas spécial qu'elle prévoit,
» constitue une exception qui doit être restreinte
» aux faits seulement qu'elle a prévus ou pu pré-
» voir; — Considérant que, si l'on examine le sens
» et la portée de la loi, les motifs de ses disposi-
» tions, le but qu'elle s'est proposé, il est facile de
» reconnaître que la compétence du juge de paix
» consacrée par la loi précitée n'a été admise qu'afin
» de mettre à la disposition des parties une juridiction
» d'un abord plus facile, d'une décision plus prompte
» et moins dispendieuse, qui peut assurer au voya-
» geur, en cas de perte ou d'avarie des effets qui
» l'accompagnent, une prompte et certaine répa-
» ration; — Considérant que, si ce but doit être
» atteint dans la plupart des cas que le législateur
» a pu prévoir lors de la loi du 25 mai 1838, il ne
» saurait en être de même dans le cas du transport
» à de grandes distances et à grande vitesse par les
» chemins de fer; que ce mode de locomotion, les
» nécessités de son exploitation, les difficultés qui s'y
» rattachent en raison du nombre des voyageurs, les
» conséquences résultant de la confusion inévitable
» qui en est la suite, quant aux bagages et effets qui
» échappent à toute surveillance du voyageur pen-
» dant le transport, n'ont pu entrer dans les prévi-
» sions du législateur en 1838, puisque l'exploita-
» tion des chemins de fer à grandes distances et à

» grande vitesse n'existait pas en France à l'état de
» fait, et que la loi toute favorable au voyageur,
» dans le cas qui nous occupe, n'aurait pu consa-
» crer, sans une inconséquence inadmissible, des
» dispositions qui lui seraient tout à fait préjudi-
» ciables ; — Considérant, en effet, qu'obliger,
» dans les cas trop fréquents de perte ou d'avarie
» d'effets accompagnant les voyageurs par les che-
» mins de fer, lesdits voyageurs à porter leurs ré-
» clamations devant le juge de paix du domicile
» social des compagnies, c'est-à-dire, d'après la
» jurisprudence actuelle de la Cour de cassation,
» devant le juge de paix de l'un des arrondissements
» de Paris, avec nécessité, dans la plupart des cas,
» de plaider en appel devant le tribunal de première
» instance de la Seine, à quelque distance qu'ait
» été transporté le voyageur demandeur, ce serait
» consacrer au profit des compagnies de chemins
» de fer, au préjudice des justiciables, une injus-
» tice évidente ; que la situation qui serait ainsi
» faite au réclamant pourrait aller jusqu'au déni de
» justice, car les difficultés, les dépenses et faux
» frais que nécessiterait la réclamation en entraîne-
» raient le plus souvent l'abandon ; — considérant
» que l'on ne saurait admettre que la loi a prévu et
» voulu réaliser un tel résultat ; — considérant qu'il
» est de principe que toute exception doit être res-
» treinte aux cas seulement qu'elle a prévus ; que
» les chemins de fer et leur exploitation à grandes

» distances et à grande vitesse étaient, en 1838,
» hors de la prévision du législateur, et que des en-
» treprises de transport dans de telles conditions
» ne sauraient être comprises dans la désignation
» de voituriers ou bateliers auxquels s'appliquent
» les dispositions exceptionnelles de l'article 2, § 3,
» de la loi précitée du 25 mai 1838; — considérant
» que la compagnie du chemin de fer d'Orléans,
» comme entreprise de transport par terre, et à ce
» titre entreprise essentiellement commerciale, est
» restée, quant à ses actes, sous l'empire du droit
» commun, et que la juridiction compétente pour
» en connaître est la juridiction commerciale; —
» considérant qu'aux termes de l'article 420 du
» Code de procédure civile, le demandeur peut as-
» signer valablement en matière commerciale de-
» vant le tribunal dans l'arrondissement duquel le
» payement devait être effectué; que telle était la
» situation du tribunal de commerce d'Angers
» quant à l'obligation intervenue entre Marais et la
» compagnie du chemin de fer d'Orléans, le 8 mai
» 1854; — d'où suit que, sous ce rapport, ledit
» tribunal de commerce est compétent et que l'ex-
» ception opposée par la compagnie doit être re-
» jetée ;

» Considérant, d'ailleurs, qu'aux termes de l'ar-
» ticle 631 du Code de commerce, les tribunaux de
» commerce connaissent de toutes contestations re-
» latives aux actes de commerce, et que l'article 632

» du même Code répute acte de commerce toute
» entreprise de transport par terre et par eau; —
» considérant que l'article 2 précité de la loi du
» 25 mai 1838 n'a dérogé, ni d'une manière
» expresse, ni d'une manière implicite, à cette
» règle générale sur la compétence; — considé-
» rant, en effet, que le principe de la responsabilité
» des voituriers ou bateliers, quant aux effets qui
» leur sont confiés, admis par ladite loi du 25 mai
» 1838, a été posé dans notre législation tout à la
» fois au point de vue purement civil, par les arti-
» cles 1782 et suivants Code Napoléon, et encore
» au point de vue commercial par les articles 103
» et suivants Code commercial; qu'il est incontes-
» table qu'aux termes des articles précités une dou-
» ble et facultative action était ouverte au voyageur
» en cas de perte ou d'avarie des effets par lui con-
» fiés au voiturier : l'une devant les tribunaux de
» première instance, s'il invoquait la responsabilité
» résultant des articles 1782 et suivants; l'autre
» devant le tribunal de commerce, si ledit voyageur
» voulait invoquer les conséquences commerciales
» de la responsabilité prévue et admise par les ar-
» ticles 103 et suivants Code commercial; — con-
» sidérant que, si l'on examine avec soin le texte
» et l'esprit de la loi du 25 mai 1838, article 2, on
» doit reconnaître que, dans les limites de la com-
» pétence déterminée audit article, et pour le cas
» de responsabilité qui nous occupe, la juridiction

» du juge de paix a été substituée à celle du tri-
» bunal de première instance quant à la responsa-
» bilité civile résultant des articles 1782 et suivants ;
» mais qu'aucune dérogation n'a été apportée par
» ladite loi à la compétence commerciale applicable
» au même principe de responsabilité admis par les
» articles 103 et suivants Code commercial ; —
» considérant, en effet, que l'article 2 de la loi pré-
» citée du 25 mai 1838 n'indique. pour fixer la com-
» pétence des juges de paix à charge d'appel, que
» le taux de la compétence en dernier ressort des
» tribunaux de première instance, sans s'occuper
» des tribunaux de commerce ; que cette observa-
» tion devient décisive lorsqu'on se souvient qu'en
» 1838, au moment de la loi du 25 mai, la compé-
» tence en dernier ressort des tribunaux de pre-
» mière instance et des tribunaux de commerce
» n'était pas la même ; — considérant que le taux
» du dernier ressort des tribunaux civils de pre-
» mière instance avait été porté à 1,500 francs par
» la loi du 11 avril 1838, c'est-à-dire un mois à peu
» près avant la loi du 25 mai de la même année,
» tandis que la compétence en dernier ressort des
» tribunaux de commerce, fixée à 1,000 francs par
» le Code de commerce de 1807, n'a été portée à
» 1,500 francs que par la loi du 3 mars 1840,
» c'est-à-dire près de deux ans après la loi du
» 25 mai 1838 ; — considérant que, s'il restait
» quelques doutes, ils se trouveraient levés par la

» discussion devant les Chambres législatives de la
» loi du 25 mai 1838, et par le rejet de l'amende-
» ment qui proposait de soumettre aux juges de
» paix, dans les limites de leur compétence, les
» affaires commerciales, amendement rejeté après
» examen approfondi, et par cette considération
» qu'il valait mieux et qu'il était plus avantageux,
» dans l'intérêt du commerce, de laisser aux tribu-
» naux, établis pour en connaître, le jugement des
» contestations commerciales; — considérant en-
» core que la juridiction des tribunaux de commerce
» réalise, même en y ajoutant, tous les avantages
» que se proposait la loi du 25 mai 1838, c'est-à-
» dire une justice prompte, sans procédure ni frais;
» qu'elle permet au voyageur dont les effets ont été
» avariés ou perdus d'obtenir justice au lieu même
» de l'arrivée et au moment où le préjudice est
» constaté; que le taux plus élevé du dernier res-
» sort diminue le nombre des appels et empêche les
» retards qu'ils peuvent entraîner; enfin, que l'une
» des garanties accordées par la loi en raison de la
» nature de la contestation, la contrainte par corps,
» n'est point enlevée à celui qui obtient condamna-
» tion; — Par ces motifs, confirme, etc. »

174. Maintenant dans quel lieu devra être intentée l'action en responsabilité dirigée par l'expéditeur ou le destinataire contre le voiturier?

Ce sont ici les mêmes règles que celles qui ont

été exposées à l'occasion de l'action en payement.

En principe, l'action doit être portée devant le tribunal du domicile ou de la résidence du défendeur. Mais, si la matière est commerciale, on applique l'article 420 du Code de procédure civile et l'action peut être portée, en outre, soit devant le tribunal du lieu du payement, soit devant le tribunal du lieu où la promesse a été faite et la marchandise livrée.

Il a été jugé, par application de cet article, que l'action en dommages-intérêts formée contre une compagnie de chemins de fer par un voyageur pour perte de bagages peut être valablement portée devant le tribunal du lieu de l'arrivée. (Arrêt d'Angers du 29 juillet 1853, Sirey, 54, 2, 57, affaire chemin de fer de Nantes.) Le lieu de l'arrivée du voyageur peut, en effet, être considéré comme le lieu de l'exécution de l'obligation contractée par le voiturier, et par suite comme lieu *du payement* (en prenant ce dernier mot dans son sens général et juridique).

M. Duverdy (n° 150) critique vivement cette décision. Suivant cet auteur, le tribunal du lieu de l'arrivée ne serait compétent qu'autant que le prix de la place n'aurait pas été payé à l'avance (tandis que ce payement a lieu au départ pour les voyages en chemin de fer), et n'aurait été payable qu'à l'arrivée.

Cette interprétation étroite du mot payement ne

nous paraît pas devoir être suivie; le lieu du payement c'est le lieu fixé pour l'exécution de l'obligation.

En matière de transports, si l'on doit entendre
par lieu *où la marchandise est livrée* le lieu où
le voiturier charge la marchandise, il faut nécessairement entendre par lieu du payement le lieu
où la marchandise (ou bien le voyageur, comme
dans l'espèce précitée) est remise à destination.
L'un des paragraphes de l'article 420 se rapporte, en effet, à la formation du contrat, l'autre à
l'exécution qui y met fin et que la loi assimile au
payement.

D'un autre côté, est-il rationnel ou logique d'admettre que le voyageur, suivant qu'il aura ou non
payé sa place à l'avance, pourra ou ne pourra pas
réclamer la remise de ses bagages ou une indemnité
pour la perte de ces mêmes bagages devant le tribunal du lieu de l'arrivée? Évidemment, une pareille distinction n'a rien de juridique et suffirait à
elle seule pour justifier la décision de la cour impériale d'Angers.

Au surplus, la cour impériale de Poitiers s'est
prononcée dans le même sens que la cour impériale
d'Angers par l'arrêt précité du 17 janvier 1861
(affaire du chemin de fer d'Orléans), et a décidé
que le lieu de l'arrivée du voyageur, le lieu où il
devait recevoir ses bagages, devait être considéré
comme le lieu du payement pour l'application du

dernier paragraphe de l'article 420 du Code de procédure.

175. Il résulte des principes ci-dessus rappelés et de la jurisprudence dont nous venons de faire l'analyse que les voituriers, et spécialement les compagnies de chemins de fer, peuvent être assignés en responsabilité dans les divers cas de perte, d'avarie ou de retard :

1° Devant le tribunal du lieu de leur domicile ou de leur résidence ;

2° Devant le tribunal du lieu où la convention de transport s'est formée et où la marchandise a été remise à l'entrepreneur du transport ;

3° Devant le tribunal du lieu où le prix devait être payé, ce qui doit s'entendre du lieu où la marchandise est remise à destination.

Ainsi les compagnies de chemins de fer pourront être, en général, assignées en dommages-intérêts, soit devant le tribunal dans l'arrondissement duquel se trouve la gare du départ, soit devant le tribunal dans l'arrondissement duquel se trouve la gare de l'arrivée, eu égard, bien entendu, à l'expéditeur ou au voyageur qui réclame.

Ces solutions enlèvent un peu de leur importance aux questions de domicile des compagnies de chemins de fer. Nous devons toutefois nous expliquer sur ce point.

176. Suivant M. Duverdy (n° 157), le point de

départ pour résoudre la question de domicile des compagnies de chemins de fer serait la disposition de l'article 59 du Code de procédure civile portant que l'assignation devra être donnée :

« *En matière de société, tant qu'elle existe, devant* » *le juge du lieu où elle est établie.* »

Qu'il nous soit permis de faire remarquer que, malgré le caractère de *Sociétés commerciales* attaché aux compagnies de chemins de fer, — lorsqu'un expéditeur, par exemple, actionne celles-ci en dommages-intérêts pour perte ou avarie de marchandises, — on ne saurait dire que le procès a lieu *en matière de société*. Le procès ne porte pas, en effet, sur la validité, les conséquences, la régularité de la société, ni sur les droits des divers associés, soit entre eux, soit au regard de l'être moral appelé société. L'action de l'expéditeur ou du destinataire ne se meut pas en matière sociale, et par conséquent le paragraphe précité de l'article 59 du Code de procédure civile n'a rien à faire ici.

La seule règle applicable est posée au début de l'article 59, qui porte : *En matière personnelle, le défendeur sera assigné devant le tribunal de son domicile.* Les paragraphes qui suivent ne sont que des exceptions à cette règle.

Où sera le domicile des compagnies de chemins de fer?

Au lieu de *leur principal établissement*. Voilà ce

que répond la loi (Code Napoléon, article 102),
d'accord avec la raison (1).

177. La loi n'admet pas, d'ailleurs, en principe,
du moins, l'existence simultanée de plusieurs domiciles.

D'où il faut conclure, toujours en principe, que,
lorsque les compagnies de chemins de fer devront
être assignées devant le tribunal de leur domicile,
elles ne pourront être valablement assignées qu'en
un seul lieu : celui de leur principal établissement.

De là cette jurisprudence constante par laquelle
la Cour suprême a refusé d'admettre la validité des
assignations données aux compagnies devant les tribunaux des divers lieux où ces compagnies avaient
des gares.

Ainsi un arrêt de la Cour suprême du 4 mars
1845 (Sirey, 45, 1, 275), rendu en matière de règlement de juges, décide que la compagnie du chemin de fer de Paris à Rouen devait être assignée
devant les juges de Paris, lieu du *domicile* de la
société, parce que c'est l'établissement de Paris qui
est la maison sociale, *et le principal établissement.*

« En ce qui touche l'incompétence à raison du
» domicile, » porte cet arrêt : « Considérant que,
» quelle que soit l'importance de l'établissement
» commercial créé à Rouen par la compagnie ano-

---

(1) Voir sur le domicile des sociétés commerciales un arrêt de la Cour
de cassation du 18 pluviôse an XII. (Sir., 1, 2, 103)

» nyme du chemin de fer de Paris à Rouen, il n'en
» est pas moins vrai que c'est à Paris que les statuts
» de cette compagnie ont fixé le siége de la société
» et le centre de son administration ; que c'est, dès
» lors, l'établissement de Paris qui est la maison
» sociale *et le principal établissement ;* et que, d'après
» les articles 59 et 69 Code de procédure, c'est
» devant les juges de Paris, *lieu du domicile de la*
» *compagnie,* qu'elle devait être assignée ; — que
» c'est à tort que l'on soutient qu'une société doit
» avoir autant de domiciles commerciaux qu'elle a
» d'établissements ; qu'une société est un être moral
» dont la condition sous le rapport *du domicile* est
» déterminée par les articles 102 et suivants Code
» Napoléon ; — qu'il est vrai que, lorsqu'une so-
» ciété de commerce a contracté des obligations,
» fait des livraisons de marchandises, promis d'ef-
» fectuer des payements dans des lieux autres que
» celui du siége social, l'action dirigée contre elle
» peut suivre le *forum contractus* plutôt que le
» *forum rei,* conformément à l'article 420 du Code
» de procédure ; mais que ces circonstances ne se
» rencontrent pas dans l'espèce, et qu'il faut s'en
» tenir à la règle générale d'après laquelle *le tri-*
» *bunal du domicile du défendeur* est le tribunal
» naturellement compétent... Rejette. »

Ce remarquable arrêt de la chambre des requêtes,
rendu au rapport de M. Troplong, doit servir de
règle et de point de départ pour la solution des

questions de compétence dans les procès avec les compagnies de chemins de fer.

On peut consulter dans le même sens notamment deux arrêts de la Cour de cassation, l'un du 26 mai 1857 (chemin de fer d'Orléans, Sirey, 58, 1, 263), — l'autre du 5 avril 1859. (Chemin de fer de Lyon, Sirey, 59, 1, 673.)

178. De là encore la jurisprudence suivant laquelle, si le lieu du siége social n'est pas en même temps celui du principal établissement d'une compagnie de chemin de fer, c'est devant le tribunal de ce dernier lieu que la compagnie doit être assignée. (Cour de cassation, 21 février 1849, affaire chemin de fer de Montpellier, Sirey, 50, 1, 112.) Rien de plus précis et de plus net que cet arrêt :

« Attendu » porte-t-il, « que la question à juger » était de savoir où la compagnie anonyme du che- » min de fer de Cette avait *son domicile légal;* — » Attendu que ce n'est pas la déclaration faite par » les statuts pour Paris à l'égard des associés, *mais* » *bien son principal établissement qui constituait* ce » domicile à l'égard des tiers;

» Attendu que, d'après les faits de la cause, l'arrêt » attaqué a constaté que *le principal établissement* » de la compagnie était à Montpellier, et qu'en effet » c'est là qu'elle avait le centre de ses affaires com- » merciales, et qu'en l'ayant ainsi jugé l'arrêt at- » taqué n'a violé aucune loi... Rejette... »

La cour impériale de Bordeaux s'est prononcée
dans le même sens par deux arrêts en date des 11
et 12 août 1857. (Affaire chemins de fer du Midi,
Sirey, 58, 2, 257.)

Et la Cour de cassation a, par un arrêt du 4 mars
1857 (affaire chemins de fer du Midi, Sirey, 58, 1,
264), — confirmé dans les termes suivants sa précédente jurisprudence :

« La Cour; — Attendu que, suivant l'article 102
» du Code Napoléon, le domicile de tout Français
» est au lieu où il a son principal établissement; —
» Attendu que si, aux termes de l'article 69, § 6,
» Code de procédure, les sociétés de commerce
» doivent être assignées en leur maison sociale,
» considérée comme étant le lieu de leur établis-
» sement principal, une même société peut avoir
» plusieurs maisons, situées en divers lieux, réu-
» nissant les conditions d'un tel établissement, et,
» par conséquent avoir plusieurs domiciles; que,
» notamment, le Code de commerce suppose qu'il
» peut en être ainsi lorsqu'il exige que les publica-
» tions prescrites par les articles 42 et 43 soient
» remplies auprès du tribunal de commerce de
» chacun des arrondissements dans lesquels aura
» son siége l'une des maisons appartenant à la
» même société; — Attendu, en fait, que le dé-
» fendeur, qui a souffert, dans l'arrondissement de
» Bordeaux, en vertu de la loi du 3 mai 1841, l'ex-
» propriation de partie de sa propriété, dans l'in-

» térêt de la société anonyme des chemins de fer
» du Midi et canal latéral de la Garonne, a donné
» assignation à cette société, pour obtenir un com-
» plément d'indemnité qu'il soutient lui être dû, et
» a réclamé, en conséquence, la constitution d'un
» nouveau jury d'expropriation; — Attendu que ce
» propriétaire ayant cité la compagnie dans la per-
» sonne de Stéphen Bertin, François Samazailhe,
» Damas Junior et Baduel, ses administrateurs à
» Bordeaux, aux bureaux de la société, cours de
» Gourgues, n° 8, la cour impériale de Bordeaux,
» en rejetant la demande en annulation de cette
» assignation, a motivé son arrêt sur la déclaration
» suivante, savoir : que le principal établissement
» de la société se trouve à Bordeaux, où conver-
» gent toutes les lignes du chemin de fer du Midi,
» où siége un comité directeur, choisi parmi ses ad-
» ministrateurs, où elle a ses bureaux et ses agents,
» où se traitent toutes les affaires concernant l'ex-
» propriation des terrains, où est le centre de ses
» opérations réelles et du mouvement commercial
» par lequel elle se manifeste au public; — Attendu
» qu'en l'état de ces faits, c'est sans fondement que
» la société demanderesse s'est prévalue, au sou-
» tien de son pourvoi, de l'élection de domicile
» qu'elle avait faite, dans son cahier des charges, à
» Paris, rue d'Amsterdam, n° 3, confirmée par ses
» statuts et les décrets impériaux qui l'ont consti-
» tuée; que la réalité de ce domicile à Paris n'est

» nullement en contradiction avec l'existence d'un
» autre établissement principal à Bordeaux pour les
» besoins et l'intérêt de son importante entreprise,
» et dans les circonstances qui sont constatées par
» l'arrêt attaqué; — Que dès lors, loin de violer les
» articles 102 Code Napoléon et 69 Code de procé-
» dure, cet arrêt n'a fait à la cause qu'une juste
» application de ces dispositions légales, en se con-
» formant, d'ailleurs, au texte et à l'esprit des ar-
» ticles 15, 20 et 63 de la loi du 3 mai 1841 ; —
» Rejette le pourvoi formé contre l'arrêt de la cour
» de Bordeaux du 22 mai 1856, etc. »

On peut consulter dans le même sens un arrêt de
la Cour de cassation du 27 juillet 1858. (Affaire
chemin de fer de Lyon, Sirey, 58, 1, 653.)

179. Toutefois n'en devrait-il pas être autrement
dans le cas où une compagnie de chemin de fer aurait établi dans certains lieux, hors de son principal
établissement, des agents ou préposés spéciaux
chargés de la représenter?

En pareil cas, M. Duverdy enseigne (n° 155) que
la compagnie du chemin de fer peut être valablement assignée devant le tribunal du lieu où est
établi ce préposé spécial. La Cour de cassation a
jugé, en effet, le 30 juin 1858 (affaire chemin de
fer de l'Est, Sirey, 58, 1, 651), qu'une compagnie
pouvait être valablement assignée devant le tribunal
du lieu où elle avait une succursale.

Cet arrêt est ainsi conçu :

« Attendu que si, aux termes de l'article 69, § 6,
» Code de commerce, les sociétés de commerce doi-
» vent être assignées dans leur maison sociale, la
» même société peut avoir plusieurs maisons en
» divers lieux et peut, dès lors, être assignée vala-
» blement à chacune de ces maisons pour les affaires
» qui y ont été traitées ; — Que l'article 42 Code
» de commerce, reconnaît qu'il en peut être ainsi,
» puisqu'il exige la publication des actes de société
» dans chacun des arrondissements où la société a
» des maisons de commerce et par conséquent *un*
» *domicile ;* — Que, dans l'espèce de la cause, le tri-
» bunal de commerce de Mulhouse a reconnu et
» expressément déclaré dans les motifs de son juge-
» ment que la compagnie des chemins de fer de
» l'Est avait à Mulhouse un centre d'opérations de
» la plus haute importance ; qu'elle y avait une vé-
» ritable maison de transport, et que c'était avec
» cette maison que les frères Oswald avaient traité ;
» — Qu'il suit de là que l'assignation signifiée à la
» compagnie des chemins de fer de l'Est, à Mul-
» house, l'a été à celui des domiciles de cette com-
» pagnie où avait été formé le contrat dont les frères
» Oswald demandaient l'exécution ; — qu'en déci-
» dant que cette assignation était valable, *et que le*
» *tribunal de commerce de Mulhouse avait été régu-*
» *lièrement saisi de l'action des frères Oswald,* le
» jugement attaqué n'a violé ni l'article 69, § 6,

» Code de procédure civile, ni aucune autre dispo-
» sition de loi... Rejette. »

Un autre arrêt du même jour rendu sur un pourvoi de la même compagnie du chemin de fer de l'Est a décidé que celle-ci avait été valablement assignée devant le tribunal du lieu où, d'après son cahier des charges, cette compagnie est tenue d'élire domicile et de désigner un de ses membres pour recevoir les significations et les notifications. (Sirey, 58, 1, 652.)

On peut voir encore dans ce sens un arrêt de la Cour suprême du 4 mars 1857. (Chemin de fer du Midi, Sirey, 58, 1, 265.)

D'autres arrêts offrent avec ceux-ci de l'analogie et sont souvent cités comme ayant résolu la même question; mais, en réalité, ces derniers arrêts se sont préoccupés, non pas du point de savoir *devant quel tribunal* l'affaire devait être portée (question de compétence prévue par l'article 59 Code de procédure civile), mais bien du point de savoir *comment et en la personne de qui* les compagnies de chemins de fer peuvent être régulièrement assignées (question de forme prévue par l'article 69 Code de procédure civile). A ce dernier point de vue, il ne s'agit donc plus de compétence, et ce n'est pas ici que doivent trouver place ces derniers arrêts; nous les examinerons *infrà* (n° 191).

En attendant, nous voyons que, d'après une jurisprudence constante, la règle suivant laquelle le tribunal du domicile ou, en d'autres termes, le tribunal du lieu du principal établissement serait exclusivement compétent cède lorsque les compagnies de chemins de fer ont élu pour certaines opérations un domicile dans un autre lieu, et ont chargé des préposés spéciaux de les représenter en ce lieu. Les règles de la compétence *ratione loci* ne sont pas, en effet, d'ordre public, à la différence de celles qui concernent la compétence *ratione materiæ*; on peut donc valablement déroger à ces premières, notamment, par une élection de domicile faite expressément, ou par un acte qui emporte comme conséquence une semblable élection. (*Voir* l'article 59 Code de procédure, *in fine.*)

180. Lorsque plusieurs agents intermédiaires ont concouru à l'exécution d'un transport, et qu'à la suite d'une action en responsabilité dirigée contre l'un des voituriers ou des commissionnaires, ceux-ci exercent des recours de l'un à l'autre, devant quel tribunal devront être portées ces diverses actions récursoires?

La raison, d'accord avec la loi (article 59 Code de procédure civile), indique que ces recours doivent être portés devant le tribunal saisi de la demande originaire (1). Le défendeur sera assigné, porte l'article précité « en matière de garantie, de » vant le juge où la demande originaire sera pen-

____

(1) *Sic* M. Van Huffel.

» dante. » (*Voir* aussi l'article 171 Code de procédure civile.)

181. Les procès soutenus, à l'occasion des transports, contre les compagnies de chemins de fer, donneront lieu aux tribunaux d'examiner et d'appliquer à chaque instant les tarifs de ces compagnies.

Ces tarifs, homologués par le ministre des travaux publics, rendus exécutoires par le préfet, sont des actes essentiellement administratifs; quel sera dès lors le rôle des tribunaux civils et de commerce en face du grand principe de la séparation des pouvoirs administratifs et judiciaires et de la prohibition faite aux tribunaux « de connaître des actes administra-» tifs de quelque espèce qu'ils soient... »? (Loi du 16 fructidor an III. *Voir* aussi loi du 24 août 1790, article 13, titre II.)

La doctrine et la jurisprudence sont d'accord pour faire une distinction. Les tribunaux judiciaires ne pourront interpréter les actes administratifs dont le sens sera obscur ou qui présenteront des lacunes, — mais la simple application de ces actes appartiendra toujours à l'autorité judiciaire (1).

Ainsi, lorsque le sens d'un tarif ne sera pas sérieusement contesté ou contestable, les tribunaux

---

(1) MM. Dufour, *Droit administratif appliqué*, t. Ier, no 109; Cormenin, *Questions de droit administratif*, t. II, vo *Tribunaux*, no 3; Serrigny, *Traité de l'organisation de la compétence et de la procédure en matière contentieuse administrative*, no 20, etc.; C. cass., 26 février 1834 (Sir, 34, 1, 314), etc.

devront appliquer ce tarif et statuer sur le litige.

Dans le cas contraire, ils seront obligés de surseoir jusqu'à ce que l'administration ait donné l'interprétation de l'acte dont le sens est contesté.

Les parties, en pareil cas, devront se pourvoir en interprétation devant l'autorité administrative dont émane l'acte en question.

L'interprétation des cahiers des charges appartiendra, au contraire, aux tribunaux judiciaires, parce que ces cahiers des charges, annexés à la loi de concession, en sont inséparables et ont comme celle-ci le caractère de loi. (Cour de cassation, 5 février 1861 (1), Sirey, 62, 1, 196, chemin de fer du Nord. *Voir* encore Cour de Cassation, 31 janvier 1859, Sirey, 59, 1, 740, et deux arrêts du tribunal des conflits du 3 janvier 1851, Sirey, 51, 2, 376 et 378.)

182. Si les tribunaux judiciaires ne peuvent con-

---

(1) Voici la partie de l'arrêt du 5 février 1861 relative à cette question :

« Attendu que le cahier des charges, n'étant que l'œuvre de la loi » de concession, en devient inséparable et ne doit pas, dès lors, être » considéré comme un acte soumis à l'interprétation de l'autorité ad- » ministrative; que l'interprétation et l'application de cette disposition » législative, invoquée comme constituant des droits particuliers et des » obligations déterminées, appartiennent au pouvoir judiciaire, seul » compétent pour statuer sur les dommages-intérêts réclamés à raison » de l'atteinte prétendue portée à des droits particuliers par l'inexécu- » tion d'obligations légales; — qu'ainsi le moyen tiré de l'excès de » pouvoir et de l'incompétence de l'autorité judiciaire n'est pas fondé... » Rejette... »

naître de l'interprétation des tarifs, à plus forte raison ne sauraient-ils intervenir dans les modifications de ces tarifs ni connaître des réclamations dirigées contre ces modifications.

Les actions en dommages-intérêts dirigées contre une compagnie de chemin de fer et prenant leur source dans l'établissement même des tarifs devront être portées devant le conseil de préfecture, ainsi que l'enseigne M. Dufour (*Droit administratif appliqué*, t. III, n° 227. Conseil d'État, 21 avril 1853, Sirey, 54, 2, 66, affaire Dupont.)

183. Mais les tribunaux sont compétents pour décider si les tarifs invoqués par une compagnie de chemin de fer ont été dûment homologués et publiés, et notamment pour vérifier si les modifications apportées aux tarifs ont été rendues exécutoires par les préfets des départements traversés par la voie ferrée et accompagnées des formalités prescrites par les cahiers des charges.

Si les formalités voulues n'ont pas été accomplies, les tribunaux judiciaires doivent refuser d'appliquer ces tarifs et les déclarer non obligatoires, et ils sont compétents, en pareil cas, pour prononcer des dommages-intérêts contre les compagnies de chemins de fer.

On peut voir en ce sens deux arrêts de la Cour de cassation, l'un du 7 juillet 1852 (affaire chemin de fer de Strasbourg à Bâle, Sirey, 52, 1, 713);

l'autre du 21 janvier 1857 (affaire chemin de fer de l'Est, Sirey, 55, 1, 566).

Voici le texte de ce dernier arrêt :

« La Cour, sur le premier moyen, tiré de l'incom-
» pétence du tribunal de commerce : — Attendu
» que la demande formée par le sieur Ancel et com-
» pagnie contre la compagnie du chemin de fer de
» l'Est avait pour objet la réparation du préjudice
» qu'ils prétendaient avoir éprouvé par suite de
» l'inobservation des charges et conditions à elle
» imposées ; que cette action était de la compétence
» de l'autorité judiciaire ;

» Attendu, sur le second moyen, que le jugement
» reconnaît et constate, en fait, que la compagnie
» ne justifiait pas d'une décision ministérielle telle
» que l'exige le cahier des charges pour l'homolo-
» gation des changements apportés aux tarifs ; d'où
» résultait l'inexécution des conditions imposées à
» la compagnie par la loi de concession ; qu'en la
» condamnant, par ce premier motif, à la restitu-
» tion de sommes indûment perçues, le tribunal a
» fait une saine application de l'article 70 du cahier
» des charges ; qu'ainsi le second moyen n'est au-
» cunement fondé ;

» Attendu, sur le troisième moyen, qu'il est re-
» connu par la compagnie demanderesse en cassa-
» tion que les changements faits à ses tarifs n'ont
» point été rendus exécutoires par les préfets des
» départements que traverse le chemin de fer de

» l'Est, ainsi que le prescrit l'article 70 du cahier
» des charges; qu'on ne peut admettre que cette
» clause, qui a revêtu le caractère d'une disposition
» législative, ait été abrogée par l'article 49 d'une
» ordonnance du 21 novembre 1846 sur la police des
» chemins de fer; que non-seulement ladite ordon-
» nance ne contient rien d'où l'on puisse induire
» cette abrogation; mais que, de plus, il est con-
» stant que la condition imposée à la compagnie de-
» manderesse par l'article 70 se retrouve dans tous
» les cahiers de charges annexés aux concessions
» de chemins de fer postérieures à la promulgation
» de l'ordonnance susdatée; — que le défaut d'ac-
» complissement de la formalité ci-dessus mention-
» née suffirait seul pour justifier la condamnation
» prononcée par le jugement attaqué;—Rejette, etc. »

184. Dans le cas où la convention de transport
aurait été passée à l'étranger avec un Français,
les tribunaux français seront compétents pour statuer sur les réclamations dirigées par l'expéditeur
ou le voyageur français contre l'entrepreneur de
transport; mais ils devront appliquer la loi du lieu
où s'est formé le contrat de transport, soit quant à
la forme, soit quant aux conditions fondamentales
du contrat, soit enfin quant au mode de preuve.

Cette question avait été résolue en sens contraire
par la cour impériale d'Aix le 30 janvier 1861.
Mais cet arrêt a été cassé par la Cour suprême le

23 février 1864, dans les termes suivants (Sirey, 64, 1, 385, affaire compagnie péninsulaire et orientale de Londres) (1) :

« La Cour, — Vu l'article 1134 Code Napoléon ;
» — Attendu qu'aux termes de l'article 1134, les
» conventions légalement formées tiennent lieu de
» loi à ceux qui les ont faites ; que, pour décider
» si une convention a été légalement formée, il faut
» l'examiner d'après les règles de la législation à
» laquelle sa formation était soumise ; — Attendu
» que Jullien s'est embarqué à Hong-Kong, posses-
» sion anglaise, en contractant avec la compagnie
» anglaise péninsulaire orientale ; que cette conven-
» tion relevait de la législation anglaise, en vertu
» de la règle qui fait régir l'acte par la loi du lieu où
» il a été passé, quant à sa forme, à ses conditions
» fondamentales et à son mode de preuve ; — At-
» tendu que l'arrêt attaqué, en appréciant selon la
» loi française la preuve produite par la compagnie à
» l'effet de se prétendre exonérée du dommage ré-
» sultant pour Jullien de la perte de ses bagages, et
» en refusant ainsi d'examiner le litige au point de
» vue du statut anglais, a expressément violé l'ar-
» ticle 1134 Code Napoléon ; — Casse, etc. »

185. Jusqu'à présent nous avons parlé de la

____

(1) Voir dans le même sens un arrêt de la Cour de cassation du 14 novembre 1864, affaire chemin de fer de Rennes, rapporté par M. Pinel. *Jurisprudence des chemins de fer*, année 1865, p. 3°.

compétence quant à l'action en responsabilité au point de vue de la perte, de l'avarie ou du retard dans le transport des marchandises.

Les mêmes règles s'appliqueraient évidemment dans le cas où le voiturier serait actionné pour *défaut d'envoi*.

Quant à l'action en dommages-intérêts fondée sur l'inexécution de la promesse d'effectuer ou de faire effectuer un transport, alors que le contrat même de voiturage ne s'est pas réalisé par la remise de la chose destinée à être transportée, il est évident qu'on retombe sous l'empire absolu du principe suivant lequel l'action devra être portée devant le tribunal du défendeur.

Outre qu'on ne se trouve pas en face d'un *contrat commercial* dûment formé, comment appliquerait-on l'article 420 du Code de commerce, puisque d'une part il n'y a pas de marchandise livrée, — et puisque d'autre part il ne peut être question de payement du prix, là où le contrat de transport ne s'est pas encore formé.

Aussi M. Van Huffel enseigne-t-il (n° 54) qu'en cas de refus de l'entrepreneur de se charger des marchandises qu'il a promis de transporter, l'action ne peut être intentée que devant le tribunal du défendeur.

186. Les mêmes règles de compétence s'appliquent-elles au transport des voyageurs?

S'il ne s'agit que d'un simple retard dans l'arrivée, l'action en dommages-intérêts prend sa source dans le contrat même, et par conséquent la compétence est réglée d'après les principes que nous venons de retracer.

Mais en cas d'accidents causés aux voyageurs, n'en doit-il pas être autrement, et les tribunaux de commerce pourront-ils alors connaître de l'action en dommages-intérêts formée contre le voiturier?

Ainsi que nous l'avons vu précédemment (n° 59), cette action ne prend plus sa source dans le contrat; l'obligation du voiturier de réparer le préjudice causé naît de son délit ou de son quasi-délit; elle a sa base, en dehors de toute idée de commerce, dans l'article 1382 Code Napoléon, dont l'application appartient aux tribunaux civils.

Ce serait d'ailleurs une erreur de croire que les tribunaux consulaires connaissent de tous engagements quelconques par cela seul que les parties sont des commerçants (1).

L'article 631 Code de commerce n'a fait qu'établir une présomption de commercialité dérivant de la qualité des personnes entre lesquelles se forme l'engagement. Mais cette présomption cède dès qu'il est démontré que cet engagement n'a pas une cause commerciale. Or, en matière d'accidents de voya-

---

(1) Nous avons eu précédemment l'occasion d'examiner ces questions dans un article sur *l'abordage non maritime*, inséré dans le *Journal du droit commercial*, année 1855, p. 110.

geurs, le délit ou le quasi-délit existe indépendamment de toute idée de négoce, et l'article **631** Code de commerce, cesse dès lors d'être applicable (1).

C'est donc devant les tribunaux civils que devra être portée l'action en dommages-intérêts pour accidents causés aux voyageurs.

En cas de délit, le voiturier pourra être poursuivi devant le tribunal de police correctionnelle, soit sur la plainte du voyageur, soit d'office par le ministère public; la demande en dommages-intérêts pourra se produire alors accessoirement à la poursuite correctionnelle (le voyageur ou ses représentants se portant partie civile), et être jugée par le même tribunal.

Aucun de ces points ne saurait faire doute, non plus que la responsabilité des compagnies de chemins de fer ou des entreprises de transports, quant au payement des condamnations pécuniaires prononcées contre leurs agents. (*Voir*, notamment, arrêts de Nîmes du 29 juin 1864; — chemin de fer de Lyon, M. Pinel, *Jurisprudence des chemins de fer,* année 1865, p. 18; — et de Toulouse, du 9 mars 1863, Sirey, 63, 2, 210, chemin de fer du Midi.)

La plupart des accidents de chemins de fer peuvent se rattacher à l'une de ces trois causes :

---

(1) MM. Dalloz, *Nouveau répertoire,* verbo *Compétence commerciale*, n° 126; Orillard, n° 194 et suivants; C. cass., 13 vendémiaire an XIII, Sir., 5, 2, 27; *idem*, 26 février 1845, Dalloz, 45, 1, 191; *idem*, 4 mars 1845, chemin de fer de Paris à Rouen, Dalloz, 46, 1, 208.

1° Négligence et incurie des agents des compagnies et inobservation des règlements;

2° Insuffisance et détérioration du matériel;

3° Insuffisance du personnel.

Dans tous ces cas, la responsabilité des compagnies est de droit, et les tribunaux judiciaires sont compétents pour statuer sur les dommages-intérêts réclamés.

187. Il nous reste à examiner quels sont les tribunaux compétents pour connaître des poursuites relatives aux divers transports illicites exercés au nom de l'administration des postes ou de celle des douanes, ou au nom des régies des contributions indirectes ou des octrois.

Ainsi que nous l'avons vu, l'immixtion dans le transport des lettres, le transport du gibier en temps prohibé, sont frappés de peines qui, par leur quotité, rangent ces diverses infractions dans la classe des délits.

Le tribunal de police correctionnelle sera donc compétent pour connaître de ces actions.

188. En matière de douanes, si la contravention entraîne la peine de l'emprisonnement ou des peines afflictives ou infamantes, les tribunaux correctionnels seront compétents.

Mais si la contravention ne peut entraîner que des condamnations pécuniaires, l'action devra être portée devant le juge de paix, jugeant, non pas

comme tribunal de police, mais comme juge civil.
(Cour de cassation, 19 juillet 1821, Sirey, Collection nouvelle, 6, 1, 470. — M. Dalloz, *Nouveau répertoire*, v° *Douanes*, n°s 884 et suivants.)

En cette matière, c'est en effet la justice de paix qui est le tribunal de droit commun, ainsi que le fait remarquer M. Dalloz, en s'appuyant sur les lois des 17 décembre 1814, articles 30 et 31, — 28 avril 1816, article 44, et 21 avril 1818, article 37. — (Voir en outre la loi du 27 mars 1817, articles 14 et 15.) Et l'on ne doit considérer comme *délits* que les infractions qui donnent lieu, outre l'amende, à des peines corporelles ou infamantes, indépendamment des faits auxquels des dispositions exceptionnelles ont spécialement attribué ce caractère de délits. (M. Dalloz, *loco citato*, n° 884.)

189. En ce qui concerne les contraventions en matière de contributions indirectes et d'octrois, l'action devra être portée devant le tribunal correctionnel ou devant le tribunal de simple police, suivant que l'importance de la peine fera, ou non, rentrer les infractions dans la classe des délits. (*Voir* M. Van Huffel, *Des voitures publiques,* n° 108.)

On résoudra par des règles analogues les questions de compétence relatives aux infractions aux lois et règlements de police, de voirie, etc..., qui régissent les diverses classes d'entrepreneurs de transports.

190. Nous en avons fini avec les questions de compétence en matière de transports.

Quant à la procédure, elle n'a pas ici de règles spéciales sur lesquelles nous ayons à nous expliquer; nous nous bornerions donc purement et simplement à renvoyer au Code de procédure civile, notamment aux articles 404 et suivants relatifs aux matières sommaires et aux articles 414 à 443 relatifs à la procédure devant les tribunaux de commerce, — si, d'une part, nous n'avions pas réservé pour cette place la question de savoir où et en la personne de qui doivent être assignées les compagnies de chemins de fer et autres sociétés commerciales pour l'entreprise des transports, — et si, d'autre part, nous ne devions nous expliquer sur les diverses formalités prescrites par l'article 106 Code de commerce, pour la constatation des avaries.

191. Quant à la première question, elle se relie à l'article 68 Code de procédure civile, suivant lequel tous exploits seront faits à personne ou domicile, et à l'article 69 qui porte : « Seront assignés » 1° l'État.... 6° les sociétés de commerce tant » qu'elles existent, en leur maison sociale; et s'il » n'y en a pas, en la personne ou au domicile de » l'un des associés. »

On a conclu avec raison de ces textes que les sociétés commerciales pour les transports, et notamment les compagnies de chemins de fer, devaient être assignées au lieu où leurs statuts ont établi le siége social de ces compagnies;

Que ces sociétés devant être considérées comme des personnes juridiques, l'exploit n'avait pas à s'occuper des noms des sociétaires ; que la société elle-même devait être assignée directement, en mentionnant, pour la représenter, la personne de l'agent ou de l'associé délégué par les statuts sociaux pour représenter cette société dans les procès qu'elle pourra avoir à soutenir.

Tel est le principe ; mais ici se reproduisent des exceptions analogues à celles qui ont été signalées en matière de compétence sous le n° 178, qui précède.

Aussi la Cour suprême, après avoir reconnu qu'une compagnie de chemin de fer ne peut être valablement assignée en la personne d'un chef de gare avec qui un expéditeur a contracté (Cour de cassation, 15 janvier 1851, chemin de fer de Rouen, Sirey, 51, 1, 177), et qu'un commandement ne peut valablement être signifié dans de pareilles conditions à une compagnie de chemin de fer (Cour de cassation, 27 juillet 1858, chemin de fer de Lyon, Sirey, 58, 1, 653), — admet-elle des exceptions lorsqu'il s'agit d'une succursale, dans laquelle un des préposés de la compagnie a reçu mandat de représenter celle-ci et de répondre aux assignations. (*Voir*, notamment, l'arrêt de la Cour de cassation du 30 juin 1858, chemin de fer de l'Est, Sirey, 58, 1, 651.)

Quoi qu'il en soit, il sera plus prudent de remettre l'exploit d'ajournement destiné à une compagnie de chemin de fer au siége social de cette même compagnie et en la personne des directeurs ou administrateurs désignés par les statuts pour défendre aux actions intentées à l'occasion des transports.

La question de remise régulière et de régularité de l'exploit d'ajournement est d'ailleurs indépendante de la question de compétence, et la compagnie de chemin de fer assignée en son siége social et en la personne de son directeur, par exemple, pourra parfaitement être tenue de défendre devant le tribunal dans le ressort duquel se trouve située une gare où la promesse sera intervenue et où la marchandise aura été livrée. Ce sont là deux ordres d'idées parfaitement distincts et qui, s'ils étaient confondus, pourraient conduire à des solutions erronées et à des équivoques regrettables.

192. L'arrêt de la Cour de cassation du 27 juillet 1858 précité mérite d'être rapporté ici, parce qu'il formule très-nettement et le principe et l'exception, et parce qu'en outre il s'explique sur une question de commandement déclaré nul par la Cour suprême, malgré la chose jugée en sens contraire sur la validité d'une citation qui avait précédé ce commandement.

Cet arrêt, aussi substantiel qu'il est court, est ainsi conçu :

« Sur le moyen unique de cassation : — Vu les
» articles 69, § 6, et 583 du Code de procédure ; —
» Attendu qu'aux termes du dernier de ces articles,
» tout commandement doit être fait à la personne ou
» au domicile du débiteur ; — Attendu que le débi-
» teur dans l'espèce était la compagnie du chemin de
» fer de Lyon ; — Attendu que, d'après ses statuts
» légalement approuvés et auxquels il n'a pas été
» dérogé, cette compagnie a établi son siége à
» Paris ; — Attendu qu'il n'apparaît pas qu'elle ait
» institué à Dijon des agents qui eussent mandat ou
» capacité de la représenter en justice et de répondre
» aux actes d'exécution dirigés contre elle ; — At-
» tendu que le commandement dont il s'agit n'a été
» signifié ni à la personne du directeur de la com-
» pagnie, ni au siége social de celle-ci, mais seule-
» ment au chef de gare de Dijon nommé Guillaume ;
    » Attendu que la décision du juge de paix sur la
» validité de la *citation* ne saurait avoir l'autorité
» de la chose jugée sur la validité du *commandement ;*
» que ces deux actes sont distincts par leur nature
» et par leur effet, et que ce dernier n'a pu faire
» l'*objet* de la décision invoquée, puisqu'il n'en a été
» que la suite et l'exécution ; — Attendu qu'en va-
» lidant un commandement qui n'a été signifié ni à
» personne ni à domicile et en attribuant au juge-
» ment sur la citation l'autorité de la chose jugée
» sur un *commandement* qui n'a eu lieu qu'après le
» jugement et pour son exécution, le jugement at-

» taqué a violé l'article 583 Code de procédure, et
» méconnu les principes sur l'autorité de la chose
» jugée et ses caractères légaux ; — Casse, etc. »

193. Terminons par l'examen des formalités qui
doivent être accomplies pour la constatation régulière des avaries, au cas prévu par l'article 106
Code de commerce.

Nous avons établi ailleurs (n° 94) que ces mêmes
formalités doivent être remplies par le voiturier au
cas même où, sans allégation d'avaries, le destinataire, par un motif quelconque, refuse de recevoir
les objets qui lui ont été adressés et qui lui sont
présentés.

L'article 106 déclare que l'état des marchandises
sera « vérifié et constaté par des experts nommés
» par le président du tribunal de commerce, ou, à
» son défaut, par le juge de paix, et par ordon-
» nance au pied d'une requête ».

Ces formalités, bien que l'article 106 ne fixe aucun délai, devront être accomplies le plus promptement possible. (M. Van Huffel, n° 44.)

Ainsi le voiturier ou le destinataire devra, aus-
sitôt après le refus de réception ou la contestation
élevée par le destinataire, adresser une requête au
président du tribunal de commerce à l'effet de faire
nommer des experts pour procéder à la vérification
des marchandises.

194. Il va sans dire que, malgré ces mots : *des*

experts, un seul expert pourra être nommé par l'ordonnance en réponse à la requête du voiturier. (*Sic* Colmar, 24 décembre 1833, Sirey, 34, 2, 649; MM. Van Huffel, n° 47, et Duverdy, n° 102.)

195. Le même arrêt de Colmar décide qu'en l'absence du président du tribunal de commerce, la nomination des experts peut avoir lieu par le juge le plus ancien du tribunal.

Ce n'est donc qu'à défaut d'un tribunal de commerce qu'on s'adressera à un juge de paix. (M. Duverdy, n° 102.)

Le voiturier ou le destinataire pourra même, en cas d'urgence et à défaut d'un juge de paix, faire dresser, par le maire du lieu, un procès-verbal constatant l'état des marchandises (1). Mais ces constatations ne sauraient remplacer l'expertise, à laquelle il devra être régulièrement procédé le plus tôt possible. Cette première mesure prise par le voiturier ne vaudra que comme simple précaution et ne le dispensera pas de la nécessité d'accomplir les formalités de l'article 106, avant que le destinataire ait introduit son action. (Cour de cassation, 18 avril 1831, Sirey, 31, 1, 283. — *Voir* aussi un arrêt de la même Cour du 2 août 1842, Sirey, 42, 1, 725.)

196. Les experts prêteront serment devant le juge commis à cet effet, ou devant le juge de paix du

---

(1) M. Van Huffel, n° 46.

canton où ils doivent procéder à leurs opérations (Lyon, 27 août 1828, Sirey, 29, 2, 190); puis, après avoir vérifié l'état des marchandises, ils dresseront leur *procès-verbal*, qui ne peut être suppléé par aucun acte ou déclaration (1).

Cette expertise devra être contradictoire, s'il est possible, bien que l'article 106 n'impose pas l'obligation d'y appeler les parties. M. Duverdy (n° 108) cite en ce sens deux arrêts de la cour impériale de Colmar des 29 avril 1845 et 13 mai 1851.

M. Van Huffel (n° 47) ajoute qu'en pareil cas le tribunal de commerce est autorisé à désigner un juge pour surveiller l'opération.

197. Le dépôt ou séquestre, puis le transport des marchandises dans un dépôt public, pourront être ensuite ordonnés, aux termes de l'article 106.

M. Duverdy (n° 104) enseigne que ce dépôt ou séquestre doit être ordonné par le même magistrat qui a nommé les experts.

Ce sera encore le même magistrat qui ordonnera, s'il y a lieu, la vente des marchandises refusées ou avariées.

198. Une dernière question se présente; c'est celle de savoir si l'ordonnance du juge qui autorise le voiturier à vendre les marchandises par lui transportées et refusées par le destinataire doit

---

1. M. Van Huffel, n° 45.

être préalablement signifiée à l'expéditeur; et si , d'un autre côté, le destinataire doit avant tout avoir été mis en demeure de prendre livraison de la marchandise. (*Suprà*, n° 85.)

Ces deux questions ont été résolues négativement par un arrêt de Paris du 8 mai 1857 (compagnie du chemin de fer du Nord, Sirey, 57, 2, 526), — qui a confirmé purement et simplement, avec adoption de motifs, un jugement du tribunal de commerce de Paris du 3 juillet 1856, — jugement ainsi conçu :

« Attendu que les demandeurs prétendent que la » compagnie du chemin de fer du Nord ayant fait » procéder à une vente irrégulière de 24 pièces de » vin dont s'agit dans la cause, elle leur en doit la » restitution à titre de dommages-intérêts; — At- » tendu que Delangue a expédié lesdits vins, le 11 dé- » cembre 1854, à l'adresse de la veuve Vanacker, » sa sœur, employée à la gare du chemin de fer de » Lille, les vins devant la couvrir d'une somme » dont il lui devait compte; — Que le montant du » prix du transport et des déboursés faits par la » compagnie à leur sujet s'est élevé à 3,193 fr. 70 c.; » — Attendu qu'il est acquis au procès que la li- » vraison n'ayant pas eu lieu à l'arrivée par l'im- » puissance de la destinataire de se libérer de cette » somme, et plus tard une opposition à la requête » d'un tiers ayant été formée à cette livraison contre » Delangue, à la date du 19 mars 1855, la compa-

» gnie s'est pourvue, le 31 août suivant, auprès de
» M. le président du tribunal de commerce de
» Lille, pour, conformément à l'article 106 Code de
» commerce, obtenir une ordonnance d'autorisa-
» tion de vendre lesdits vins, suivant les prescrip-
» tions de laquelle il a été procédé les 17 septembre
» et 31 octobre 1855; — Attendu que l'on critique
» cette vente comme n'ayant pas été précédée d'une
» signification de ladite ordonnance aux deman-
» deurs et d'une mise en demeure de se livrer; —
» Attendu que la vente ainsi ordonnée ne doit pas
» être considérée comme celle faite après nantisse-
» ment ou après saisie, mais bien comme seulement
» destinée à assurer le privilége attribué au voitu-
» rier par le § 6 de l'article 2102 Code Napoléon,
» dont la première conséquence est un droit de ré-
» tention à son profit; — Attendu que la procédure
» édictée à ce sujet par l'article 106 est spéciale et
» sommaire; qu'elle a pour effet de pourvoir à une
» situation presque toujours urgente, tant à raison
» du dépérissement possible de la marchandise
» transportée, que de la conservation utile de ce
» privilége du transporteur; — Qu'elle ne prévoit
» aucune signification à partir de l'ordonnance ren-
» due sans mise en demeure; — Qu'on le comprend
» d'autant mieux, que les formalités et les délais
» que ces actes engendreraient iraient directement
» contre le but que le législateur a dû se proposer;
» — Que, d'ailleurs, les droits des tiers, après le

» privilége exercé, sont sauvegardés; — Attendu,
» en fait, que tous les éléments de la cause démon-
» trent que les demandeurs ont été constamment
» pressés par la compagnie de dégager les vins
» depuis leur arrivée à Lille; qu'ils ont parfaitement
» connu la vente, lorsque la compagnie a dû la re-
» quérir après huit mois d'attente; que toutes les
» formes et délais prescrits par l'ordonnance sus-
» énoncée ont été observés; que, s'ils ne se sont
» pas mis en mesure d'y obéir dans leur intérêt, ils
» ne peuvent s'en prendre qu'à eux-mêmes; —
» Qu'ainsi, en fait comme en droit, leur prétention
» est inadmissible; — Par ces motifs, le tribunal, à
» charge par la compagnie du chemin de fer du Nord
» de restituer aux demandeurs la somme de 52 fr. 32 c.
» et les trois pièces de vin non vendues, déclare De-
» langue et veuve Vanacker non recevables, en tous
» cas mal fondés en leur demande, etc. »

Cette solution nous paraît trop rigoureuse. Si l'on comprend qu'une mise en demeure spéciale du destinataire à l'effet de recevoir les marchandises ne soit pas nécessaire, et que les formalités qui ont précédé la vente puissent y suppléer, en établissant la persistance du refus originaire dûment constaté, toujours est-il que l'expéditeur doit être prévenu de la situation et régulièrement averti de la vente des marchandises par la signification de l'ordonnance.

C'est, en réalité, avec l'expéditeur que le voiturier a traité; il a droit de recourir contre lui, ainsi

que nous l'avons vu (n° 70), pour obtenir le payement du prix du transport, à défaut de payement
de la part du destinataire. Avant qu'il puisse être
passé outre à la vente, le voiturier doit donc s'assurer que l'expéditeur se refuse au payement du
prix du transport; sans quoi la convention serait
violée. Une vente précipitée, faite à l'insu de l'expéditeur, et dans des conditions qui doivent être
défavorables à l'obtention d'un prix conforme à la
valeur réelle des marchandises, serait une mesure
des plus fâcheuses. Sans doute il est nécessaire en
pareil cas d'agir promptement et de mettre fin à un
statu quo de nature à compromettre quelquefois la
conservation des objets transportés, mais la célérité
ne doit pas dégénérer en surprise ni en abus; le voiturier, d'ailleurs, ne doit pas oublier qu'il est avant
tout le mandataire de l'expéditeur et que, même en
cas de refus de payement, ce dernier doit être prévenu de la vente et mis à même de surveiller ses
intérêts.

Le droit de rétention du voiturier ne doit pas,
d'ailleurs, être confondu avec le droit de faire vendre la marchandise; et quant au privilége, il ne se
trouvera pas compromis sérieusement, en thèse générale, par la nécessité d'une simple signification de
l'ordonnance à faire à l'expéditeur.

———⊶⧟⊷———

APPENDICE.

199. Les transports, suivant qu'ils sont effectués par terre, par eau, ou par chemin de fer, et les divers voituriers qui les effectuent, sont assujettis à des réglementations différentes. L'examen détaillé de ces règlements ne rentre pas dans le cadre de la première partie de cet ouvrage, et nous ne dirons qu'un mot des nombreux textes à consulter en cette matière.

En ce qui concerne les chemins de fer, le document le plus important c'est le cahier des charges qui régit chaque compagnie, document dont on fera bien de rapprocher l'ordonnance royale du 15 novembre 1846, et l'arrêté ministériel du 25 janvier 1860.

A l'origine, chaque compagnie de chemin de fer avait un cahier des charges différent de ceux des autres compagnies. Cette diversité de réglementation, en face d'industries complétement similaires et d'un même monopole, avait quelque chose d'illogique et de choquant; elle offrait d'ailleurs des inconvénients pour les relations des compagnies soit entre elles, soit avec l'administration, soit avec le public. Cet état de choses a heureusement fait place, depuis quelques années, à une réglementation uniforme. A la suite de conventions arrêtées de 1857 à 1859 avec toutes les grandes compagnies, un cahier des charges général, dont le modèle se trouve annexé à la loi du 11 juin 1859, a été adopté pour les compagnies des chemins de fer français (1). On trouvera un peu plus bas le texte de ce cahier des charges, accompagné d'une annotation succincte et du texte des modifications introduites par les décrets des 11 juin et 25 août 1863.

En ce qui concerne les transports par terre, de nombreuses dispositions législatives se sont succédé depuis plus d'un demi-siècle, dispositions dont l'énumération seule serait fatigante ici. — Les principaux textes à consulter sont : l'ordonnance du 16 juillet 1828 sur les voitures publiques, la loi du 30 mai 1851 sur la police du roulage et des messageries, le décret du 10 août 1852 et celui du 24 février 1858.

La réglementation des transports par eau a été également l'objet d'une foule de mesures et de dis-

___

(1) Toutefois le cahier des charges relatif aux chemins de fer algériens, annexé à la convention du 1er mai 1863, et les cahiers des charges des chemins de fer d'Orléans à Châlons-sur-Marne (convention du 11 juin 1864) et de Valenciennes à Lille, présentent quelques dissemblances qui seront signalées en notes du texte du cahier général des charges.

positions dont, à première vue, il est assez difficile de saisir l'ensemble. D'anciens arrêtés du conseil ont réglementé, avant la révolution, la navigation de la plupart des fleuves et rivières, et se trouvent encore, pour la plus grande partie, en vigueur; depuis une convention diplomatique du 31 mars 1831, publiée par ordonnance du 26 juillet 1833, a réglementé la navigation du Rhin. Pour les canaux, une circulaire du ministre de l'agriculture, du commerce et des travaux publics, en date du 21 janvier 1855, est suivie d'un projet de règlement de police pour cette navigation. On trouvera ces différents textes, avec l'exposé de la législation en cette matière, au Nouveau Répertoire de M. Dalloz, v° *Voirie par eau*.

MODÈLE DU CAHIER GÉNÉRAL DES CHARGES
DES COMPAGNIES DE CHEMINS DE FER.

ARTICLE PREMIER. . . . .
. . . .

ART. 2. Les travaux... devront être achevés, etc.

ART. 3 (1). Aucun travail ne pourra être entre-

______

(1) Article 3 du cahier des charges du chemin de fer d'Orléans à Châlons-sur-Marne :

« La compagnie soumettra à l'approbation de l'administration su-
» périeure le tracé et le profil du chemin, ainsi que l'emplacement,
» l'étendue et les dispositions principales des gares et stations.

» Aucun cours d'eau navigable ou non navigable, aucun chemin pu-

pris pour l'établissement des chemins de fer et de leurs
dépendances, qu'avec l'autorisation de l'administration
supérieure : à cet effet, les projets de tous les travaux à
exécuter seront dressés en double expédition et soumis
à l'approbation du ministre, qui prescrira, s'il y a lieu,
d'y introduire telles modifications que de droit; l'une de
ces expéditions sera remise à la compagnie avec le visa
du ministre, l'autre demeurera entre les mains de l'administration.

Avant comme pendant l'exécution, la compagnie aura
la faculté de proposer aux projets approuvés les modifications qu'elle jugerait utiles; mais ces modifications ne
pourront être exécutées que moyennant l'approbation de
l'administration supérieure.

ART. 4. La compagnie pourra prendre copie de tous
les plans, nivellements et devis, qui pourraient avoir
été antérieurement dressés aux frais de l'État.

ART. 5. Le tracé et le profil du chemin de fer seront
arrêtés sur la production de projets d'ensemble, comprenant, pour la ligne entière ou pour chaque section
de la ligne :

1° Un plan général à l'échelle de 1 10.000;

« blic appartenant soit à la grande, soit à la petite voirie, ne pourra
» être modifié ou détourné sans l'autorisation de l'administration.

« Les ouvrages à construire à la rencontre du chemin de fer et des-
» dits cours d'eau ou chemins ne pourront être entrepris qu'après qu'il
» aura été reconnu par l'administration que les dispositions projetées
» sont de nature à assurer le libre écoulement des eaux ou à main-
» tenir une circulation facile, soit sur les cours d'eau navigables, soit
» sur les voies de terre traversées par le chemin de fer. »

Même disposition dans le cahier des charges du chemin de fer de
Valenciennes à Lille (convention du 11 juillet 1864).

2° Un profil en long à l'échelle de 1,5,000 pour les longueurs, et de 1/1,000 pour les hauteurs, dont les cotes seront rapportées au niveau moyen de la mer pris pour plan de comparaison ; — au-dessous de ce profil, on indiquera, au moyen de trois lignes horizontales disposées à cet effet, savoir :

a. — Les distances kilométriques du chemin de fer, comptées à partir de son origine ;

b. — La longueur et l'inclinaison de chaque pente ou rampe ;

c. — La longueur des parties droites et le développment des parties courbes du tracé, en faisant connaître le rayon correspondant à chacune de ces dernières ;

3° Un certain nombre de profils en travers, y compris le profil type de la voie ;

4° Un mémoire dans lequel seront justifiées toutes les dispositions essentielles du projet, et un devis descriptif dans lequel seront reproduites, sous forme de tableaux, les indications relatives aux déclivités et aux courbes, déjà données sur le profil en long.

La position des gares et stations projetées, celle des cours d'eau et des voies de communication traversés par le chemin de fer, des passages, soit à niveau, soit en dessus, soit en dessous de la voie ferrée, devront être indiquées, tant sur le plan que sur le profil en long ; le tout sans préjudice des projets à fournir pour chacun de ces ouvrages.

Art. 6. Les terrains seront acquis, et les ouvrages d'art seront exécutés immédiatement pour deux voies (1) ;

---

(1) Le cahier des charges du chemin de fer d'Orléans à Châlons-sur-Marne porte :

les terrassements pourront être exécutés et les rails pourront être posés pour une voie seulement, sauf l'établissement d'un certain nombre de gares d'évitement.

La compagnie sera tenue, d'ailleurs, d'établir la deuxième voie, soit sur la totalité du chemin, soit sur les parties qui lui seront désignées, lorsque l'insuffisance d'une seule voie, par suite du développement de la circulation, aura été constatée par l'administration.

Les terrains acquis par la compagnie pour l'établissement de la seconde voie ne pourront recevoir une autre destination.

Art. 7. La largeur de la voie entre les bords intérieurs des rails devra être d'un mètre quarante-quatre (1^m,44) à un mètre quarante-cinq centimètres (1^m,45). Dans les parties à deux voies, la largeur de l'entrevoie, mesurée entre les bords extérieurs des rails, sera de deux mètres (2^m,00).

La largeur des accotements, c'est-à-dire des parties comprises de chaque côté, entre le bord extérieur du

---

« Les terrains sont acquis immédiatement pour deux voies. » Le surplus comme à l'article 6.)

Pour les chemins de fer algériens, les terrains ne doivent être acquis que pour *une seule voie*.

Les deux derniers paragraphes de l'article 6 sont conformes au modèle ci-dessus.

Un décret impérial du 17 mai 1865 a également modifié l'article 6 du cahier des charges du chemin de fer de Paris à Lyon et à la Méditerranée, en autorisant provisoirement l'exécution d'une seule voie sur les sections de Chagny à Moulins, de Montceau-les-Mines à Paray-le-Monial et de la rive droite de la Loire à Moulins, et sur les chemins de fer de Saint-Rambert à Annonay, de Clermont à Montbrison et de Santenay à Étang.

rail et l'arête supérieure du ballast, sera de un mètre (1^m,00) au moins.

On ménagera, au pied de chaque talus du ballast, une banquette de cinquante centimètres (0^m,50) de largeur.

La compagnie établira, le long du chemin de fer, les fossés ou rigoles qui seront jugés nécessaires pour l'asséchement de la voie et pour l'écoulement des eaux.

Les dimensions de ces fossés et rigoles seront déterminées par l'administration, suivant les circonstances locales, sur les propositions de la compagnie (1).

ART. 8. Les alignements seront raccordés entre eux par des courbes dont le rayon ne pourra être inférieur à 350 mètres (2). Une partie droite, de 100 mètres au moins de longueur, devra être ménagée entre deux courbes consécutives, lorsqu'elles seront dirigées en sens contraires.

Le maximum de l'inclinaison des pentes et rampes est fixé à dix millimètres (3) par mètre.

Une partie horizontale, de 100 mètres au moins, devra être ménagée entre deux fortes déclivités consécu-

---

(1) Ce dernier paragraphe de l'article 7 est supprimé dans le cahier des charges du chemin de fer d'Orléans à Châlons-sur-Marne et de Valenciennes à Lille.

(2) A 300 mètres (chemin de fer de Valenciennes à Lille) ; à 500 mètres (chemin de fer d'Orléans à Châlons-sur-Marne) ; à 200 mètres (chemins de fer algériens).

(3) Douze millimètres (chemin de fer de Valenciennes à Lille) ; vingt-cinq millimètres (chemins de fer algériens).

Voir l'article 8 de ces cahiers des charges.

Voir aussi les décrets des 11 juin et 6 juillet 1863.

tives, lorsque ces déclivités se succéderont en sens contraire, et de manière à verser leurs eaux au même point.

Les déclivités correspondant aux courbes de faible rayon devront être réduites autant que faire se pourra.

La compagnie aura la faculté de proposer aux dispositions de cet article et à celles de l'article précédent les modifications qui lui paraîtraient utiles, mais ces modifications ne pourront être exécutées que moyennant l'approbation préalable de l'administration supérieure.

ART. 9. Le nombre, l'étendue et l'emplacement des gares d'évitement seront déterminés par l'administration, la compagnie entendue.

Le nombre et l'emplacement des stations de voyageurs et des gares de marchandises seront également déterminés par l'administration, sur les propositions de la compagnie, après une enquête spéciale.

La compagnie sera tenue, préalablement à tout commencement d'exécution, de soumettre à l'administration le projet desdites gares, lequel se composera :

1° D'un plan à l'échelle de 1 500, indiquant les voies, les quais, les bâtiments et leur distribution intérieure, ainsi que la disposition de leurs abords;

2° D'une élévation des bâtiments, à l'échelle d'un centimètre par mètre;

3° D'un mémoire descriptif, dans lequel les dispositions essentielles du projet seront justifiées.

ART. 10 (1). — A moins d'obstacles locaux, dont

____

(1 Article 10 du cahier des charges des chemins de fer algériens :

l'appréciation appartiendra à l'administration, le chemin
de fer, à la rencontre des routes impériales ou départementales, devra passer soit au-dessus, soit au-dessous
de ces routes.

Les croisements de niveau seront tolérés pour les
chemins vicinaux, ruraux ou particuliers.

Art. 11. — Lorsque le chemin de fer devra passer
au-dessus d'une route impériale ou départementale, ou
d'un chemin vicinal, l'ouverture du viaduc sera fixée
par l'administration, en tenant compte des circonstances
locales; mais cette ouverture ne pourra, dans aucun
cas, être inférieure à huit mètres ($8^m,00$) pour la route
impériale, à sept mètres ($7^m,00$) pour la route départementale, à cinq mètres ($5^m,00$) pour un chemin vicinal
de grande communication, et à quatre mètres ($4^m,00$)
pour un simple chemin vicinal (1).

Pour les viaducs de forme cintrée, la hauteur sous
clef, à partir du sol de la route, sera de cinq mètres
($5^m,00$) au moins (2). Pour ceux qui seront formés de
poutres horizontales en bois ou en fer, la hauteur sous
poutre sera de quatre mètres trente centimètres ($4^m,30$)
au moins.

« Les croisements à niveau seront tolérés pour les voies publiques
» ou particulières. »

Idem, du chemin de fer d'Orléans à Châlons-sur-Marne et du chemin de fer de Valenciennes à Lille :

« La compagnie sera tenue de rétablir les communications inter-
» rompues par le chemin de fer, suivant les dispositions qui seront
» approuvées par l'administration. »

(1) L'article 11 du cahier des charges des chemins de fer algériens
établit des proportions différentes :

7 mètres pour une route; 4 mètres pour un chemin vicinal.

(2) 4 mètres 30, pour les chemins de fer algériens.

La largeur entre les parapets sera au moins de huit mètres (8^m,00). La hauteur de ces parapets sera fixée par l'administration, et ne pourra, dans aucun cas, être inférieure à quatre-vingts centimètres (0^m,80).

Art. 12. Lorsque le chemin de fer devra passer au-dessous d'une route impériale ou départementale ou d'un chemin vicinal, la largeur entre les parapets du pont qui supportera la route ou le chemin sera fixée par l'administration, en tenant compte des circonstances locales; mais cette largeur ne pourra, dans aucun cas, être inférieure à huit mètres (8^m,000) pour la route impériale, à sept mètres (7^m,00) pour la route départementale, à cinq mètres (5^m,00) pour un chemin vicinal de grande communication, et à quatre mètres (4^m,00) pour un simple chemin vicinal.

L'ouverture du pont entre les culées sera au moins de huit mètres (8^m,00), et la distance verticale ménagée au-dessus des rails extérieurs de chaque voie pour le passage des trains ne sera pas inférieure à quatre mètres quatre-vingts centimètres (4^m,80) au moins (1).

Art. 13. Dans le cas où des routes impériales ou départementales, ou des chemins vicinaux, ruraux ou particuliers, seraient traversés à leur niveau par le chemin de fer, les rails devront être posés, sans aucune saillie

____

(1) Article 12 (chemins de fer algériens) :

« ..... Mais cette largeur ne pourra, dans aucun cas, être inférieure » à 7 mètres pour une route, et à 4 mètres pour un simple chemin » vicinal. — L'ouverture du pont entre les culées sera au moins de » 8 mètres pour les sections à deux voies, et d'au moins 4^m,50 pour » celles à une voie, et la distance verticale ménagée au-dessus des rails » extérieurs de chaque voie pour le passage des trains ne sera pas infé- » rieure à 4^m,30 au moins. »

ni dépression, sur la surface de ces routes, et de telle sorte qu'il n'en résulte aucune gêne pour la circulation des voitures.

Le croisement à niveau du chemin de fer et des routes ne pourra s'effectuer sous un angle de moins de 45°.

Chaque passage à niveau sera muni de barrières ; il y sera, en outre, établi une maison de garde, toutes les fois que l'utilité en sera reconnue par l'administration.

La compagnie devra soumettre à l'approbation (1) de l'administration les projets-types de ces barrières.

Art. 14. Lorsqu'il y aura lieu de modifier l'emplacement ou le profil des routes existantes, l'inclinaison des pentes et rampes sur les routes modifiées ne pourra excéder trois (2) centimètres ($0^m,03$) par mètre pour les routes impériales ou départementales, et cinq centimètres ($0^m,05$) pour les chemins vicinaux. L'administration restera libre, toutefois, d'apprécier les circonstances qui pourraient motiver une dérogation à cette clause, comme à celle qui est relative à l'angle de croisement des passages à niveau.

Art. 15. La compagnie sera tenue de rétablir et d'assurer à ses frais l'écoulement de toutes les eaux dont le cours serait arrêté, suspendu ou modifié par ses travaux (3).

---

(1) Le dernier paragraphe de l'article 13 n'existe pas dans le cahier des charges des chemins de fer algériens. — Le surplus de l'article est à peu de chose près le même que celui du cahier général.

(2) Chemins de fer algériens :

Cinq centimètres pour les routes, six centimètres pour les chemins vicinaux.

(3) Chemins de fer algériens :

« ..... L'écoulement tant des eaux dont le cours serait arrêté, sus-

Les viaducs à construire à la rencontre des rivières, des canaux et des cours d'eau quelconques, auront au moins huit mètres (8^m,00) de largeur entre les parapets sur les chemins à deux voies, et quatre mètres cinquante centimètres (4^m,50) sur les chemins à une voie. La hauteur de ces parapets sera fixée par l'administration et ne pourra être inférieure à quatre-vingts centimètres (0^m,80).

La hauteur et le débouché du viaduc seront déterminés, dans chaque cas particulier, par l'administration, suivant les circonstances locales.

Art. 16. Les souterrains à établir pour le passage du chemin de fer auront au moins huit mètres (8^m,00) de largeur entre les pieds-droits au niveau des rails, et six mètres (6^m,00) de hauteur sous clef au-dessus de la surface des rails (1). La distance verticale entre l'intrados et le dessus des rails extérieurs de chaque voie ne sera pas inférieure à quatre mètres quatre-vingts centimètres (4^m,80). L'ouverture des puits d'aérage et de construc-

---

» pendu ou modifié par ses travaux, que de celles qui s'amasseraient
» dans les fossés ou chambres d'emprunt.

» Les emprunts de terre seront régulièrement faits pour éviter toute
» stagnation des eaux. Ils seront, autant que possible, disposés de ma-
» nière à former des canaux de dessèchement pour les parties basses qu'ils
» traverseront; les pentes seront dirigées vers les ravins ou les voies
» naturelles d'écoulement avec une inclinaison suffisante.

» Les viaducs, etc.....

» Cependant il pourra n'être pas établi de parapets pour tous ces
» ouvrages où ces parapets présenteraient une longueur inférieure à
» 4 mètres. »

1 Chemins de fer algériens :

... « La largeur des souterrains pour les sections à une voie sera de
4^m,50 au moins, la hauteur sous clef au-dessus des rails sera au
minimum de 5 mètres. » Le reste comme au cahier général.

tion des souterrains sera entourée d'une margelle en maçonnerie de deux mètres (2^m,00) de hauteur. Cette ouverture ne pourra être établie sur aucune voie publique.

ART. 16 *bis*. Les articles 7, 8, 11, 12, 13, 14, 15 et 16 ci-dessus, relatifs aux conditions d'établissement du chemin de fer, ne s'appliquent pas aux voies, travaux et ouvrages d'art des lignes qui sont actuellement en exploitation ou en construction, et pour lesquelles les dispositions des projets approuvés sont maintenues.

Les parties de seconde voie et autres ouvrages qu'il pourra être nécessaire d'établir ultérieurement sur ces lignes seront exécutés conformément aux dispositions des projets précédemment approuvés pour les mêmes lignes.

ART. 17. A la rencontre des cours d'eau flottables ou navigables, la compagnie sera tenue de prendre toutes les mesures et de payer tous les frais nécessaires pour que le service de la navigation ou du flottage n'éprouve ni interruption ni entrave pendant l'exécution des travaux.

A la rencontre des routes impériales ou départementales et des autres chemins publics, il sera construit des chemins et ponts provisoires, par les soins et aux frais de la compagnie, partout où cela sera jugé nécessaire pour que la circulation n'éprouve ni interruption ni gêne.

Avant que les communications existantes puissent être interceptées, une reconnaissance sera faite par les ingénieurs de la localité, à l'effet de constater si les ouvrages provisoires présentent une solidité suffisante et s'ils peuvent assurer le service de la circulation.

Un délai sera fixé par l'administration pour l'exécution de travaux définitifs destinés à rétablir les communications interceptées (1).

Art. 18. La compagnie n'emploiera dans l'exécution des ouvrages que des matériaux de bonne qualité; elle sera tenue de se conformer à toutes les règles de l'art, de manière à obtenir une construction parfaitement solide.

Tous les aqueducs, ponceaux, ponts et viaducs à construire à la rencontre des divers cours d'eau et des chemins publics ou particuliers, seront en maçonnerie ou en fer, sauf les cas d'exception qui pourront être admis par l'administration.

Art. 19. Les voies seront établies d'une manière solide et avec des matériaux de bonne qualité.

Le poids des rails sera au moins de 35 kilogrammes par mètre courant sur les voies de circulation, si ces rails sont posés sur traverses, et de 30 kilogrammes dans le cas où ils seraient posés sur longrines (2).

Art. 20. Le chemin de fer sera séparé des propriétés riveraines par des murs, haies ou toute autre clôture dont le mode et la disposition seront autorisés par l'administration, sur la proposition de la compagnie (3).

---

(1) L'article correspondant du cahier des charges des chemins de fer algériens contient, en outre, le paragraphe suivant :

« Le gouvernement se réserve d'autoriser, avec les précautions convenables, et la compagnie entendue, les conduites d'eau ou canaux de défrichement et d'écoulement qui devraient traverser ou emprunter les terrains affectés au chemin de fer ou à ses dépendances. »

(2) Le poids des rails sera déterminé par l'administration sur la proposition de la compagnie. » (Cahier des charges du chemin de fer d'Orléans à Châlons-sur-Marne.)

(3) Chemins de fer algériens :

« Il sera établi des clôtures, haies ou fossés entre le chemin de fer

ART. 21. Tous les terrains nécessaires pour l'établissement du chemin de fer et de ses dépendances, pour la déviation des voies de communication et des cours d'eau déplacés, et, en général, pour l'exécution des travaux, quels qu'ils soient, auxquels cet établissement pourra donner lieu, seront achetés et payés par la compagnie concessionnaire (1).

Les indemnités pour occupation temporaire ou pour détérioration de terrains, pour chômage, modification ou destruction d'usines, et pour tous dommages quelconques résultant des travaux, seront supportées et payées par la compagnie.

ART. 22. L'entreprise étant d'utilité publique, la compagnie est investie, pour l'exécution des travaux dépendant de sa concession, de tous les droits que les lois et règlements confèrent à l'administration en matière de travaux publics, soit pour l'acquisition des terrains par voie d'expropriation, soit pour l'extraction, le transport et le dépôt des terres, matériaux, etc., et elle demeure en même temps soumise à toutes les obligations qui dérivent, pour l'administration, de ces lois et règlements.

ART. 23. Dans les limites de la zone frontière et dans le rayon de servitude des enceintes fortifiées, la compagnie sera tenue, pour l'étude et l'exécution de ses projets, de se soumettre à l'accomplissement de toutes les formalités et de toutes les conditions exigées par les

---

» et les propriétés riveraines dans les parties de la ligne où cette mesure serait reconnue indispensable. »

(1) Pour les chemins de fer algériens, l'État a déclaré céder à la compagnie la jouissance gratuite de certains terrains.

lois, décrets et règlements concernant les travaux mixtes.

Art. 24. Si la ligne du chemin de fer traverse un sol déjà concédé pour l'exploitation d'une mine, l'administration déterminera les mesures à prendre pour que l'établissement du chemin de fer ne nuise pas à l'exploitation de la mine, et réciproquement pour que, le cas échéant, l'exploitation de la mine ne compromette pas l'existence du chemin de fer.

Les travaux de consolidation à faire dans l'intérieur de la mine, à raison de la traversée du chemin de fer, et tous les dommages résultant de cette traversée pour les concessionnaires de la mine, seront à la charge de la compagnie (1).

Art. 25. Si le chemin de fer doit s'étendre sur des terrains renfermant des carrières, ou les traverser souterrainement, il ne pourra être livré à la circulation avant que les excavations qui pourraient en compromettre la solidité aient été remblayées ou consolidées. L'administration déterminera la nature et l'étendue des travaux qu'il conviendra d'entreprendre à cet effet, et qui seront d'ailleurs exécutés par les soins et aux frais de la compagnie (2).

Art. 26. Pour l'exécution des travaux, la compagnie se soumettra aux décisions ministérielles concernant l'interdiction du travail les dimanches et jours fériés.

Art. 27. La compagnie exécutera les travaux par des moyens et des agents à son choix, mais en restant

---

1 L'article 24 du cahier des charges du chemin de fer d'Orléans à Châlons-sur-Marne ne reproduit pas ce deuxième paragraphe.

2 Voir la loi du 15 juillet 1845 sur la police des chemins de fer.

soumise au contrôle et à la surveillance de l'administration.

Ce contrôle et cette surveillance auront pour objet
d'empêcher la compagnie de s'écarter des dispositions
prescrites par le présent cahier des charges et de celles
qui résulteront des projets approuvés.

Art. 28. A mesure que les travaux seront terminés
sur des parties de chemin de fer susceptibles d'être livrées utilement à la circulation, il sera procédé, sur la
demande de la compagnie, à la reconnaissance, et, s'il
y a lieu, à la réception provisoire de ces travaux, par
un ou plusieurs commissaires que l'administration désignera.

Sur le vu du procès-verbal de cette reconnaissance,
l'administration autorisera, s'il y a lieu, la mise en
exploitation des parties dont il s'agit; après cette autorisation, la compagnie pourra mettre lesdites parties en
service et y percevoir les taxes ci-après déterminées.
Toutefois, ces réceptions partielles ne deviendront défi-
nitives que par la réception générale et définitive du
chemin de fer.

Art. 29. Après l'achèvement total des travaux et
dans le délai qui sera fixé par l'administration, la compagnie fera faire, à ses frais, un bornage contradictoire
et un plan cadastral du chemin de fer et de ses dépendances. Elle fera dresser, également à ses frais et con-
tradictoirement avec l'administration, un état descriptif
de tous les ouvrages d'art qui auront été exécutés; ledit
état accompagné d'un atlas contenant les dessins cotés
de tous lesdits ouvrages.

Une expédition, dûment certifiée, des procès-verbaux

de bornage, du plan cadastral, de l'état descriptif et de l'atlas, sera dressée aux frais de la compagnie et déposée dans les archives du ministère.

Les terrains acquis par la compagnie, postérieurement au bornage général, en vue de satisfaire aux besoins de l'exploitation, et qui, par cela même, deviendront partie intégrante du chemin de fer, donneront lieu, au fur et à mesure de leur acquisition, à des bornages supplémentaires, et seront ajoutés sur le plan cadastral; addition sera également faite sur l'atlas de tous les ouvrages d'art exécutés postérieurement à sa rédaction.

Entretien et exploitation.

Art. 30. Le chemin de fer et toutes ses dépendances seront constamment entretenus en bon état, de manière que la circulation y soit toujours facile et sûre.

Les frais d'entretien et ceux auxquels donneront lieu les réparations ordinaires et extraordinaires seront entièrement à la charge de la compagnie.

Si le chemin de fer une fois achevé n'est pas constamment entretenu en bon état, il y sera pourvu d'office, à la diligence de l'administration et aux frais de la compagnie, sans préjudice, s'il y a lieu, de l'application des dispositions indiquées ci-après dans l'article 40.

Le montant des avances faites sera recouvré au moyen de rôles que le préfet rendra exécutoires.

Art. 31. La compagnie sera tenue d'établir, à ses frais, partout où besoin sera, des gardiens en nombre suffisant pour assurer la sécurité du passage des trains sur la voie, et celle de la circulation ordinaire sur les points où le chemin de fer sera traversé à niveau par des routes ou chemins.

Art. 32. Les machines locomotives seront construites sur les meilleurs modèles ; elles devront consumer leur fumée et satisfaire, d'ailleurs, à toutes les conditions prescrites ou à prescrire par l'administration pour la mise en service de ce genre de machines.

Les voitures de voyageurs devront également être faites d'après les meilleurs modèles, et satisfaire à toutes les conditions réglées ou à régler pour les voitures servant au transport des voyageurs sur les chemins de fer. Elles seront suspendues sur ressorts et garnies de banquettes.

Il y en aura de trois classes au moins.

Les voitures de première classe seront couvertes, garnies et fermées à glaces.

Celles de deuxième classe seront couvertes, fermées à glaces et auront des banquettes rembourrées.

Celles de troisième classe seront couvertes, fermées à vitres et munies de banquettes à dossier (1).

L'intérieur de chacun des compartiments de toute classe contiendra l'indication du nombre des places de ce compartiment.

L'administration pourra exiger qu'un compartiment de chaque classe soit réservé dans les trains de voyageurs aux femmes voyageant seules.

---

(1) Le cahier des charges du chemin de fer d'Orléans à Châlons-sur-Marne prescrit, pour les trois classes, que les voitures seront munies de rideaux, ou tout au moins de persiennes pour les voitures de troisième classe. Il ajoute pour ces dernières voitures : « Les dossiers et » les banquettes devront être inclinées, et les dossiers seront élevés à » la hauteur de la tête des voyageurs. »

Les voitures de voyageurs, les wagons destinés au transport des marchandises, des chaises de poste, des chevaux ou des bestiaux, les plates-formes et, en général, toutes les parties du matériel roulant, seront de bonne et solide construction.

La compagnie sera tenue, pour la mise en service de ce matériel, de se soumettre à tous les règlements sur la matière.

Les machines locomotives, tenders, voitures, wagons de toute espèce, plates-formes composant le matériel roulant, seront constamment entretenus en bon état.

ART. 33. Des règlements d'administration publique (1), rendus après que la compagnie aura été entendue, détermineront les mesures et les dispositions nécessaires pour assurer la police et l'exploitation du chemin de fer, ainsi que la conservation des ouvrages qui en dépendent.

Toutes les dépenses qu'entraînera l'exécution des mesures prescrites en vertu de ces règlements seront à la charge de la compagnie.

La compagnie sera tenue de soumettre à l'approbation de l'administration les règlements relatifs au service et à l'exploitation du chemin de fer.

Les règlements dont il s'agit dans les deux paragraphes précédents seront obligatoires non-seulement pour la compagnie concessionnaire, mais encore pour toutes celles qui obtiendraient ultérieurement l'autorisation d'établir des lignes de chemins de fer d'embranchement ou de prolongement, et, en général, pour

---

(1) Pour les chemins de fer algériens, *des arrêtés ministériels.*

toutes les personnes qui emprunteraient l'usage du chemin de fer.

Le ministre déterminera, sur la proposition de la compagnie, le minimum et le maximum de vitesse des convois de voyageurs et de marchandises, et des convois spéciaux des postes, ainsi que la durée du trajet.

Art. 34. Pour tout ce qui concerne l'entretien et les réparations du chemin de fer et de ses dépendances, l'entretien du matériel et le service de l'exploitation, la compagnie sera soumise au contrôle et à la surveillance de l'administration.

Outre la surveillance ordinaire, l'administration déléguera, aussi souvent qu'elle le jugera utile, un ou plusieurs commissaires pour reconnaître et constater l'état du chemin de fer, de ses dépendances et du matériel.

Durée, rachat et déchéance de la concession.

Art. 35. La durée de la concession, pour l............ ligne... mentionnée... à l'article premier du présent cahier des charges, sera de quatre-vingt-dix-neuf ans (99 ans). Elle commencera à courir du premier janvier mil huit cent...... (1er janvier 18..), et finira le trente et un décembre mil neuf cent..... (31 décembre 19..).

Art. 36. A l'époque fixée pour l'expiration de la concession et par le seul fait de cette expiration, le gouvernement sera subrogé à tous les droits de la compagnie sur le chemin de fer et ses dépendances, et il entrera immédiatement en jouissance de tous ses produits.

La compagnie sera tenue de lui remettre, en bon état

d'entretien, le chemin de fer et tous les immeubles qui en dépendent, quelle qu'en soit l'origine, tels que les bâtiments des gares et stations, les remises, ateliers et dépôts, les maisons de gardes, etc. Il en sera de même de tous les objets immobiliers dépendant également dudit chemin, tels que les barrières et clôtures, les voies, changements de voies, plaques tournantes, réservoirs d'eau, grues hydrauliques, machines fixes, etc.

Dans les cinq dernières années qui précéderont le terme de la concession, le gouvernement aura le droit de saisir les revenus du chemin de fer et de les employer à rétablir en bon état le chemin de fer et ses dépendances, si la compagnie ne se mettait pas en mesure de satisfaire pleinement et entièrement à cette obligation.

En ce qui concerne les objets mobiliers, tels que le matériel roulant, les matériaux, combustibles et approvisionnements de tout genre, le mobilier des stations, l'outillage des ateliers et des gares, l'État sera tenu, si la compagnie le requiert, de reprendre tous ces objets sur l'estimation qui en sera faite à dire d'experts, et réciproquement, si l'État le requiert, la compagnie sera tenue de les céder de la même manière.

Toutefois, l'État ne pourra être tenu de reprendre que les approvisionnements nécessaires à l'exploitation du chemin pendant six mois.

Art. 37. A toute époque après l'expiration des quinze premières années de la concession, le gouvernement aura la faculté de racheter la concession entière du chemin de fer.

Pour régler le prix du rachat, on relèvera les produits nets annuels obtenus par la compagnie pendant les sept années qui auront précédé celle où le rachat sera effectué : on en déduira les produits nets des deux plus faibles années, et l'on établira le produit net moyen des cinq autres années.

Ce produit net moyen formera le montant d'une annuité, qui sera due et payée à la compagnie pendant chacune des années restant à courir sur la durée de la concession.

Dans aucun cas, le montant de l'annuité ne sera inférieur au produit net de la dernière des sept années prises pour terme de comparaison.

La compagnie recevra, en outre, dans les trois mois qui suivront le rachat, les remboursements auxquels elle aurait droit à l'expiration de la concession, selon l'article 36 ci-dessus.

ART. 38. Si la compagnie n'a pas commencé les travaux dans le délai fixé par l'article 2, elle sera déchue de plein droit, sans qu'il y ait lieu à aucune notification ou mise en demeure préalable (1).

Dans ce cas, la somme de..... qui aura été déposée, ainsi qu'il sera dit à l'article 68, à titre de cautionnement, deviendra la propriété de l'État et restera acquise au trésor public.

ART. 39. Faute par la compagnie d'avoir terminé les travaux dans le délai fixé par l'article 2, faute aussi par elle d'avoir rempli les diverses obligations qui lui sont

______

(1) Le même article du cahier des charges des chemins de fer algériens porte :

« La compagnie est dispensée de tous cautionnements à raison de la » présente concession. »

imposées par le présent cahier des charges, elle en-
courra la déchéance, et il sera pourvu tant à la continuation et à l'achèvement des travaux qu'à l'exécution
des autres engagements contractés par la compagnie,
au moyen d'une adjudication que l'on ouvrira sur une
mise à prix des ouvrages exécutés, des matériaux approvisionnés et des parties du chemin de fer déjà livrées
à l'exploitation.

Les soumissions pourront être inférieures à la mise à
prix.

La nouvelle compagnie sera soumise aux clauses du
présent cahier des charges, et la compagnie évincée
recevra d'elle le prix que la nouvelle adjudication aura
fixé.

La partie du cautionnement qui n'aura pas encore été
restituée deviendra la propriété de l'État.

Si l'adjudication ouverte n'amène aucun résultat, une
seconde adjudication sera tentée sur les mêmes bases,
après un délai de trois mois; si cette seconde tentative
reste également sans résultat, la compagnie sera définitivement déchue de tous droits, et alors les ouvrages
exécutés, les matériaux approvisionnés et les parties de
chemin de fer déjà livrées à l'exploitation appartiendront
à l'État.

Art. 40. Si l'exploitation du chemin de fer vient à
être interrompue en totalité ou en partie, l'administration prendra immédiatement, aux frais et risques de
la compagnie, les mesures nécessaires pour assurer provisoirement le service.

Si, dans les trois mois de l'organisation du service
provisoire, la compagnie n'a pas valablement justifié

qu'elle est en état de reprendre et de continuer l'exploitation, et si elle ne l'a pas effectivement reprise, la déchéance pourra être prononcée par le ministre. Cette déchéance prononcée, le chemin de fer et toutes ses dépendances seront mis en adjudication, et il sera procédé ainsi qu'il est dit à l'article précédent.

Art. 41. Les dispositions des trois articles qui précèdent cesseraient d'être applicables, et la déchéance ne serait pas encourue, dans le cas où le concessionnaire n'aurait pu remplir ses obligations par suite de circonstances de force majeure dûment constatées.

Taxes et conditions relatives au transport des voyageurs et des marchandises.

Art. 42. Pour indemniser la compagnie des travaux et dépenses qu'elle s'engage à faire par le présent cahier des charges, et sous la condition expresse qu'elle en remplira exactement toutes les obligations, le gouvernement lui accorde l'autorisation de percevoir, pendant toute la durée de la concession, les droits de péage et les prix de transport ci-après déterminés (1) :

---

(1) Ces tarifs sont plus élevés pour les chemins de fer algériens.

Ainsi le transport des voyageurs donne lieu à une perception totale, par tête et par kilomètre, de 16 centimes pour les voitures de première classe, de 12 centimes pour celles de deuxième et de 8 centimes pour celles de troisième classe.

A grande vitesse, le transport des marchandises donne lieu à une perception par tonne et par kilomètre de 54 centimes.

A petite vitesse, la perception est pour les marchandises transportées de 24, 20 ou 13 centimes, suivant la classe à laquelle appartiennent ces marchandises.

Nous n'entrerons pas dans tous les détails à cet égard ; il sera toujours facile de se reporter aux tarifs.

DÉSIGNATION.	PRIX		
	DE PÉAGE.	DE TRANS-PORT.	TOTAUX.
	fr. c.	fr. c.	f. c.
1° PAR TÊTE ET PAR KILOMÈTRE.			
Grande vitesse.			
VOYAGEURS. Voitures couvertes, garnies et fermées à glaces (1re classe). .	0.067	0.033	0.10
Voitures couvertes, fermées à glaces et à banquettes rembourrées (2e classe)	0.05	0.026	0.075
Voitures couvertes et fermées à vitres (3e classe)	0.037	0.018	0.55
ENFANTS. Au-dessous de trois ans, les enfants ne payent rien, à la condition d'être portés sur les genoux des personnes qui les accompagnent.			
De trois à sept ans, ils payent demi-place et ont droit à une place distincte; toutefois, dans un même compartiment, deux enfants ne pourront occuper que la place d'un voyageur.			
Au-dessus de sept ans, ils payent place entière.			
Chiens transportés dans les trains de voyageurs.	0.010	0.005	0.015
Sans que la perception puisse être inférieure à 0 fr. 30 c.			
Petite vitesse.			
Bœufs, vaches, taureaux, chevaux, mulets, bêtes de trait.	0.07	0.03	0.10
Veaux et porcs	0.025	0.015	0.04
Moutons, brebis, agneaux, chèvres.	0.01	0.01	0.02
Lorsque les animaux ci-dessus dénommés seront, sur la demande des expéditeurs, transportés à la vitesse des trains de voyageurs, les prix seront doublés.			

DÉSIGNATION.	PRIX		
	DE PÉAGE.	DE TRANS- PORT.	TOTAUX.
	fr. c.	fr. c.	fr. c.
2° PAR TONNE ET PAR KILOMÈTRE. *Marchandises transportées à grande vitesse.* Huîtres.—Poissons frais.—Denrées. —Excédants de bagage et marchandises de toute classe transportés à la vitesse des trains de voyageurs.	0. 20	0. 16	0. 36
Marchandises transportées à petite vitesse.			
PREMIÈRE CLASSE. Spiritueux. — Huiles. —Bois de menuiserie, de teinture et autres bois exotiques. — Produits chimiques non dénommés. — Œufs. — Viande fraîche. —Gibier. — Sucre. — Café. — Drogues. — Epiceries. —Tissus.— Denrées coloniales. — Objets manufacturés. — Armes. . . .	0. 09	0. 07	0. 16
DEUXIÈME CLASSE. Blés. — Grains. — Farines. — Légumes farineux.—Riz, maïs, châtaignes et autres denrées alimentaires non dénommées. —Chaux et plâtre. — Charbon de bois. — Bois à brûler dit *de corde*. — Perches. — Chevrons. — Planches.—Madriers.—Bois de charpente.—Marbre en bloc. — Albâtre. — Bitumes. — Cotons. — Laines. — Vins —Vinaigres. — Boissons. — Bières. — Levûre sèche. — Coke. — Fers. — Cuivres. — Plomb et autres métaux, ouvrés ou non. — Fontes moulées.	0. 08	0. 06	0. 14
3° CLASSE. Houille.—Marne.—Cendres.— Fumiers et engrais. — Pierres à chaux et à plâtre. — Pavés et matériaux pour la construction			

DÉSIGNATION.	PRIX		
	DE PÉAGE.	DE TRANS-PORT.	TOTAUX.
	fr. c.	fr. c.	fr. c.
3ᵉ CLASSE. et la réparation des routes. — Pierres de taille et produits de carrières. — Minerais de fer et autres. — Fonte brute. — Sel. — Moellons. — Meulières. — Cailloux. — Sables. — Argiles. — Briques. — Ardoises. . . .	0.06	0.04	0.10 (1)
3° VOITURES ET MATÉRIEL ROULANT TRANSPORTÉS A PETITE VITESSE. *Par pièce et par kilomètre.*			
Wagon ou chariot pouvant porter de trois à six tonnes.	0.09	0.06	0.15
Wagon ou chariot pouvant porter plus de six tonnes.	0.12	0.08	0.20
Locomotive pesant de douze à dix-huit tonnes (ne traînant pas de convoi.	1.80	1.20	3.00

(1) Des décrets du 11 juin 1863 sont venus, à la suite de conventions passées avec toutes les grandes compagnies de chemins de fer, modifier comme suit les dispositions de l'article 42 du cahier des charges concernant la troisième classe de marchandises :

« La troisième classe de marchandises mentionnée à l'article 42 du cahier des charges sera définie ainsi qu'il suit :

DÉSIGNATION.	PRIX		
	DE PÉAGE.	DE TRANS-PORT.	TOTAL.
	fr. c.	fr. c.	fr. c.
Pierres de taille et produits de carrières, minerais autres que ceux de fer, fonte brute, moellons, meulières, argiles, briques, ardoises.	0.06	0.04	0 10

DÉSIGNATION.	PRIX		
	DE PÉAGE.	DE TRANS-PORT	TOTAUX.
	fr. c.	fr. c.	fr. c.
Locomotive pesant plus de dix-huit tonnes (ne traînant pas de convoi).	2.25	1.50	3.75
Tender de sept à dix tonnes. . . .	0.90	0.60	1.50
Tender de plus de dix tonnes. . .	1.35	0.90	2.25
Les machines locomotives seront considérées comme ne traînant pas			

« Il sera établi une quatrième classe de marchandises dans les conditions ci-après :

	DÉSIGNATION.		PRIX		
			DE PÉAGE.	DE TRANS-PORT.	TOTAUX.
			fr. c.	fr. c.	fr. c.
QUATRIÈME CLASSE.	Houille, marne, cendres, fumiers, engrais, pierres à chaux et à plâtre, pavés et matériaux pour les constructions et les réparations des routes, minerais de fer, cailloux et sables.	Pour les parcours de 0 à 100 kilomètres, sans que la taxe puisse être supérieure à 5 fr.	0.045	0.035	0.08
		Pour les parcours de 101 à 300 kilomètres, sans que la taxe puisse être supérieure à 13 fr. 50 c.	0.03	0.02	0.05
		Pour les parcours de plus de 300 kilomètres, sans que la taxe puisse être supérieure à 13 fr. 50 c.	0.025	0.015	0.04

Pour d'autres compagnies, l'article 38, en ce qui concerne cette quatrième classe de marchandises, fixe à 12 fr. le maximum de la taxe de 101 à 300 kilomètres, et ne fixe plus de maximum au-dessus de 300 kilomètres.

DÉSIGNATION.	PRIX		
	DE PÉAGE.	DE TRANS- PORT.	TOTAUX.
	fr. c.	fr. c.	fr. c.
de convoi, lorsque le convoi remorqué, soit de voyageurs, soit de marchandises, ne comportera pas un péage au moins égal à celui qui serait perçu sur la locomotive, avec son tender, marchant sans rien traîner.			
Le prix à payer pour un wagon chargé ne pourra jamais être inférieur à celui qui serait dû pour un wagon marchant à vide.			
Voitures à deux ou quatre roues, à un fond et à une seule banquette dans l'intérieur.	0.45	0.10	0.25
Voitures à quatre roues, à deux fonds et à deux banquettes dans l'intérieur, omnibus, diligences, etc. .	0.18	0.14	0.32
Lorsque, sur la demande des expéditeurs, les transports auront lieu à la vitesse des trains de voyageurs, les prix ci-dessus seront doublés.			
Dans ce cas, deux personnes pourront, sans supplément de prix, voyager dans les voitures à une banquette, et trois dans les voitures à deux banquettes, omnibus, diligences, etc.; les voyageurs excédant ce nombre payeront le prix des places de deuxième classe.			
Voitures de déménagement à deux ou à quatre roues, à vide.	0.12	0.08	0.20
Ces voitures, lorsqu'elles seront chargées, payeront en sus des prix ci-dessus, par tonne de chargement et par kilomètre.	0.08	0.06	0.14

4° SERVICE DES POMPES FUNÈBRES
ET TRANSPORT DES CERCUEILS.

Grande vitesse.

Une voiture des pompes funèbres.

DÉSIGNATION.	PRIX		
	DE PÉAGE.	DE TRANS- PORT.	TOTAUX.
	fr. c.	fr. c.	fr. c.
renfermant un ou plusieurs cercueils, sera transportée aux mêmes prix et conditions qu'une voiture à quatre roues, à deux fonds et à deux banquettes.	0.36	0.28	0.64
Chaque cercueil confié à l'administration du chemin de fer sera transporté, dans un compartiment isolé, au prix de.	0.18	0.12	0.30

Les prix déterminés ci-dessus pour les transports à grande vitesse ne comprennent pas l'impôt dû à l'État.

Il est expressément entendu que les prix de transport ne seront dus à la compagnie qu'autant qu'elle effectuerait elle-même ces transports à ses frais et par ses propres moyens; dans le cas contraire, elle n'aura droit qu'aux prix fixés pour le péage.

La perception aura lieu d'après le nombre de kilomètres parcourus. Tout kilomètre entamé sera payé comme s'il avait été parcouru en entier.

Si la distance parcourue est inférieure à 6 kilomètres, elle sera comptée pour 6 kilomètres.

Le poids de la tonne est de 1,000 kilogrammes.

Les fractions de poids ne seront comptées, tant pour la grande que pour la petite vitesse, que par centième de tonne ou par 10 kilogrammes.

Ainsi, tout poids compris entre 0 et 10 kilogrammes payera comme 10 kilogrammes, entre 10 et 20 kilogrammes, comme 20 kilogrammes, etc.

Toutefois, pour les excédants de bagages et marchandises à grande vitesse, les coupures seront établies, 1° de 0 à 5 kilogrammes; 2° au-dessus de 5 jusqu'à 10 kilogrammes; 3° au-dessus de 10 kilogrammes, par fraction indivisible de 10 kilogrammes.

Quelle que soit la distance parcourue, le prix d'une expédition quelconque, soit en grande, soit en petite vitesse, ne pourra être moindre de 40 centimes (1).

Dans le cas où le prix de l'hectolitre de blé s'élèverait sur le marché régulateur d..... à 20 francs ou au-dessus, le gouvernement pourra exiger de la compagnie que le tarif du transport des blés, grains, riz, maïs, farines et légumes farineux, péage compris, ne puisse s'élever, au maximum, qu'à 0 fr. 07 par tonne et par kilomètre.

Art. 43. A moins d'une autorisation spéciale et révocable de l'administration, tout train régulier de voyageurs devra contenir des voitures de toute classe en nombre suffisant pour toutes les personnes qui se présenteraient dans les bureaux du chemin de fer.

Dans chaque train de voyageurs, la compagnie aura la faculté de placer des voitures à compartiments spéciaux, pour lesquels il sera établi des prix particuliers que l'administration fixera sur la proposition de la compagnie: mais le nombre des places à donner dans ces compartiments ne pourra dépasser le cinquième du nombre total des places du train.

Art. 44. Tout voyageur dont le bagage ne pèsera pas plus de 30 kilogrammes n'aura à payer, pour le port de ce bagage, aucun supplément du prix de sa place.

---

(1) Voir, sur ces différents points, ce qui a été dit *supra* n° 61 et 62.

Cette franchise ne s'appliquera pas aux enfants transportés gratuitement, et elle sera réduite à 20 kilogrammes pour les enfants transportés à moitié prix.

Art. 45. Les animaux, denrées, marchandises, effets et autres objets non désignés dans le tarif, seront rangés, pour les droits à percevoir, dans les classes avec lesquelles ils auront le plus d'analogie, sans que jamais, sauf les exceptions formulées aux articles 46 et 47 ci-après, aucune marchandise non dénommée puisse être soumise à une taxe supérieure à celle de la première classe du tarif ci-dessus.

Les assimilations de classes pourront être provisoirement réglées par la compagnie; mais elles seront soumises immédiatement à l'administration, qui prononcera définitivement.

Art. 46. Les droits de péage et les prix de transport déterminés au tarif ne sont point applicables à toute masse indivisible pesant plus de trois mille kilogrammes (3,000 kil.).

Néanmoins, la compagnie ne pourra se refuser à transporter les masses indivisibles pesant de trois mille à cinq mille kilogrammes; mais les droits de péage et les prix de transport seront augmentés de moitié.

La compagnie ne pourra être contrainte à transporter les masses pesant plus de cinq mille kilogrammes (5,000 kil.).

Si, nonobstant la disposition qui précède, la compagnie transporte des masses indivisibles pesant plus de cinq mille kilogrammes, elle devra, pendant trois mois au moins, accorder les mêmes facilités à tous ceux qui en feraient la demande.

24.

Dans ce cas, les prix de transport seront fixés par l'administration, sur la proposition de la compagnie.

Art. 47. Les prix de transport déterminés au tarif ne sont point applicables :

1° Aux denrées et objets qui ne sont pas nommément énoncés dans le tarif, et qui ne pèseraient pas deux cents kilogrammes sous le volume d'un mètre cube ;

2° Aux matières inflammables ou explosibles, aux animaux et objets dangereux pour lesquels des règlements de police prescriraient des précautions spéciales ;

3° Aux animaux dont la valeur déclarée excéderait 5.000 fr. ;

4° A l'or et à l'argent, soit en lingots, soit monnayés ou travaillés, au plaqué d'or ou d'argent, au mercure et au platine, ainsi qu'aux bijoux, dentelles, pierres précieuses, objets d'art et autres valeurs ;

5° Et, en général, à tous paquets, colis ou excédants de bagages, pesant isolément quarante kilogrammes et au-dessous (1).

Toutefois, les prix de transport déterminés au tarif sont applicables à tous paquets ou colis, quoique emballés à part, s'ils font partie d'envois, pesant ensemble plus de quarante kilogrammes, d'objets envoyés par une même personne à une même personne. Il en sera de même pour les excédants de bagages qui pèseraient ensemble ou isolément plus de quarante kilogrammes.

Le bénéfice de la disposition énoncée dans le paragraphe précédent, en ce qui concerne les paquets et colis, ne peut être invoqué par les entrepreneurs de

____

(1) Les anciens cahiers des charges portaient 50 kilogrammes

messageries et de roulage et autres intermédiaires de transport, à moins que les articles par eux envoyés ne soient réunis en un seul colis (1).

Dans les cinq cas ci-dessus spécifiés, les prix de transport seront arrêtés annuellement par l'administration, tant pour la grande que pour la petite vitesse, sur la proposition de la compagnie.

En ce qui concerne les paquets ou colis mentionnés au paragraphe 5 ci-dessus, les prix de transport devront être calculés de telle manière, qu'en aucun cas un de ces paquets ou colis ne puisse payer un prix plus élevé qu'un article de même nature pesant plus de quarante kilogrammes.

ART. 48. Dans le cas où la compagnie jugerait convenable, soit pour le parcours total, soit pour les parcours partiels de la voie de fer, d'abaisser, avec ou sans conditions, au-dessous des limites déterminées par le tarif, les taxes qu'elle est autorisée à percevoir, les taxes abaissées ne pourront être relevées qu'après un délai de trois mois au moins pour les voyageurs, et d'un an pour les marchandises (2).

Toute modification de tarif proposée par la compagnie sera annoncée un mois d'avance par des affiches.

La perception des tarifs modifiés ne pourra avoir lieu qu'avec l'homologation de l'administration supérieure, conformément aux dispositions de l'ordonnance du 15 novembre 1846.

---

(1) L'article 47 du cahier général des charges est venu ainsi mettre fin aux nombreuses difficultés soulevées par les questions de groupage. (Voir *suprà* n°* 63, 64 et 65.)

(2) Le cahier des charges des chemins de fer algériens porte un délai uniforme de trois mois pour les voyageurs et pour les marchandises.

La perception des taxes devra se faire indistinctement et sans aucune faveur.

Tout traité particulier qui aurait pour effet d'accorder à un ou plusieurs expéditeurs une réduction sur les tarifs approuvés demeure formellement interdit.

Toutefois, cette disposition n'est pas applicable aux traités qui pourraient intervenir entre le gouvernement et la compagnie, dans l'intérêt des services publics, ni aux réductions ou remises qui seraient accordées par la compagnie aux indigents.

En cas d'abaissement des tarifs, la réduction portera proportionnellement sur le péage et sur le transport (1).

Art. 49. La compagnie sera tenue d'effectuer constamment avec soin, exactitude et célérité, et sans tour de faveur, le transport des voyageurs, bestiaux, denrées, marchandises et objets quelconques qui lui seront confiés.

Les colis, bestiaux et objets quelconques seront inscrits, à la gare d'où ils partent et à la gare où ils arrivent, sur des registres spéciaux, au fur et à mesure de leur réception ; mention sera faite, sur les registres de la gare de départ, du prix total dû pour leur transport.

Pour les marchandises ayant une même destination, les expéditions auront lieu suivant l'ordre de leur inscription à la gare de départ.

Toute expédition de marchandises sera constatée, si l'expéditeur le demande, par une lettre de voiture (2).

----

1 Voir, pour l'application de cet article, les développements dans lesquels nous sommes entré, *suprà*, n° 66, 67 et 68.

2. Voir *suprà* n° 135.

dont un exemplaire restera aux mains de la compagnie et l'autre aux mains de l'expéditeur. Dans le cas où l'expéditeur ne demanderait pas de lettre de voiture, la compagnie sera tenue de lui délivrer un récépissé qui énoncera la nature et le poids du colis, le prix total du transport et le délai dans lequel ce transport devra être effectué.

ART. 50. Les animaux, denrées, marchandises et objets quelconques seront expédiés et livrés de gare en gare, dans les délais résultant des conditions ci-après exprimées (1) :

1° Les animaux, denrées, marchandises et objets quelconques, à grande vitesse, seront expédiés par le premier train de voyageurs comprenant des voitures de toutes classes, et correspondant avec leur destination, pourvu qu'ils aient été présentés à l'enregistrement trois heures avant le départ de ce train.

Ils seront mis à la disposition des destinataires, à la gare, dans le délai de deux heures après l'arrivée du même train.

2° Les animaux, denrées, marchandises et objets quelconques, à petite vitesse, seront expédiés dans le jour qui suivra celui de la remise; toutefois, l'administration supérieure pourra étendre ce délai à deux jours.

Le maximum de durée du trajet sera fixé par l'administration, sur la proposition de la compagnie, sans que ce maximum puisse excéder vingt-quatre heures par fraction indivisible de 125 kilomètres.

Les colis seront mis à la disposition des destinataires

---

(1) Voir, sur le calcul des délais, *suprà* n° 49 à 53.

dans le jour qui suivra celui de leur arrivée effective en gare.

Le délai total, résultant des trois paragraphes ci-dessus, sera seul obligatoire pour la compagnie.

Il pourra être établi un tarif réduit, approuvé par le ministre, pour tout expéditeur qui acceptera des délais plus longs que ceux déterminés ci-dessus pour la petite vitesse.

Pour le transport des marchandises, il pourra être établi, sur la proposition de la compagnie, un délai moyen entre ceux de la grande et de la petite vitesse.

L'administration supérieure déterminera, par des règlements spéciaux, les heures d'ouverture et de fermeture des gares et stations, tant en hiver qu'en été, ainsi que les dispositions relatives aux denrées apportées par les trains de nuit et destinées à l'approvisionnement des marchés des villes (1).

Lorsque la marchandise devra passer d'une ligne sur une autre, sans solution de continuité, les délais de livraison et d'expédition au point de jonction seront fixés par l'administration, sur la proposition de la compagnie.

Art. 51. Les frais accessoires non mentionnés dans les tarifs, tels que ceux d'enregistrement, de chargement, de déchargement et de magasinage dans les gares et magasins du chemin de fer, seront fixés annuellement par l'administration, sur la proposition de la compagnie.

Art. 52. La compagnie sera tenue de faire, soit par elle-même, soit par un intermédiaire dont elle répon-

____

(1) Voir à cet égard *suprà* n° 50. Voir aussi l'arrêté ministériel du 15 avril 1859

dra, le factage et le camionnage, pour la remise au domicile des destinataires de toutes les marchandises qui lui sont confiées.

Le factage et le camionnage ne seront point obligatoires en dehors du rayon de l'octroi, non plus que pour les gares qui desserviraient soit une population agglomérée de moins de cinq mille habitants, soit un centre de population de cinq mille habitants situé à plus de cinq kilomètres de la gare du chemin de fer (1).

Les tarifs à percevoir seront fixés par l'administration, sur la proposition de la compagnie. Ils seront applicables à tout le monde sans distinction.

Toutefois, les expéditeurs et destinataires resteront libres de faire eux-mêmes et à leurs frais le factage et le camionnage des marchandises (2).

ART. 53. A moins d'une autorisation spéciale de l'administration, il est interdit à la compagnie, conformément à l'article 14 de la loi du 15 juillet 1845, de faire directement ou indirectement, avec des entreprises de transport de voyageurs ou de marchandises par terre ou par eau, sous quelque dénomination ou forme que ce puisse être, des arrangements qui ne seraient pas con-

---

(1) Suivant MM. Rebel et Juge (*Traité de la législation et de la jurisprudence des chemins de fer*, n° 556), on entend par factage et par camionnage le transport du lieu de l'arrivée des colis au domicile du destinataire.

Le mot *factage* s'applique en général aux paquets d'un mince volume.

Le mot *camionnage* aux colis d'un volume ou d'un poids plus fort.

(2) On a vu (*suprà*, n° 91) que les compagnies avaient prétendu imposer le camionnage aux destinataires, soit lorsque la lettre de voiture porterait que la marchandise serait livrable à domicile, soit même dans le silence de la lettre de voiture. Cette prétention a été condamnée par l'article 52 précité, dont l'application a été faite par plusieurs arrêts de la Cour de cassation.

sentis en faveur de toutes les entreprises desservant les mêmes voies de communication (1).

L'administration, agissant en vertu de l'article 33 ci-dessus, prescrira les mesures à prendre pour assurer la plus complète égalité entre les diverses entreprises de transport, dans leurs rapports avec le chemin de fer.

Stipulations relatives à divers services publics.

Art. 54. Les militaires ou marins voyageant en corps, aussi bien que les militaires ou marins voyageant isolément pour cause de service, envoyés en congé limité ou en permission, ou rentrant dans leurs foyers après libération, ne seront assujettis, eux, leurs chevaux et leurs bagages, qu'au quart (2) de la taxe du tarif fixé par le présent cahier des charges.

Si le gouvernement avait besoin de diriger des troupes et un matériel militaire ou naval sur l'un des points desservis par le chemin de fer, la compagnie serait tenue de mettre immédiatement à sa disposition, pour la moitié de la taxe du même tarif, tous ses moyens de transport.

Art. 55. Les fonctionnaires ou agents chargés de l'inspection, du contrôle et de la surveillance du chemin de fer, seront transportés gratuitement dans les voitures de la compagnie.

La même faculté est accordée aux agents des contributions indirectes et des douanes chargés de la surveillance des chemins de fer dans l'intérêt de la perception de l'impôt.

---

(1) Voir ci-dessus n°° 66 et 67.

(2) A la moitié, d'après le cahier des charges des chemins de fer algériens.

Art. 56. Le service des lettres et dépêches sera fait comme il suit :

1° A chacun des trains de voyageurs et de marchandises circulant aux heures ordinaires de l'exploitation, la compagnie sera tenue de réserver, gratuitement, deux compartiments spéciaux d'une voiture de deuxième classe, ou un espace équivalent, pour recevoir les lettres, les dépêches et les agents nécessaires au service des postes, le surplus de la voiture restant à la disposition de la compagnie (1);

2° Si le volume des dépêches ou la nature du service rend insuffisante la capacité de deux compartiments à deux banquettes, de sorte qu'il y ait lieu de substituer une voiture spéciale aux wagons ordinaires, le transport de cette voiture sera également gratuit.

Lorsque la compagnie voudra changer les heures de départ de ses convois ordinaires, elle sera tenue d'en avertir l'administration des postes quinze jours à l'avance (2).

3° Un train spécial régulier, dit *train journalier de la poste*, sera mis gratuitement chaque jour, à l'aller et au retour, à la disposition du minis're des finances, pour le transport des dépêches sur toute l'étendue de la ligne;

4° L'étendue du parcours, les heures de départ et d'arrivée, soit de jour, soit de nuit, la marche et les stationnements de ce convoi, sont réglés par le ministre

---

(1 Pour les chemins de fer algériens, à ce paragraphe l'article 56 ajoute :

« Toutefois, si les besoins du service l'exigeaient, la compagnie devrait livrer gratuitement un deuxième compartiment.

(2 Les paragraphes suivants diffèrent dans le cahier des charges des chemins de fer algériens

de l'agriculture, du commerce et des travaux publics et
le ministre des finances, la compagnie entendue;

5° Indépendamment de ce train, il pourra y avoir tous
les jours, à l'aller et au retour, un ou plusieurs convois
spéciaux, dont la marche sera réglée comme il est dit
ci-dessus. La rétribution payée à la compagnie, pour
chaque convoi, ne pourra excéder soixante et quinze
centimes par kilomètre parcouru pour la première voiture, et vingt-cinq centimes pour chaque voiture en sus
de la première;

6° La compagnie pourra placer dans les convois
spéciaux de la poste des voitures de toutes classes, pour
le transport, à son profit, des voyageurs et des marchandises;

7° La compagnie ne pourra être tenue d'établir des
convois spéciaux ou de changer les heures de départ, la
marche ou le stationnement de ces convois, qu'autant
que l'administration l'aura prévenue, par écrit, quinze
jours à l'avance;

8° Néanmoins, toutes les fois qu'en dehors des services réguliers l'administration requerra l'expédition
d'un convoi extraordinaire, soit de jour, soit de nuit,
cette expédition devra être faite immédiatement, sauf
l'observation des règlements de police. Le prix sera ultérieurement réglé, de gré à gré ou à dire d'experts,
entre l'administration et la compagnie;

9° L'administration des postes fera construire à ses
frais les voitures qu'il pourra être nécessaire d'affecter
spécialement au transport et à la manutention des dépêches. Elle réglera la forme et les dimensions de ces
voitures, sauf l'approbation, par le ministre de l'agri-

culture, du commerce et des travaux publics, des dispositions qui intéressent la régularité et la sécurité de la circulation. Elles seront montées sur châssis et sur roues. Leur poids ne dépassera pas huit mille kilogrammes, chargement compris. L'administration des postes fera entretenir à ses frais ses voitures spéciales ; toutefois, l'entretien des châssis et des roues sera à la charge de la compagnie ;

10° La compagnie ne pourra réclamer aucune augmentation des prix ci-dessus indiqués, lorsqu'il sera nécessaire d'employer des plates-formes au transport des malles-postes ou des voitures spéciales en réparation ;

11° La vitesse moyenne des convois spéciaux mis à la disposition de l'administration des postes ne pourra être moindre de 40 kilomètres à l'heure, temps d'arrêt compris ; l'administration pourra consentir une vitesse moindre, soit à raison des pentes, soit à raison des courbes à parcourir, ou bien exiger une plus grande vitesse, dans le cas où la compagnie obtiendrait plus tard, dans la marche de son service, une vitesse supérieure ;

12° La compagnie sera tenue de transporter gratuitement, par tous les convois de voyageurs, tout agent des postes chargé d'une mission ou d'un service accidentel et porteur d'un ordre de service régulier, délivré à Paris par le directeur général des postes. Il sera accordé à l'agent des postes en mission une place de voiture de deuxième classe, ou de première classe, si le convoi ne comporte pas de voitures de deuxième classe ;

13° La compagnie sera tenue de fournir à chacun des points extrêmes de la ligne, ainsi qu'aux principales stations intermédiaires qui seront désignées par l'administration des postes, un emplacement sur lequel l'administration pourra faire construire des bureaux de poste ou d'entrepôt des dépêches, et des hangars pour le chargement et le déchargement des malles-postes. Les dimensions de cet emplacement seront, au maximum, de 64 mètres carrés dans les gares des départements, et du double à Paris.

14° La valeur locative du terrain ainsi fourni par la compagnie lui sera payée de gré à gré ou à dire d'experts;

15° La position sera choisie de manière que les bâtiments qui y seront construits aux frais de l'administration des postes ne puissent entraver en rien le service de la compagnie;

16° L'administration se réserve le droit d'établir à ses frais, sans indemnité, mais aussi sans responsabilité pour la compagnie, tous poteaux ou appareils nécessaires à l'échange des dépêches sans arrêt de train, à la condition que ces appareils, par leur nature ou leur position, n'apportent pas d'entraves aux différents services de la ligne ou des stations;

17° Les employés chargés de la surveillance du service, les agents préposés à l'échange ou à l'entrepôt des dépêches, auront accès dans les gares ou stations pour l'exécution de leur service, en se conformant aux règlements de police intérieure de la compagnie.

ART. 57. La compagnie sera tenue, à toute réquisition, de faire partir, par convoi ordinaire, les wagons ou voitures cellulaires employés au transport des prévenus, accusés ou condamnés.

Les wagons et les voitures employés au service dont il s'agit seront construits aux frais de l'État ou des départements; leurs formes et dimensions seront déterminées de concert par le ministre de l'intérieur et par le ministre de l'agriculture, du commerce et des travaux publics, la compagnie entendue.

Les employés de l'administration, les gardiens et les prisonniers placés dans les wagons ou voitures cellulaires, ne seront assujettis qu'à la moitié de la taxe applicable aux places de troisième classe, telle qu'elle est fixée par le présent cahier des charges.

Les gendarmes placés dans les mêmes voitures ne payeront que le quart de la même taxe.

Le transport des wagons et des voitures sera gratuit.

Dans le cas où l'administration voudrait, pour le transport des prisonniers, faire usage des voitures de la compagnie, celle-ci serait tenue de mettre à sa disposition un ou plusieurs compartiments spéciaux de voitures de deuxième classe à deux banquettes. Le prix de location en sera fixé à raison de vingt centimes (0,20) par compartiment et par kilomètre (1).

Les dispositions qui précèdent seront applicables au transport des jeunes délinquants recueillis par l'administration pour être transférés dans des établissements d'éducation.

ART. 58. Le gouvernement se réserve la faculté de faire, le long des voies, toutes les constructions, de poser tous les appareils nécessaires à l'établissement d'une ligne télégraphique, sans nuire au service du chemin de fer.

---

(1) A raison de 30 centimes pour les chemins de fer algériens.

Sur la demande de l'administration des lignes télégraphiques, il sera réservé, dans les gares des villes et des localités qui seront désignées ultérieurement, le terrain nécessaire à l'établissement des maisonnettes destinées à recevoir le bureau télégraphique et son matériel.

La compagnie concessionnaire sera tenue de faire garder par ses agents les fils et les appareils des lignes électriques, de donner aux employés télégraphiques connaissance de tous les accidents qui pourraient survenir, et de leur en faire connaitre les causes. En cas de rupture du fil télégraphique, les employés de la compagnie auront à raccrocher provisoirement les bouts séparés, d'après les instructions qui leur seront données à cet effet.

Les agents de la télégraphie, voyageant pour le service de la ligne électrique, auront le droit de circuler gratuitement dans les voitures du chemin de fer.

En cas de rupture du fil télégraphique eu d'accidents graves, une locomotive sera mise immédiatement à la disposition de l'inspecteur télégraphique de la ligne, pour le transporter sur le lieu de l'accident avec les hommes et les matériaux nécessaires à la réparation. Ce transport sera gratuit, et il devra être effectué dans des conditions telles, qu'il ne puisse entraver en rien la circulation publique.

Dans le cas où des déplacements de fils, appareils ou poteaux, deviendraient nécessaires par suite de travaux exécutés sur le chemin, ces déplacements auraient lieu, aux frais de la compagnie, par les soins de l'administration des lignes télégraphiques.

La compagnie pourra être autorisée et, au besoin, requise par le ministre de l'agriculture, du commerce et des travaux publics, agissant de concert avec le ministre de l'intérieur, d'établir à ses frais les fils et appareils télégraphiques destinés à transmettre les signaux nécessaires pour la sûreté et la régularité de son exploitation.

Elle pourra, avec l'autorisation du ministre de l'intérieur, se servir des poteaux de la ligne télégraphique de l'État, lorsqu'une semblable ligne existera le long de la voie.

La compagnie sera tenue de se soumettre à tous les règlements d'administration publique concernant l'établissement et l'emploi de ces appareils, ainsi que l'organisation, aux frais de la compagnie, du contrôle de ce service par les agents de l'État.

Clauses diverses.

ART. 59. Dans le cas où le gouvernement ordonnerait ou autoriserait la construction de routes impériales, départementales ou vicinales, de chemins de fer ou de canaux qui traverseraient la ligne objet de la présente concession, la compagnie ne pourra s'opposer à ces travaux ; mais toutes les dispositions nécessaires seront prises pour qu'il n'en résulte aucun obstacle à la construction ou au service du chemin de fer, ni aucuns frais pour la compagnie.

ART. 60. Toute exécution ou autorisation ultérieure de route, de canal, de chemin de fer, de travaux de navigation, dans la contrée où est situé le chemin de fer objet de la présente concession, ou dans toute autre contrée voisine ou éloignée, ne pourra donner ouverture à aucune demande d'indemnités de la part de la compagnie.

Art. 61. Le gouvernement se réserve expressément le droit d'accorder de nouvelles concessions de chemins de fer s'embranchant sur le chemin qui fait l'objet du présent cahier des charges, ou qui seraient établis en prolongement du même chemin.

La compagnie ne pourra mettre aucun obstacle à ces embranchements, ni réclamer, à l'occasion de leur établissement, aucune indemnité quelconque, pourvu qu'il n'en résulte aucun obstacle à la circulation, ni aucuns frais particuliers pour la compagnie.

Les compagnies concessionnaires de chemins de fer d'embranchement ou de prolongement auront la faculté, moyennant les tarifs ci-dessus déterminés, et l'observation des règlements de police et de service établis ou à établir, de faire circuler leurs voitures, wagons et machines, sur le chemin de fer objet de la présente concession, pour lequel cette faculté sera réciproque à l'égard desdits embranchements et prolongements.

Dans le cas où les diverses compagnies ne pourraient s'entendre entre elles sur l'exercice de cette faculté, le gouvernement statuerait sur les difficultés qui s'élèveraient entre elles à cet égard.

Dans le cas où une compagnie d'embranchement ou de prolongement, joignant la ligne qui fait l'objet de la présente concession, n'userait pas de la faculté de circuler sur cette ligne, comme aussi dans le cas où la compagnie concessionnaire de cette dernière ligne ne voudrait pas circuler sur les prolongements et embranchements, les compagnies seraient tenues de s'arranger entre elles, de manière que le service de transport ne soit jamais interrompu aux points de jonction des diverses lignes.

Celle des compagnies qui se servira d'un matériel qui ne serait pas sa propriété payera une indemnité en rapport avec l'usage et la détérioration de ce matériel. Dans le cas où les compagnies ne se mettraient pas d'accord sur la quotité de l'indemnité ou sur les moyens d'assurer la continuation du service sur toute la ligne, le gouvernement y pourvoirait d'office et prescrirait toutes les mesures nécessaires.

La compagnie pourra être assujettie, par les décrets qui seront ultérieurement rendus pour l'exploitation des chemins de fer de prolongement ou d'embranchement, joignant celui qui lui est concédé, à accorder aux compagnies de ces chemins une réduction de péage ainsi calculée :

1° Si le prolongement ou l'embranchement n'a pas plus de 100 kilomètres (10 p. %) du prix perçu par la compagnie ;

2° Si le prolongement ou l'embranchement excède cent kilomètres, quinze pour cent (15 p. %) ;

3° Si le prolongement ou l'embranchement excède 200 kilomètres, vingt pour cent (20 p. %) ;

4° Si le prolongement ou l'embranchement excède trois cents kilomètres, vingt-cinq pour cent (25 p. %).

Art. 62. La compagnie sera tenue de s'entendre avec tout propriétaire de mines ou d'usines qui, offrant de se soumettre aux conditions prescrites ci-après, demanderait un nouvel embranchement ; à défaut d'accord, le gouvernement statuera sur la demande, la compagnie entendue (1).

Les embranchements seront construits aux frais des propriétaires des mines et d'usines (2), et de manière qu'il ne résulte de leur établissement aucune entrave à la circulation générale, aucune cause d'avarie pour le matériel, ni aucuns frais particuliers pour la compagnie.

Leur entretien devra être fait avec soin, aux frais de leurs propriétaires et sous le contrôle de l'administration. La compagnie aura le droit de faire surveiller par ses agents cet entretien, ainsi que l'emploi de son matériel sur les embranchements.

L'administration pourra, à toutes époques, prescrire les modifications qui seraient jugées utiles dans la soudure, le tracé ou l'établissement de la voie desdits embranchements, et les changements seront opérés aux frais des propriétaires.

L'administration pourra, même après avoir entendu les propriétaires, ordonner l'enlèvement temporaire des aiguilles de soudure, dans le cas où les établissements embranchés viendraient à suspendre, en tout ou en partie, leurs transports.

La compagnie sera tenue d'envoyer ses wagons sur tous les embranchements autorisés, destinés à faire communiquer des établissements de mines ou d'usines avec la ligne principale du chemin de fer.

----

(1) Cahier des charges des chemins de fer algériens :

« La Compagnie sera tenue de s'entendre avec les villes, les communes et les propriétaires de mines, usines ou carrières qui, etc.

(2) Cahier des charges des chemins de fer algériens :

« ... Aux frais des villes, communes et propriétaires de mines, usines ou carrières, et de manière, etc.

La compagnie amènera ses wagons à l'entrée des embranchements.

Les expéditeurs ou destinataires feront conduire les wagons dans leurs établissements, pour les charger ou décharger, et les ramèneront au point de jonction avec la ligne principale, le tout à leurs frais. Les wagons ne pourront, d'ailleurs, être employés qu'au transport d'objets et marchandises destinés à la ligne principale du chemin de fer.

Le temps pendant lequel les wagons séjourneront sur les embranchements particuliers ne pourra excéder six heures lorsque l'embranchement n'aura pas plus d'un kilomètre. Le temps sera augmenté d'une demi-heure par kilomètre en sus du premier, non compris les heures de la nuit, depuis le coucher jusqu'au lever du soleil.

Dans le cas où les limites de temps seraient dépassées nonobstant l'avertissement spécial donné par la compagnie, elle pourra exiger une indemnité égale à la valeur du droit de loyer des wagons, pour chaque période de retard après l'avertissement.

Les traitements des gardiens d'aiguilles et des barrières des embranchements autorisés par l'administration seront à la charge des propriétaires des embranchements. Ces gardiens seront nommés et payés par la compagnie, et les frais qui en résulteront lui seront remboursés par lesdits propriétaires.

En cas de difficulté, il sera statué par l'administration, la compagnie entendue.

Les propriétaires d'embranchements seront responsables des avaries que le matériel pourrait éprouver pendant son parcours ou son séjour sur ces lignes.

Dans le cas d'inexécution d'une ou de plusieurs des conditions énoncées ci-dessus, le préfet pourra, sur la plainte de la compagnie et après avoir entendu le propriétaire de l'embranchement, ordonner par un arrêté la suspension du service et faire supprimer la soudure, sauf recours à l'administration supérieure, et sans préjudice de tous dommages-intérêts que la compagnie serait en droit de répéter pour la non-exécution de ces conditions.

Pour indemniser la compagnie de la fourniture et de l'envoi de son matériel sur les embranchements, elle est autorisée à percevoir un prix fixe de douze centimes (0 fr. 12) par tonne pour le premier (1) kilomètre, et, en outre, quatre centimes (0 fr. 04) par tonne et par kilomètre en sus du premier, lorsque la longueur de l'embranchement excédera un kilomètre.

Tout kilomètre entamé sera payé comme s'il avait été parcouru en entier.

Le chargement et le déchargement sur les embranchements s'opéreront aux frais des expéditeurs ou destinataires, soit qu'ils les fassent eux-mêmes, soit que la compagnie du chemin de fer consente à les opérer.

Dans ce dernier cas, ces frais seront l'objet d'un règlement arrêté par l'administration supérieure, sur la proposition de la compagnie.

Tout wagon envoyé par la compagnie sur un embranchement devra être payé comme wagon complet, lors même qu'il ne serait pas complétement chargé.

---

(1) Perception de 0,18 centimes et 0,06 centimes pour les chemins de fer algériens.

La surcharge, s'il y en a, sera payée au prix du tarif légal et au prorata du poids réel. La compagnie sera en droit de refuser les chargements qui dépasseraient le maximum de trois mille cinq cents kilogrammes, déterminé en raison des dimensions actuelles des wagons. Le maximum sera revisé par l'administration, de manière à être toujours en rapport avec la capacité des wagons.

Les wagons seront pesés à la station d'arrivée, par les soins et aux frais de la compagnie.

ART. 63. La contribution foncière sera établie en raison de la surface des terrains occupés par le chemin de fer et ses dépendances; la cote en sera calculée. comme pour les canaux, conformément à la loi du 25 avril 1803 (1).

Les bâtiments et magasins dépendant de l'exploitation du chemin de fer seront assimilés aux propriétés bâties de la localité. Toutes les contributions auxquelles ces édifices pourront être soumis seront, aussi bien que la contribution foncière, à la charge de la compagnie.

ART. 64. Les agents et gardes que la compagnie établira, soit pour la perception des droits, soit pour la surveillance et la police du chemin de fer et de ses dépendances, pourront être assermentés, et seront, dans ce cas, assimilés aux gardes champêtres.

---

(1) Chemins de fer algériens :

« Dans le cas de l'établissement d'une contribution foncière en Algérie, la cote de cette contribution pour les chemins de fer serait calculée en raison de la surface de terrain occupée par ces chemins et leurs dépendances : la cote, etc.

» Dans le même cas, les bâtiments, etc. »

Art. 65. Un règlement d'administration publique (1) désignera, la compagnie entendue, les emplois dont la moitié devra être réservée aux anciens militaires de l'armée de terre et de mer libérés du service.

Art. 66. Il sera institué près de la compagnie un ou plusieurs inspecteurs ou commissaires, spécialement chargés de surveiller les opérations de la compagnie, pour tout ce qui ne rentre pas dans les attributions des ingénieurs de l'État.

Art. 67. Les frais de visite, de surveillance et de réception des travaux, et les frais de contrôle de l'exploitation seront supportés par la compagnie. Ces frais comprendront le traitement des inspecteurs ou commissaires dont il a été question dans l'article précédent.

Afin de pourvoir à ces frais, la compagnie sera tenue de verser, chaque année, à la caisse centrale du trésor public une somme de 120 francs par chaque kilomètre de chemin de fer concédé. Toutefois, cette somme sera réduite à 50 francs par kilomètre pour les sections non encore livrées à l'exploitation.

Dans lesdites sommes n'est pas comprise celle qui sera déterminée, en exécution de l'article 58 ci-dessus, pour frais de contrôle du service télégraphique de la compagnie par les agents de l'État.

Si la compagnie ne verse pas les sommes ci-dessus réglées aux époques qui auront été fixées, le préfet rendra un rôle exécutoire, et le montant en sera recouvré comme en matière de contributions publiques.

Art. 68. Avant la signature du décret qui ratifiera

---

(1) Chemins de fer algériens :

« Un arrêté du gouverneur général de l'Algérie désignera, etc. »

l'acte de concession, la compagnie déposera au trésor public une somme de . . . . francs, en numéraire ou en rentes sur l'État, calculées conformément à l'ordonnance du 19 juin 1825, ou en bons du trésor ou autres effets publics, avec transfert, au profit de la caisse des dépôts et consignations, de celles de ces valeurs qui seraient nominatives ou à ordre (1).

Cette somme formera le cautionnement de l'entreprise.

Elle sera rendue à la compagnie par cinquièmes et proportionnellement à l'avancement des travaux. Le dernier cinquième ne sera remboursé qu'après leur entier achèvement.

ART. 69. La compagnie devra faire élection de domicile à Paris.

Dans le cas où elle ne l'aurait pas fait, toute notification ou signification à elle adressée sera valable, lorsqu'elle sera faite au secrétariat général de la préfecture de la Seine (2).

ART. 70. Les contestations qui s'élèveraient entre la compagnie et l'administration au sujet de l'exécution et de l'interprétation des clauses du présent cahier des charges seront jugées administrativement par le conseil de préfecture du département de la Seine, sauf recours au conseil d'État.

---

(1) Cet article n'existe pas dans le cahier des charges des chemins de fer algériens, lequel ne compte dès lors que 70 articles.

(2) Article 68 du cahier des charges des chemins de fer algériens :

« La Compagnie sera tenue de faire élection de domicile à Alger.

» Dans le cas où elle ne l'aurait pas fait, toute notification ou signification à elle adressée sera valable lorsqu'elle sera faite au secrétariat général de la préfecture de la Seine ou au secrétariat général du département d'Alger. »

Art. 71. Le présent cahier des charges. . . . .

. . . .

ne sera passible que du droit fixe d'un franc.

ADDITION AU NUMÉRO 92.

En traitant de la question de camionnage par les agents des compagnies de chemins de fer, nous soutenions (n° 92) que, même dans le silence des cahiers des charges, et en l'absence de toutes réserves, à cet égard, au profit des destinataires, ceux-ci n'en resteraient pas moins libres d'opérer pour leur compte et comme ils l'entendraient le transport de la gare à leur domicile des objets qui leur seraient adressés même avec la mention *livrables à domicile*, et que les compagnies de chemins de fer ne pourraient, en pareil cas, imposer le camionnage par leurs agents.

Après avoir rappelé les principes qui justifient cette solution, nous ajoutions que la Cour de cassation (chambre des requêtes) avait préjugé la question en ce sens par l'admission du pourvoi formé au nom de M. Tiollier contre un arrêt de la Cour impériale de Chambéry du 13 mai 1863, rendu au profit de la compagnie du chemin de fer Victor-Emmanuel.

Pendant que cet ouvrage était sous presse, la chambre civile de la Cour de cassation vient de statuer sur le pourvoi de M. Tiollier par arrêt du 5 mars

1866, en consacrant les principes précédemment rappelés et en cassant l'arrêt de Chambéry, dans les termes suivants :

« La Cour, ouï le rapport de M. F. Dufresne, » MM^{es} Galopin (avocat de M. Tiollier) et Dareste » (avocat de la compagnie du chemin de fer Victor- » Emmanuel) en leurs observations et M. le pre- » mier avocat général de Raynal en ses conclusions.

» Sur le premier moyen... (étranger à la question » actuelle)...

» Mais sur le deuxième, vu les articles 101 et 102 » Code de commerce ;

» Attendu que le monopole des compagnies de » chemins de fer ne s'étend pas au delà de la voie » ferrée, et que si, par exception, ces compagnies » peuvent réclamer, en sus du prix du transport » des marchandises fixé par les tarifs de gare en » gare, les droits de factage et de camionnage, ce » n'est qu'AUTANT QU'ELLES Y SONT AUTORISÉES PAR » UNE CLAUSE SPÉCIALE DE LEUR CAHIER DES CHARGES *ou* » *par une convention particulière intervenue entre* » *elles et les parties ;*

» Attendu qu'aucune clause de cette nature ne » se trouve dans le cahier des charges de la compa- » gnie du chemin de fer Victor-Emmanuel et que si » la mention *livrable à domicile* a été mise sur la » feuille d'expédition d'accord avec l'expéditeur, » cette mention ne pouvait être considérée que » comme une simple indication de la volonté pre-

» mière du destinataire qui autorisait la compagnie
» à présenter la marchandise au domicile de celui-
» ci, mais qui devenait sans effet du moment que
» ce destinataire aurait manifesté une volonté con-
» traire;

» Attendu qu'il est constaté, en fait, que non-
» seulement Tiollier s'était empressé de réclamer la
» livraison *en gare* des colis litigieux dès qu'il avait
» été informé de leur arrivée, mais que dès le
» 30 septembre 1862, il avait écrit au chef de gare de
» Chambéry pour déclarer qu'on devait considérer
» comme *expédiées en gare* même les marchandises
» qui lui seraient adressées avec la mention *livra-*
» *bles à domicile;*

» D'où il suit qu'en jugeant la difficulté qui exis-
» tait entre les parties en cause, conformément aux
» dispositions des articles 101 et 102 du Code de
» commerce, l'arrêt attaqué a faussement appliqué
» et par suite violé lesdits articles;

» Par ces motifs, et sans qu'il soit besoin de
» statuer sur le troisième moyen, casse... »

FIN.

TABLE DES MATIÈRES.

CHAPITRE TROISIÈME.

INEXÉCUTION DU CONTRAT DE LA PART DU VOITURIER. — PERTE. — AVARIES. — RETARD. — ACCIDENTS ÉPROUVÉS PAR LES VOYAGEURS.

CHAPITRE SIXIÈME.

COMMENT PREND FIN LE CONTRAT DE TRANSPORT.

CHAPITRE SEPTIÈME.

DE L'EXERCICE DES ACTIONS DÉRIVANT DU CONTRAT DE TRANSPORT. — DÉCHÉANCE. — PRESCRIPTION.

CHAPITRE HUITIÈME.

DES AUXILIAIRES DU TRANSPORT.

CHAPITRE NEUVIÈME.

DE LA LETTRE DE VOITURE.

CHAPITRE DIXIÈME.

DES PROHIBITIONS ET RESTRICTIONS APPORTÉES AU TRANSPORT DE CERTAINS OBJETS.

CHAPITRE ONZIÈME.

CONTENTIEUX. — COMPÉTENCE ET PROCÉDURE.

APPENDICE.

TABLE CHRONOLOGIQUE

DES ARRÊTS ET JUGEMENTS CITÉS DANS CET OUVRAGE.

N. B. Les décisions rendues en matière de transport par chemins de fer sont accompagnées d'un astérisque (*).

DÉCISIONS.	DATES.	Nos DE L'OUVRAGE.
	AN VII.	
C. cass.	19 frimaire	28.
	AN VIII.	
C. cass.	2 thermidor	16.
	AN XII.	
C. cass.	13 vendémiaire	186.
C. cass.	18 pluviôse	177.
	AN XIII.	
C. Paris	20 ventôse	16.
	AN XIV.	
C. Paris	1er frimaire	16.
	1807.	
C. cass.	21 janvier	20—43.
	1808.	
C. Paris	15 juin	132.
	1809.	
C. Paris	2 août	80.
	1810.	
C. cass.	9 janvier	10.

DÉCISIONS.	DATES.	N°ˢ DE L'OUVRAGE.
C. Trèves.	26 février	169.
C. Bruxelles	28 avril	29.

1811.

C. cass.	5 mars	8.
C. cass.	20 mars	11.
C. cass.	13 novembre	169.

1812

C. Paris	5 mars	118.

1813.

C. Pau.	25 février	57.

1814.

C. cass.	29 mars	8.
C. cass.	7 juillet	149.
C. cass.	8 juillet	168.
C. Bruxelles	31 août	111.
C. Paris	27 novembre	84.

1815.

C. Metz.	18 janvier	16- 18- 47—57.

1816.

C. Rouen.	20 février	28.
C. cass.	4 juillet	100.

1818.

C. cass.	20 mai	45.
C. cass.	22 mai	163.
C. cass.	7 avril	147.
C. cass.	18 décembre	163.

1819.

C. cass.	8 mai	109.
C. cass.	28 juin	78.
C. cass.	9 juillet	163.
C. cass.	19 juillet	164.
C. Rennes	11 septembre	121.

DÉCISIONS.	DATES.	Nᵒˢ DE L'OUVRAGE.

1820.

C. Paris	29 avril	16.
C. Rennes	27 juillet	100.
C. cass.	1ᵉʳ août	118.

1821.

C. Lyon	6 mars	28—29.
C. cass.	19 juillet	188.
C. cass.	20 août	82.

1822.

C. Paris	25 février	84.

1823.

C. Aix	6 août	18.

1824.

C. Rennes	21 décembre	47.

1826.

C. Rouen	17 juin	84.
C. Montpellier	15 juillet	29.

1827.

C. cass.	18 juin	108.
C. Lyon	30 juin	10.
C. Metz	20 août	45.

1828.

C. cass.	16 avril	11—28—32.
C. cass.	17 avril	152.
C. cass.	26 avril	163.
C. Rouen	12 mai	84.
C. Lyon	27 août	196.

1829.

C. cass.	5 mars	121.
C. cass.	5 juin	139.
C. Toulouse	9 juillet	8.
C. cass.	9 novembre	34—99.

DÉCISIONS.	DATES.	N° DE L'OUVRAGE.

1830.

C. Poitiers	30 juillet	84.
C. cass.	6 décembre	121.
C. Paris	18 décembre	106.

1831.

Trib. Com. Lyon	31 janvier	122.
C. cass.	18 avril	126.
C. cass.	22 avril	148.
C. cass.	28 avril	165.
C. cass.	18 mai	78.
C. Aix	25 août	139.

1832.

C. cass.	17 février	148.
C. Colmar	10 juillet	108.

1833.

C. cass.	18 juin	28.
C. Grenoble	29 août	11—28.
C. cass.	2 décembre	125 *bis*.
C. Colmar	24 décembre	194.

1834.

C. cass.	26 février	181.
C. cass.	20 juin	115.
C. Paris	15 juillet	11—28.

1835.

Trib. Com. Lyon	24 février	122.
C. Bourges	19 avril	10.
C. Paris	12 juillet	57.
C. Bordeaux	22 juillet	57.
C. cass.	3 août	57.

1836.

C. cass.	21 mai	151.
C. cass.	28 mai	152.
C. Paris	21 novembre	30.

DÉCISIONS.	DATES.	Nᵒˢ DE L'OUVRAGE.
C. cass.	9 décembre	169.
C. cass.	12 décembre	167.

1837.

C. cass.	17 février	148.
C. cass.	15 avril	152.
C. cass.	25 avril	90—93.
C. Douai.	24 juin	57.
C. Bourges.	17 juillet	167.
C. cass.	4 décembre	11.

1838.

C. Paris	7 mai	30.
C. cass.	7 juin	125.
C. cass.	12 juin	164.
C. cass.	18 juin	108—122.
C. Paris	20 décembre	30.

1839.

C. cass.	21 janvier	109.
C. cass.	26 février	168.
C. cass.	13 avril	154.
C. cass.	13 juin	152.
C. Bordeaux	5 juillet	101.
Trib. Com. Paris.	31 octobre	172.
C. cass.	17 décembre	59.

1840.

C. Paris	1ᵉʳ mars	11.
C. cass.	20 mars	151—152.
C. cass.	13 avril	82—83.
C. cass.	25 juillet	147—154.

1841.

C. cass.	24 février	10.
C. Bourges	30 mars	167.
C. Lyon	1ᵉʳ avril	84.
C. Bourges	6 août	150.
C. cass.	1ᵉʳ octobre	147.

DÉCISIONS	DATES.	N° DE L'OUVRAGE.

1842.

C. cass.	17 mars	151.
C. cass.	11 juin	153—154.
C. cass.	18 juin	154.
C. cass.	2 août	101—195.
C. cass.	12 novembre	147.

1843.

C. cass.	1er mars	141.
C. cass.	6 mai	154.
C. cass.	28 juin*	10—170.
C. cass.	13 décembre	153—154.
Trib. Com. Lisieux.	15 décembre	94.

1844.

C. cass.	31 janvier	138.
C. Paris	13 février	172.
C. Rouen.	23 mars	82.
C. cass.	15 juin	152.
Trib. Com. Havre.	15 octobre	52.

1845.

C. cass.	26 février	186.
C. cass.	4 mars*	177—186.
C. cass.	6 mars	130.
C. cass.	19 avril	153.
C. Colmar	29 avril	196.
C. cass.	19 juin	151.
C. Paris	12 juillet	119.
C. cass.	6 septembre	164.
C. cass.	6 novembre	150—154.
C. cass	13 septembre	150.
C. cass.	29 décembre	118.

1846.

C. Caen	15 mars	173.
C. cass.	15 avril	90—176.
C. cass.	11 mai	30.
C. Alger	16 décembre	20—32—34.
C. Alger	18 décembre	28.

DÉCISIONS.	DATES.	Nᵒˢ DE L'OUVRAGE.
C. Paris	17 décembre	32.

1859

C. cass.	26 janvier *	20—42—43.
C. cass.	31 janvier *	181.
C. cass.	16 mars	163.
Trib. Evreux	1er avril	144.
C. cass.	5 avril *	177.
C. Dijon	6 juillet *	56.
C. cass.	13 juillet *	91.
C. cass.	26 juillet *	110.
C. cass.	9 décembre	160—161.

1860.

Trib. Paris	24 janvier *	98.
C. cass.	28 mars *	141.
C. Montpellier	21 avril	103.
C. Montpellier	1er juillet *	91.
C. cass.	2 juillet	126.
C. Paris	2 août	47.
C. cass.	29 novembre	94
Trib. Bordeaux	18 décembre *	56.

1861.

Trib. des conflits.	3 janvier *	181.
C. cass.	16 janvier	94.
C. Poitiers	17 janvier	173—174.
C. cass.	30 janvier	184.
C. cass.	5 février *	181.
C. Caen	7 février *	55—102.
C. Bordeaux	9 avril *	56.
C. cass.	31 mai *	71.
C. cass.	16 juillet *	91.
C. Limoges	10 août *	54.
C. cass.	14 août	94.

1862.

C. cass.	27 janvier *	54.
C. cass.	28 avril	47.

27

TABLE ALPHABÉTIQUE

DES AUTEURS CITÉS DANS CET OUVRAGE.

MM.

ALAUZET.	Commentaire du Code de commerce.
AUBRY ET RAU.	Notes sur l'ouvrage de M. Zachariæ.
BÉDARRIDES.	Commentaire du Code de commerce.
BENECH	Traité des justices de paix.
BRAVARD-VEYRIÈRES.	Manuel du droit commercial.
CAROU.	Juridiction civile des juges de paix.
CARRÉ.	Traité des lois sur l'organisation judiciaire et la compétence des juridictions civiles.
CLAMAGERAN.	Du louage d'industrie, du mandat et de la commission.
COLFAVRU.	Le Droit commercial de la France et de l'Angleterre comparés.
CORMENIN.	Question de droit administratif.
COTELLE.	Législation des chemins de fer.
DALLOZ (ARMAND).	Dictionnaire général.
DALLOZ.	Nouveau répertoire de jurisprudence.
DELAMARRE ET LE POITVIN.	Traité du contrat de commission.
DENIZART.	Nouveau recueil.
DUFOUR.	Droit administratif appliqué.
DUVERDY.	Du contrat de transport.
DUVERGIER.	Du louage.
EMÉRIGON.	Des assurances.
GIRAUDEAU.	Sur la loi des justices de paix.
GOUGET ET MERGER.	Dictionnaire de droit commercial.
GRENIER.	Traité des hypothèques.
HILPERT.	Le Messagiste.
LAFARGUE.	Code voiturin.
LAMÉ FLEURY.	Code annoté des chemins de fer en exploitation.

MM.

MM.

TAULIER. . . . . Théorie raisonnée du Code Napoléon.
TROPLONG. . . . . Traité du louage.
TROPLONG. . . . .   — du mandat.
TROPLONG. . . . .   — du gage.
TROPLONG. . . . .   — du nantissement.
TROPLONG. . . . .   — des priviléges et hypothèques.
TOULLIER . . . . Droit civil français.
VALETTE. . . . . Traité des hypothèques.
VAN HUFFEL. . . . . Traité du contrat de louage et de dépôt
                            appliqué aux voituriers, etc.
VAZEILLE . . . . Traité des prescriptions.
ZACHARIE. . . . . Annoté par MM. Aubry et Rau. Cours de
                            droit civil français.
ZACHARIE. . . . . Annoté par MM. Massé et Vergé. Cours de
                            droit civil français.

RECUEILS DE JURISPRUDENCE.

Recueil de jurisprudence de MM. Sirey, Devilleneuve et Carette.
  (Sirey.)
Recueil périodique de M. Dalloz. (Dalloz.)
Recueil du journal du palais. (Journal du Palais.)
Gazette des Tribunaux.
Le Droit.
Journal du droit commercial.

TABLE ALPHABÉTIQUE ET ANALYTIQUE

DES MATIÈRES.

Les chiffres renvoient aux numéros de l'ouvrage.

A

Accidents. — Transport des voyageurs, 58. — Responsabilité des voituriers, 58, 186. — Causes ordinaires auxquelles se rattachent les accidents de chemins de fer, 186. — Étendue de la responsabilité, 59. — Nature de l'action en responsabilité pour accidents, 59, 186 — Compétence, 186. — Prescription, 59.

Act: de commerce. — Le transport ne constitue pas nécessairement et par lui-même un acte de commerce, 10, 170. — Il est réputé commercial quand les deux parties sont des commerçants, 167. — Il constitue un acte de commerce de la part du voiturier de profession, 10, 170. — Conséquence pour la preuve du contrat, 10, 11. — Pour la compétence, 166, 167, 170. — Pour la contrainte par corps, 26, 167.

Actions. — Deux actions principales dérivant du contrat de transport, 99, 166. — Action en payement du prix, 115. — Pas de règles ni de prescriptions spéciales, 115, 190. — Compétence, 167, 168, 169. — Action en responsabilité pour perte, avarie ou retard, 99. — Déchéance de l'action en responsabilité, 99. — Cas où elle ne peut être invoquée, 103, 104, 105. — Quelles conditions sont nécessaires, 101. — Du payement du prix, 101. — *Quid* du payement fait à l'avance? 102. — *Quid* du payement partiel ou avec réserves? 102, 105. — Réception de la chose voiturée, 105, 106. — Il faut que la réception ait eu lieu sans réserve, 105. — Il faut qu'elle ait été précédée ou qu'elle ait pu être précédée de la vérification des marchandises, 104. — Droit de vérifier les colis, 104. — Même ceux qui sont en bon état extérieurement, 104. —

B

C

E

F

G

I

J

L

M

N

T

FIN DES TABLES DES MATIÈRES.

www.ingramcontent.com/pod-product-compliance
Lightning Source LLC
LaVergne TN
LVHW050953200726
843508LV00001B/41